21世纪高等学校规划教材 | 电子信息

电路基础

刘广伟 黄群峰 刘伟静 赵鹏 孙雅芃 编著

清华大学出版社
北京

内 容 简 介

本书共8章，内容包括电路的基本概念和基本定律、电路基本分析方法、常用电路定理、动态电路时域分析、正弦稳态电路分析、电路的频率响应、三相电路、磁路与铁心线圈电路。本书概念和定律讲解清晰，方法讲解透彻，步骤明确，易于读者理解与掌握。每章都有小结，便于读者进一步掌握相关知识；同时配有一定数量的习题，难度适中，便于教师施教和学生自学。

本书可作为高等院校电子信息类专业本科生教材，也可供从事相关专业的工程技术人员及有兴趣的读者自学使用。

图书在版编目(CIP)数据

电路基础/刘广伟等编著. —北京：清华大学出版社，2020.1(2025.3重印)
21世纪高等学校规划教材·电子信息
ISBN 978-7-302-53874-5

Ⅰ.①电… Ⅱ.①刘… Ⅲ.①电路理论－高等学校－教材 Ⅳ.①TM13

中国版本图书馆CIP数据核字(2019)第212921号

责任编辑：刘向威　赵晓宁
封面设计：傅瑞学
责任校对：焦丽丽
责任印制：丛怀宇

出版发行：清华大学出版社
网　　址：https://www.tup.com.cn，https://www.wqxuetang.com
地　　址：北京清华大学学研大厦A座　　**邮　　编**：100084
社 总 机：010-83470000　　**邮　　购**：010-62786544
投稿与读者服务：010-62776969，c-service@tup.tsinghua.edu.cn
质量反馈：010-62772015，zhiliang@tup.tsinghua.edu.cn
课件下载：https://www.tup.com.cn，010-83470236
印 装 者：涿州市般润文化传播有限公司
经　　销：全国新华书店
开　　本：185mm×260mm　　**印　　张**：12.75　　**字　　数**：311千字
版　　次：2020年3月第1版　　**印　　次**：2025年3月第3次印刷
印　　数：2501～2730
定　　价：39.00元

产品编号：070084-01

前言

随着经济发展进入新常态，人才供给与需求关系发生了巨大变化，面对经济结构的调整、产业升级加快，社会生产缺少应用型、复合型、创新型人才。为适应应用型、复合型、创新型人才培养的需要，本书力求知识性与实用性相结合，注重理论联系实际，有效提高学生对电路知识的理解与运用。本书共 8 章，第 1 章介绍电路的基本概念和基本规律；第 2 章介绍电路基本分析方法；第 3 章介绍常用电路定理；第 4 章介绍动态电路时域分析；第 5 章介绍正弦稳态电路分析；第 6 章介绍电路的频率响应；第 7 章介绍三相电路；第 8 章介绍磁路与铁心线圈电路。

本书由刘广伟、黄群峰、刘伟静、赵鹏和孙雅芃共同编著，刘广伟完成全书的统稿工作；第 1 和第 2 章由南开大学滨海学院赵鹏编写；第 3 章由南开大学滨海学院刘广伟编写；第 4 章由南开大学滨海学院孙雅芃编写；第 5、第 6 和第 8 章由天津理工大学中环信息学院黄群峰编写；第 7 章由北京科技大学天津学院刘伟静编写。

在本书的编写过程中得到了各学校领导的支持与帮助，特别得到天津理工大学中环学院渠丽岩教授、北京科技大学天津学院许学东教授、南开大学滨海学院田建国教授的大力支持和帮助。南开大学李维祥教授、中国人民解放军军事交通学院张宪教授对本书的编写提出了许多宝贵的意见，在此表示衷心的感谢。在本书的编写过程中参考了许多的文献资料，在此向参考文献的作者致以诚挚的谢意。

限于作者的水平，书中难免有不足之处，恳请读者批评指正。

编　者

2019 年 11 月

目　录

第1章 电路的基本概念和基本定律

本章学习目标

- 了解电路电流、电压、电功率的概念；
- 掌握理想独立电源、受控源的概念；
- 掌握基尔霍夫电压定律、基尔霍夫电流定律；
- 掌握等效变换的概念与方法。

从学科构建讲，电路分析构建于欧姆定律、基尔霍夫电流定律和基尔霍夫电压定律这三大定律基础之上；从分析对象讲，电路分析的对象是电压、电流和功率等物理量；从工程角度讲，电路分析的基础是电源、电阻、电感、电容、晶体管等基本元件及其模型；从分析域讲，电路分析分为时域分析、实复频域分析等。不同于"信号与系统"之以宏观系统层级为分析对象，本书以中观元件电路层级为分析对象。掌握电路分析的原理与方法，即可执简驭繁、化繁为简，为进一步学习电气、电子与通信工程奠定基础。

本章核心内容为三大定律，在介绍三大定律之前先介绍电路模型与电路分析基本物理量；继而介绍电源与受控源模型，以及电路的等效。本章重点掌握基本概念与三大定律。

1.1 电路模型

1.1.1 元件模型与电路模型

辩证唯物主义矛盾论中，要坚持两点论和重点论的统一。这一思想在电路分析中同样具有指导意义。以将重点论用于电路分析为例，在抓住分析对象的主要矛盾及矛盾的主要方面，并依据实际需求不同程度地忽略其次要矛盾及矛盾的次要方面的过程中，可以提取分析对象的模型。什么是模型？模型(model)就是模拟原型(所要研究系统的结构状态或运动状态)的形式，是系统或过程的简化、抽象和类比表示。它不再包括原型的全部特征，但能描述原型的本质特征。其抽象程度越低(即忽略的次要矛盾及矛盾的次要方面越少)，离现实世界就越近，结构也就越大、越复杂；其抽象程度越高(即忽略的次要矛盾及矛盾的次要方面越多)，离现实世界就越远，所要考虑的因素也就越少。少之又少，即完全忽略次要矛盾和矛盾的次要方面，就是理想情况。这也就是在电路分析中常说的"理想模型"及"在理想情况下"。

电路分析中，常借助图形、符号和数学公式、数学语言描述模型，藉以定性、定量分析。例如电阻，其在电路图中的图形如图1-1所示，符号为R，其伏安特性为$R=U_S/I$。这就用图形、符号、数学公式描述了理想线性电阻这一模型。

图1-1 电阻模型

之所以称其为理想模型，是因为理想化的电阻与实际的电阻器有很大不同。

(1) 电阻模型是一种抽象化、纯粹化的概念模型，反映的是消耗电能的特征。不是电阻元件的也可以表示为电阻模型。例如，在电路模型中，为反映灯泡的耗电特性，可将其抽象为电阻模型。通过这种抽象，就可以用电阻反映这类器件消耗电能的特征，而抽掉了实际部件的材料、重量、外观、尺寸等差异，提炼出它们共性的关键本质。

(2) 实际电阻器未必可以只用一个电阻模型表示。例如，通过交流电时，它不但具有电阻，电阻器内部各个部分相互之间还具有电容和某些电感，体现出分布参数的特点(其原理在后续电磁场课程中学习)。

不止电阻，在电磁场作用下，沿电路分布的还有非电容形态的电容、非电感形态的电感等。电阻、电导、电容和电感沿电路分布的电路，称为具有分布参数的电路，也简称分布参数(distributed-parameter)电路。因此，这些电路中的电流和电压随时间和空间坐标(分布)变化，所以它们是两个变量的函数，这就使分析电路相当复杂。但是，不是在所有情况下都必须考虑发生在交流电路中的全部物理过程；相反，在大部分情况下可以做一系列假定，以显著地简化问题，同时并不导致与实际情况有明显的偏差。

这些假定包括以下几个。

(1) 每种理想元件只反映一种基本电磁现象。例如，理想电阻元件只涉及消耗电能的现象；理想电容元件只涉及与电场有关的现象，理想电感元件只涉及与磁场有关的现象；理想导体的电阻为零，只涉及传输电流，且其中有电流时，导线内外均无电场和磁场。也就是每种不同的电磁现象集总体现在电阻、电容、电感、电压源、电流源等不同的理想元件上。

(2) 电场、磁场只集中在相应元件的内部，而不发生在元件与电路的连接之间，也不发生沿电路的分布上。这就意味着可以既不考虑电路中电场与磁场的相互作用，也不考虑电磁波的传播现象。

(3) 电能的传输是瞬间完成的，也就是说其传输不需要时间。

以上假定称为集中假定或集总假定。符合以上假定的元件，称为集中参数元件，也称为集总参数元件。由其组成并符合以上假定的电路，称为集中电路模型或集总电路模型，也称为集中参数电路或集总参数(lumped-parameter)电路，可简称为集中电路或集总电路。

集总假定选择性忽略了分布参数这一次要矛盾或矛盾的次要方面，建立了理想元件模型和理想电路模型，简化了电路分析的复杂度和难度，这是对“重点论”的实际应用。

但是，矛盾原理说明，主次矛盾及矛盾的主次方面相互联系、相互依赖、相互影响，在一定条件下可以相互转化。也就是说，分布参数这一次要矛盾或矛盾的次要方面在一定条件下会上升为主要矛盾或矛盾的主要方面。问题是，何时可以忽略分布参数？何时不能忽略？也就是如何界定分布参数电路和集总参数电路？

其界定准则是：如果电压和电流的变化速度是如此之慢，即在电磁波沿电路传播的时间内，在任何方向上电压和电流的变化与研究的工况下，它们的全部变化相比保持很小，则该电路可视为集总参数电路。

换言之，当实际电路的尺寸远小于其工作时的最高工作频率所对应的波长时，即可按集总参数模型处理。例如，制作 1000MHz 的振荡器，其对应的波长 $\lambda=\frac{c}{f}=\frac{3\times10^{8}\,\mathrm{m/s}}{1000\times10^{6}\,\mathrm{Hz}}=0.3\mathrm{m}$，此时电路尺寸与这一波长已具有可比性，如果按集总参数模型处理就会出现不小的误差；如果制作 30kHz 的振荡器，其对应的波长为 10 000m，远大于电路尺寸，则可按集总电路处理。

经此集总假设，可以抽象出具有某种确定电磁性能的理想元件。例如，理想电阻元件，既不储存电能，也不储存磁能，只消耗电能；理想电容元件，既不消耗电能，也不储存磁能，只储存电能；理想电感元件，既不消耗电能，也不储存电能，只储存磁能。

自此往后，集总假设是本书的基本假设，是后面介绍的电路定律、定理、方法论的前提。本书只讨论集总参数电路，不讨论分布参数电路。另外，集成电路和集总电路是两个完全不同的范畴和概念，初学者切勿混淆。

建立起模型的概念，对理解电路和电路模型非常有帮助。从宏观上讲，电的用途有两类：一是供给能量；二是承载信息。例如电灯，不通电就无法照明；又如电扇，不通电就无法旋转。此时的电体现的是供给能量的功能。例如，电话之所以能通信，是藉由电传输编码信号，此时的电体现的是承载信息的功能。再如，电视不通电就无法显示图像。这体现出了电的双重功能，一是为电视供给能量；二是承载传递图像信息。又如电梯，不通电就无法工作，不按楼层按钮它就不知道该把乘客送到几楼。这同样体现出电的双重功能，一是供电；二是按按钮产生一个电信号，这个信号承载的是指令信息，藉由这一电信号控制电路工作。

以上例子中涉及的设备，拆开后就可以看到是由灯泡、电动机、电阻器、电感器、电容器、二极管、三极管、电源供应器等元器件连接而成的实际电子线路。即元器件相互连接构成电子线路(electric circuit)，简称电路，也称回路(circuit)。

图 1-2(a)就是一个简单的照明电路，它由电池、灯泡、导线连接而成。依据推荐性国家标准《电气简图用图形符号》(GB/T 4728 系列文档，注意版次和存废状态。该标准采用了 ISO、IEC 等国际组织的标准。国标一般可在国家标准全文公开系统(http://www.gb688.cn/bzgk/gb/index)中查到)中相关图形符号，可绘成图 1-2(b)所示电气图。对该实际电路及其元器件理想化，可将灯泡模型化为负载电阻 R_L，将电池模型化为电压源 U_S 和电池内阻 R_S 的串联，这样即可建立如图 1-2(c)所示的电路模型，并绘制模型电路图。

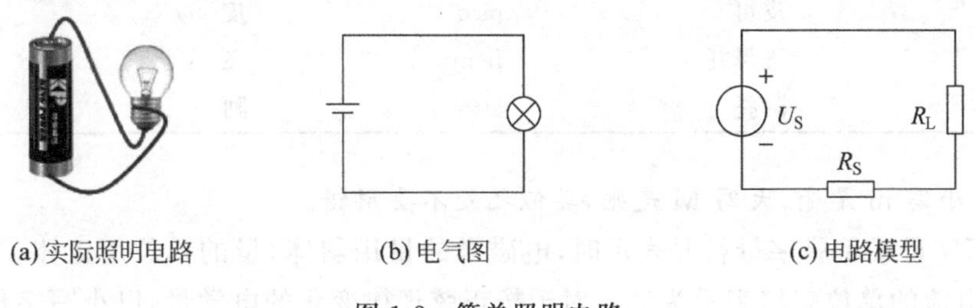

(a) 实际照明电路　(b) 电气图　(c) 电路模型

图 1-2　简单照明电路

1.1.2　量与量纲

运用国际单位制(SI 制)度量电磁量。这个体系包含 7 个基本单位，如表 1-1 所示。它包含了机械学、电磁学、热学和光学的度量单位。为了测量电磁量，长度、质量、时间和电流这 4 个基本量及其单位是必要且充分的，其他电磁量及其单位是由选定的 4 个基本单位导出的。

表 1-1 国际单位制基本单位

物理量的名称	单位名称	单位符号
长度	米	m
质量	千克	kg
时间	秒	s
电流	安培	A
热力学	开尔文	K
物质的量	摩尔	mol
发光强度	坎德拉	cd

使用SI单位及其SI词头构成的十进制倍数和分数单位。电子学中常用的国际单位制词头如表1-2所示。

表 1-2 国际单位制词头

因数	中文词冠	英文词冠	中文简称	符号
10^{18}	艾可萨	exa	艾	E
10^{15}	拍它	peta	拍	P
10^{12}	太拉	tera	太	T
10^{9}	吉咖	giga	吉	G
10^{6}	兆	mega	兆	M
10^{3}	千	kilo	千	k
10^{-1}	分	deci	分	d
10^{-3}	毫	milli	毫	m
10^{-6}	微	micro	微	μ
10^{-9}	纳诺	nano	纳	n
10^{-12}	皮可	pico	皮	p
10^{-15}	飞母托	femto	飞	f
10^{-18}	阿托	atto	阿	a

注意：小写m是毫，大写M是兆，类似之处不要用错。

用拉丁字母或希腊字母符号表示时，电磁学的量用斜体，量的单位用正体。例如，电流表示为I，电流的单位安培表示为A。对于按正弦规律变化的电学量，以小写字母表示量的瞬时值，大写字母表示量的有效值(均方根值)，以m为右下标的大写字母表示量的最大值，相量可以用在上方正中处加一圆点的大写字母表示。例如，i表示电流瞬时值，I表示电流有效值，I_{m}表示电流最大值，$\dot{I}_{\mathrm{m}}$表示电流相量(最大值)。

关于“＋”“－”。符号“＋”“－”既可以表示运算，也可以表示性质。作为运算符号表示加减，大家已然熟悉；而所谓性质，指事物对立统一的两个方面。例如，带电粒子，有带阴性电的电子，还有带阳性电的质子、正电子，两者的电性质相反。带阴性电，也称带负电，用“－”表示；带阳性电，也称带正电，用“＋”表示。例如，电位，有正有负、有高有低。先选定一点作为参考电位，比参考电位高，则用“＋”表示；比参考电位低，则用“－”表示。没有参考比较，就无所谓正负，甚至无所谓大小。例如，电流方向，先假设一电流方向，称为参考电流方向。如果实际电流方向与假设的参考电流方向相同，则用"＋"表示；如果实际电流方向与假设的参考电流方向相反，则用"－"表示。电路分析中大量涉及运算符号和性质符号"＋""－"，见到和使用时，要知悉其在此处所表达的含义，切不可视而不思、浮于表象，只见符号、不究意义。

1.2　电路变量

要定量分析电路，就要识别出电路的关键物理量。这些量主要是电流、电压和功率。

1.2.1　电流

电荷的荷，读音为 hè，意为携带。任何包含一个或几个电荷的带电粒子乃是电荷的载体，如电子、质子、离子以及半导体中的"空穴"均为电荷的载体。

电荷的多少叫做电荷量，往往简称为电荷，用符号 q 表示。电荷量的单位是库仑(coulomb)，简称库，简写为 C，是为纪念法国物理学家库仑(Charles-Augustin de Coulomb，1736—1806)而命名。库仑不是国际单位制基本单位，而是国际单位制导出单位，导出式为 1C＝1A·s，表示若导线中载有 1 安培的稳定电流，则在 1 秒内通过导线横截面积的电量为 1 库仑。

带电基本粒子是指带有正电荷的基本粒子(如质子和正电子)和负电荷的基本粒子(如电子)。携带基本电荷(elementary charge)是电子和质子的一种性质，基本电荷约为 1.6×10^{-19}C。数值上，一个电子和质子电荷的绝对值是相等的，但性质相反(假定电子的电荷为负，质子的电荷为正)。

由电磁场伴随的自由电荷定向运动的现象和(或)电位移矢量随时间改变的现象统称为全电流。术语"电流"(current)不仅被作为现象，也被用作这个现象的强度，即术语"电流强度"。通常将电流分为传导电流、转移电流和位移电流 3 种基本形式。转移电流和位移电流在"电磁场"课程中有介绍，不在本课程涉及。本课程只分析传导电流，凡写电流之处，均指传导电流。

物质的某个体积 V 中或真空中自由电荷的定向移动称为电流。物质的导电性能决定于原子结构。导体一般为低价元素，它们的最外层电子极易挣脱原子核的束缚而成为自由电子，在外电场的作用下产生定向移动，形成电流。这些物质具有导电的性质，即在不随时间改变的电场作用下，它传送不随时间改变的电流。具有这种性质的物质称为导体(conductor)。金属导体中的电流就是传导电子的运动。必须注意，电子在导体内的位移速度是极低的，每秒不过十分之几厘米或毫米，但是导线内电流传播速度却接近光速(3×10^{8}m/s)。这类似充满水的长水管在一端装泵加压后，则另一端立刻流出水。属于导体的还有电解液。在电解液中，导电性是由阴离子和阳离子共同实现的。

高价元素或高分子物质的最外层电子受原子核束缚力很强，很难成为自由电子，所以其导电性极差，称为绝缘体(insulator)。4 价元素(如硅、锗)的最外层电子既不像导体那么容易挣脱原子核的束缚，也不像绝缘体那样被原子核束缚得那么紧，因而其导电性介于二者之间，称为半导体(semiconductor)。导体和绝缘体的区分并不是绝对的，且在一定条件下可以互相转化。

穿过某个面积 S 的电流强度，由单位时间内通过它的电荷量 q 决定。换言之，电流强度等于单位时间内通过导体某一截面的电荷量，即

$$i(t)=\frac{\mathrm{d}q(t)}{\mathrm{d}t} \tag{1-1}$$

电流用 I 或 i 表示，单位是安培，简称安，符号为 A，是 ampere 的缩写。这一单位是为纪念法国物理学家、化学家和数学家安培(André-Marie Ampère，1775—1836)。

电流既有大小又有方向。金属导体内电子的定向移动形成电流，但规定正电荷移动的方向为电流的实际方向，也就是电子流向的反方向是电流的方向。这种奇葩的电流方向规定是在发现电子之前形成的，若改用以实际的电子流动方向为正方向有极大困难，因为这就涉及修改所有电工无线电方面的书籍、教材，成本巨大，所以一直沿用下来。电路中，在电源以外，电流从正极流向负极；在电源内，电流从负极流向正极。

对于复杂电路，往往一眼看不出某一支路或部分的电流方向。因此，对一个电路开始分析，要先假设一个电流正方向，即电流的参考方向，用箭头标注在电路图上。经过计算，若得出的电流为正值，说明假设的参考方向与实际电流方向一致；若为负，说明相反。引入电流的参考方向另外的好处是，可以解决交流电路中电流的实际方向不断改变而造成的分析困难。

实际元件、仪器和设备等用电器都有其额定电流，用电器正常工作时的电流不应超过它的额定电流。

用电流表或万用表电流挡测量电流，须将电路的待测支路或待测点断开串接入表。一般不能反接。

1.2.2 电压

物理中曾学过，将单位正电荷自某点 a 移动到参考点时电场力所做功的大小称为 a 点相对于参考点的电位。两点之间的电位之差就是两点间的电压，所以也称为电位差，是单位电荷在静电场中由于电位不同所产生的能量差。

位有高低、压有大小。高低、大小都是在比较之中产生的概念。老子曰：“长短相形，高下相倾”，也就是不比较就体现不出何者为长何者为短，也体现不出谁高谁低、高有多高、低有多低、高比低高多少。例如，在珠峰之巅建一座百米高楼，所谓百米是楼顶比珠峰之巅垂直高出 100m，此时的参考点为珠峰之巅的封顶岩石面；若论海拔高度，则这座楼的海拔高度为 8844＋100＝8944m，此时的参考点为黄海平均海面。高度发生变化，并不是楼的“站位”发生变化，而是选定的参考点发生了变化。

这也是电位之所以称为位的原因，既与其自身所处之位有关，也与所选的参考点、参考位置有关。所以论电位，一定要指明参考点。未指明的默认以无穷远处为参考点。论电压，则一定是两点之间的电位差，单就一点而论，不存在电压的概念。电位也译为电势，所以称电位之处都可以称电势，称电势之处也都可以称电位，两者并无不同。

电路中，某点电位(electric potential)是将单位正电荷沿电路所约束的路径移至参考点时电场力所做功的大小，电压(voltage)是将单位正电荷从电路中的一点移至电路中另一点

时电场力所做功的大小，也是这两点电位之差。电压的数学表达式为

$$u(t)=\frac{\mathrm{d}W(t)}{\mathrm{d}q(t)} \tag{1-2}$$

电压用 U 或 u 表示，单位是伏特，简称伏，符号为 V，是 volt 的缩写。1V 电压相当于移动 1C 正电荷电场力所做的功为 1J。这一单位是为纪念意大利物理学家伏特（Alessandro Giuseppe Antonio Anastasio Volta，1745—1827）。

电压既有大小又有方向。规定电位降低的方向为电压的实际方向。

对于复杂电路，往往一眼看不出某一支路或部分的电压方向。因此，对一个电路开始分析，要先假设一个电压正方向，即电压的参考方向，用"＋""－"号标注在电路图上，或用带下标的字母表示，如电压 u_{ab} 表示 a、b 分别为假设电压参考方向的正、负。经过计算，若得出的电压为正值，说明假设的参考方向与实际电压方向一致；若为负，说明相反。

关于关联参考方向。流经一个元件的电流及其两端的电压的参考方向，既可以各自独立指定，也可以按两者一定的关系指定。如果指定流过元件的电流的参考方向是从标以电压正极性的一端指向负极性的一端，即两者的参考方向一致，这种指定方式称为关联参考方向，否则为非关联参考方向。

实际元件、仪器和设备等用电器都有其额定电压，用电器正常工作时的电压不应超过它的额定电压。

用电压表、万用表电压挡或交流毫伏表测量电压，须将表并联在待测部分两端。以地为参考点测量电位或电压，则是将黑表笔接地，红表笔接待测点。一般不能反接。

正弦交流电电压的瞬时值、有效值、峰峰值、幅度、平均值在数值上的关系务必搞清楚。对于交流电，其瞬时值表达式为

$$u=U_{\mathrm{m}}\cos(\omega t+\varphi) \tag{1-3}$$

式中，u 为瞬时值；U 为幅度（amplitude），也叫振幅或幅值；峰峰值（peak to peak value）往往用 V_{pp} 表示，在数值上为

$$V_{\mathrm{pp}}=2U_{\mathrm{m}} \tag{1-4}$$

有效值（effective value），也叫均方根值（root-mean-square value），往往用 V_{RMS} 或 V_{rms} 表示，在数值上为

$$V_{\mathrm{RMS}}=\frac{1}{\sqrt{2}}U_{\mathrm{m}} \tag{1-5}$$

后续章节中还有具体介绍。在分析计算和实验测试与记录时，千万不要搞错这几个值。

1.2.3　功与功率

功，英文叫 work，在英文中与做了多少工作的"工作"是同一个词，符号为 W。从微观上讲，电流是电荷的定向移动，导体中电压是电流产生的原因，而电压的产生，实际上就是电场的产生。所以前面用电场力对单位电荷移动做功大小定义电压见式(1-2)。将式(1-2)变换形式，可得

$$\mathrm{d}W(t)=u(t)\mathrm{d}q(t) \tag{1-6}$$

再往前推一步，从宏观上讲，电流也能做功，也就是电流的能可以转化为热能、机械能、光能。能量是状态量，功是过程量，做功伴随着能量的转化，功是能量变化的量度。一个物

体做了多少功，它的能量就变化多少。能量的电位是焦耳，功的单位当然也是焦耳。焦耳，简称焦，符号为 J，是 joule 的缩写。这一单位是为纪念英国物理学家焦耳(James Prescott Joule，1818—1889)。

率，就是一个比值。功率是做功大小与做功时间的比值，即

$$p(t)=\frac{\mathrm{d}W(t)}{\mathrm{d}t} \tag{1-7}$$

它表征的是做功的速率。同样地，电功率(electric power)是单位时间内电场力所做的功。功率用 P 或 p 表示，单位是瓦特，简称瓦，符号为 W，是 Watt 的缩写。这一单位是为纪念苏格兰发明家瓦特(James Watt，1736—1819)而规定的。1 瓦功率就是每秒做功 1 焦，即 1W=1J/s。

再回到功。显然，功等于功率乘以时间，即

$$\mathrm{d}W(t)=p(t)\mathrm{d}t$$

两边对 t 积分，有

$$W=\int_{t_0}^{t} p(\xi)\mathrm{d}\xi \tag{1-8}$$

式中的变量 ξ 本应写为变量 t，但为避免与积分上限 t 相混淆，将积分变量换为 ξ。日常所说的耗了 1 度电，就是指消耗了 1 千瓦时(kW·h)的能量。

注意，功的符号为 W，功率的单位也是 W，一定要正确区分两者。如前所述，两者的缩写来源是完全不同的，物理量功 W 缩写自 work，功率单位 W 缩写自 Watt。在符号体系中，物理量用斜体书写，单位用正体书写。科技文献常有这样的困扰，由于拉丁或希腊字母符号有限，完全不同的两者会有使用相同符号的情况，阅读时要能正确理解，使用时要能正确区分。又如，电压有时也用 V 表示，如 V=3.3V，式子等号左侧的 V 表示物理量电压，要用斜体书写；右侧的 V 表示电压的单位伏特，要用正体书写。

在数值上，某元件的功率也等于加在其两端电压乘以流经它的电流，即

$$p(t)=u(t)i(t) \tag{1-9}$$

其粗略推导过程如下。

$p(t)=\frac{\mathrm{d}W(t)}{\mathrm{d}t}$(式(1-7))，而 $\mathrm{d}W(t)=u(t)\mathrm{d}q(t)$(式(1-6))，故 $p(t)=\frac{u(t)\mathrm{d}q(t)}{dt}=u(t)\cdot\frac{\mathrm{d}q(t)}{\mathrm{d}t}$，而 $i(t)=\frac{\mathrm{d}q(t)}{\mathrm{d}t}$(式(1-1))，故 $p(t)=u(t)i(t)$。

对于所研究的电路部分，如果电流、电压是关联参考方向，经用式(1-9)计算，有以下结论。

(1) 若结果为正，表示该部分消耗能量，即吸收能量，p 值为吸收功率。

(2) 若结果为负，表示该部分提供能量，即产生能量，p 值为提供功率。

对于所研究的电路部分，如果电流、电压是非关联参考方向，经用式(1-9)计算，有以下结论。

(1) 若结果为正，表示该部分提供能量，即产生能量，p 值为产生功率。

(2) 若结果为负，表示该部分消耗能量，即吸收能量，p 值为提供功率。

1.3 欧姆定律

欧姆定律是电路分析基本定律之一。

定律(law)就是一定的规律。定律是直接从对客观现实的观测而来的,是从大量的现象、不变的事实中归纳出的规律和模型,是一种事实陈述、结论论断和客观规律。它不是按道理应当如此,而是现实就是如此。本课程涉及的定律有本节的欧姆定律和1.4节的基尔霍夫电流定律及电压定律。

按道理定当如此的是定理(theorem),它是从定律出发、从逻辑和推导而来的,是用逻辑推理的方法证明为真的命题。本课程涉及的定理有叠加原理、齐次定理、置换定理、戴维南定理、诺顿定理等,详见第3章。

定律和定理都是理论,可由实验验证,都源于实践、用于实践。要注意掌握电路基本理论的目的是为藉以分析电路、设计电路,解决实际问题。

欧姆定律的命名是为纪念德国物理学家欧姆(Georg Simon Ohm,1789—1854)而规定的。电阻的单位欧姆也是为纪念他。实际上,英国物理学家、化学家卡文迪许(Henry Cavendish,1731—1810)更早就已研究出欧姆定律,直到麦克斯韦筹建卡文迪许实验室读到他的手稿时才为人所知。

1.3.1 欧姆定律概述

一定条件下一般导体对电流的传导体现出对立统一的特点。对立,一是指“导”,二是指“阻”。所谓“导”,是指导体对电流有导通功能;所谓“阻”,是指导体对电流并不是畅通无阻的,而是有一定的阻碍作用。自其导者而观之,称为电导(conductance),用G表示,单位是西门子,简称西,符号为S,是Siemens的缩写,这一单位是为纪念德国发明家、实业家西门子(Ernst Werner Siemens,1816—1892)而规定的;自其阻者而观之,称为电阻(resistance),用R表示,单位是欧姆,英文写为ohm,简称欧,符号为希腊字母Ω。对电流导的能力愈强,阻的作用就愈弱;阻的能力愈强,导的作用就愈弱,二者是此消彼长的关系,定量地说,是互为倒数的关系,即

$$G=\frac{1}{R} \tag{1-10}$$

或

$$R=\frac{1}{G} \tag{1-11}$$

导体就是这种对电流既导又阻的对立统一体,统一的规律是“欧姆定律”。

通常把一段导线对电流的阻碍作用模型化,可以抽象出理想导线串联一理想电阻。若一个理想电阻,加在其两端的电压与流过它的电流呈正比,即$u \propto i$,则称该电阻为线性电阻(linear resistor),其电压与电流的比值R即是该电阻的阻值。线性电阻的这一电压、电流关系(伏安特性,current-voltage characteristic)就是欧姆定律(Ohm's law),表述为:对于线性电阻,加在其两端的电压与流过它的电流呈正比。其表达式为

$$R=\frac{u}{i} \tag{1-12}$$

或

$$u=Ri \tag{1-13}$$

从电导的角度看，为

$$G=\frac{i}{u} \tag{1-14}$$

或

$$i=Gu \tag{1-15}$$

注意，以上表达式皆取关联参考方向，如图 1-3(a)所示。线性电阻的伏安特性如图 1-3(b)所示。

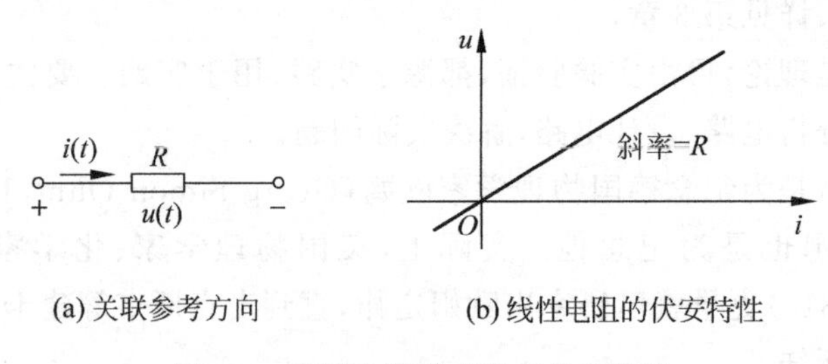

(a) 关联参考方向　　(b) 线性电阻的伏安特性

图 1-3　线性电阻模型及其伏安特性

电阻两端的电压和流过它的电流要存在同时都存在、要消失同时都消失，电阻两端的电压只与此时此刻流过电阻的电流有关，与之前任何时刻均无关，也不会对以后任何时刻产生影响；流过电阻的电流只与此时此刻加在电阻两端的电压有关，与之前任何时刻均无关，也不会对以后任何时刻产生影响。所以，电阻是无记忆元件，也称即时(instantaneous)元件。

不仅电阻器，白炽灯、电炉等在一定条件下都可以用二端线性电阻作为其模型。

不符合欧姆定律的电阻称为非线性电阻。光敏电阻、热敏电阻、压敏电阻等就是非线性电阻。

对于实际的电阻器，从封装上分类有直插式电阻和贴片式电阻，各有其不同的封装尺寸；从材质分类有碳膜电阻(成本低)、金属膜电阻(精度高)、水泥电阻(功率大)等，这些电阻色环的读法在实验课中会学习，需要掌握；从阻值是否可变分类有固定电阻和电位器等；还有一种特殊电阻即零欧姆电阻，其阻值非常小，常用于调试测试、布线(layout)时作跨线、电磁兼容性(electro magnetic compatibility，EMC)策略等。

1.3.2 电阻元件功率消耗

由式(1-9)的功率公式 $p=ui$ 及欧姆定律，可得到计算电阻功率消耗的另外两个公式，即

$$p=i^2R \tag{1-16}$$

或

$$p=\frac{u^2}{R} \tag{1-17}$$

由式(1-8)的 $W=\int_{t_0}^{t}p(\xi)\mathrm{d}\xi$ 及欧姆定律,可得到计算能量消耗的另外两个公式,即

$$W=\int_{t_0}^{t}Ri^2(\xi)\mathrm{d}\xi \tag{1-18}$$

或

$$W=\int_{t_0}^{t}\frac{u^2(\xi)}{R}\mathrm{d}\xi \tag{1-19}$$

式(1-18)和式(1-19)中的变量 ξ 本应写为变量 t,但为避免与积分上限 t 相混淆,将积分变量换为 ξ。

例 1-1 电阻阻值为 5kΩ,其两端所加电压为 $u(t)=12\sin\pi t\,\mathrm{V}$。求流过电阻的电流 $i(t)$、消耗的功率 $p(t)$。电压、电流参考方向关联。

解

$$i(t)=\frac{u(t)}{R}=\frac{12\sin\pi tV}{5\times10^3\Omega}=2.4\times10^{-3}\sin\pi t\,\mathrm{A}$$

$$p(t)=\frac{u^2(t)}{R}=\frac{(12\sin\pi tV)^2}{5\times10^3\Omega}=28.8\times10^{-3}\sin^2\pi t\,\mathrm{W}$$

例 1-1 强调以下几点。

(1) 运算过程可以不带单位,但一定要记得折算单位词头,如例 1-1 中把 5kΩ 代入公式时表达为 $5\times10^3\Omega$(或 5000Ω)。忘记转换词头是常见错误,如例 1-1 中容易把 5kΩ 代入为 5,算着算着就忘了还有个 k,从而将结果错误地计算为 $2.4\sin\pi t\,\mathrm{A}$。

(2) 运算结果一定要带单位,可以带词头,也可以不带词头。例如,例 1-1 中 $i(t)$的求解结果既可以表达为 $2.4\times10^{-3}\sin\pi t\,\mathrm{A}$,也可以表达为 $2.4\sin\pi t\,\mathrm{mA}$。

1.4 基尔霍夫定律

基尔霍夫(Gustav Robert Kirchhoff,1824—1887)是德国物理学家。19 世纪 40 年代,电气技术迅速发展,电路日益复杂。一些电路呈现出网络形状,存在由 3 条或 3 条以上支路形成的交点(节点)。这种复杂电路不能用欧姆定律串、并联电路的公式解决。1847 年,23 岁的基尔霍夫提出了适用于这种网络状电路计算的两个定律,即著名的基尔霍夫定律,从而成功解决了这个阻碍电气技术发展的难题。

基尔霍夫定律有两条,一条针对电流;另一条针对电压。它们分别为基尔霍夫电流定律、基尔霍夫电压定律。这两条定律与 1.3 节的欧姆定律,构成了电路理论的三大基本定律。

现将上文中提到的术语支路、节点,以及下文会提到术语回路、网孔作简要介绍。

1.4.1 电路结构常用术语

支路(branch):就是枝路,与干路相对而言。这一术语的定义有分歧。

定义 1:电路中每个二端元件称为一个支路。

定义 2:由一个二端元件或数个二端元件串联构成的分支称为一个支路。

两种定义分庭抗礼,没有正误之别,但会因此影响对电路中支路和节点的判断,阅读参考书时不必产生困扰。引入图论作为数学工具的宜用定义1。本教材不引入图论,为让后面章节的电路分析简明,故采用定义2。所以,在该定义下,一个支路可以包含任何数量互相串联的二端电路元件,既可以是电阻、电容、电感,也可以是电压源、电流源等。在任何时刻,一个支路上所有元件流过同一个电流,也就是一个支路中流经所有元件的电流大小和方向都相同。如图1-4(a)中共有4条支路,分别是baf、bf、cge和cde。

节点(node):也译为结点,本书采用"节点"。节点就是支路的连接点。

因本书对支路的理解采用定义2,显然3个或3个以上的支路的连接点才构成一个节点。图1-4(a)中b和c是一个节点,不是两个节点;e和f是一个节点,不是两个节点;a、d、g不是节点。该图共有b(也是c)、e(也是f)两个节点。节点和支路更直观的图如图1-4(b)所示。

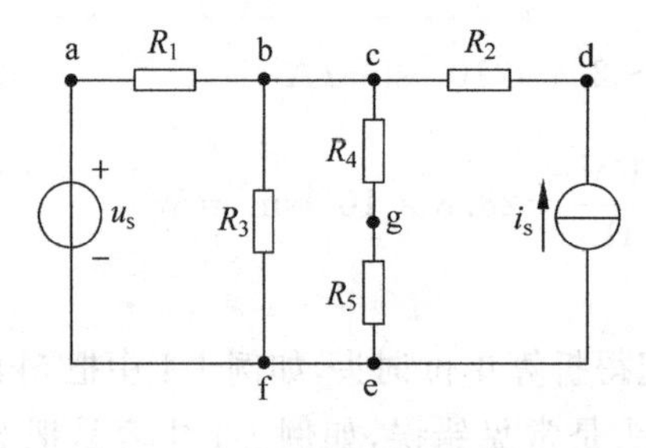

(a) 节点和支路图

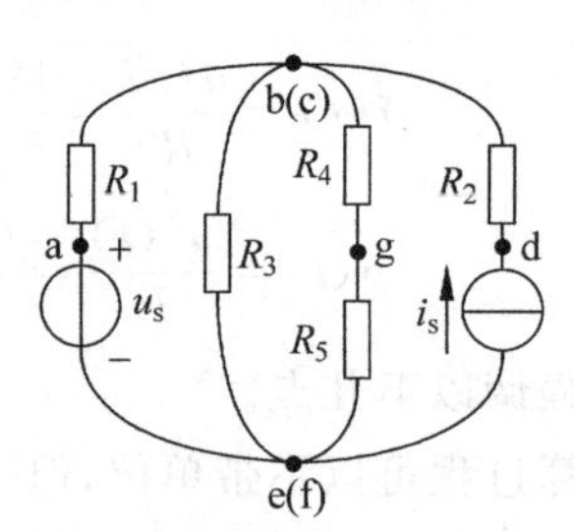

(b) 更直观的节点和支路图

图1-4 电路的支路、节点和回路

回路(loop):电路中任一由数个支路形成的闭合路径称为回路。

网孔(mesh):可经任意扭动画在一个平面上而没有任何两条支路交叉的电路称为平面电路(planar circuit)。对于一个平面电路,其内部不包含任何支路的回路称为网孔。

电路中存在两类约束:一类是元件约束;另一类是拓扑约束。元件约束是指元件本身的伏安特性,也就是加在其两端的电压与流过该元件的电流的关系(voltage current relation,VCR)。如欧姆定律就是反映电阻的VCR。当把元件连成电路时,由于元件的连接结构(拓扑,topology),造成支路之间必然遵循的电压、电流关系叫做拓扑约束。拓扑约束的规律就是基尔霍夫电流定律和基尔霍夫电压定律。

1.4.2 基尔霍夫电流定律

基尔霍夫第一定律,即基尔霍夫电流定律(Kirchhoff's Current Law,KCL),内容如下。

集总电路中,对任一节点,在任一时刻流出(或流入)该节点的电流的代数和为零。其数学表达式为

$$\sum_{k=1}^{K} i_k(t)=0 \tag{1-20}$$

式中,$i_k(t)$为流出(或流入)该节点的第k条支路的电流;K为该节点处的支路数。该式称为基尔霍夫电流方程。根据KCL建立方程式时,在方程式的左边,在表示电流的字母前缀以正号"+",表示电流的正方向是流出节点的方向;缀以负号"−",表示其正方向是流入节

点的方向。

对于 KCL，换言之，就是说对于任何一个节点，每时每刻流进多少电流，就流出多少电流。因此，在分析电路时，只要找出汇合于本节点的支路中，哪些支路流入电流，哪些支路流出电流，则必有流入的电流之和等于流出的电流之和。这也是 KCL 的另一种表述方式。

如图 1-5 中，有

$$i_1 - i_2 + i_3 - i_4 - i_5 = 0$$

该式反映的是 KCL 的第一种表述方式。变换形式可得

$$i_1 + i_3 = i_2 + i_4 + i_5$$

该式反映的即是流出电流之和等于流入电流之和。

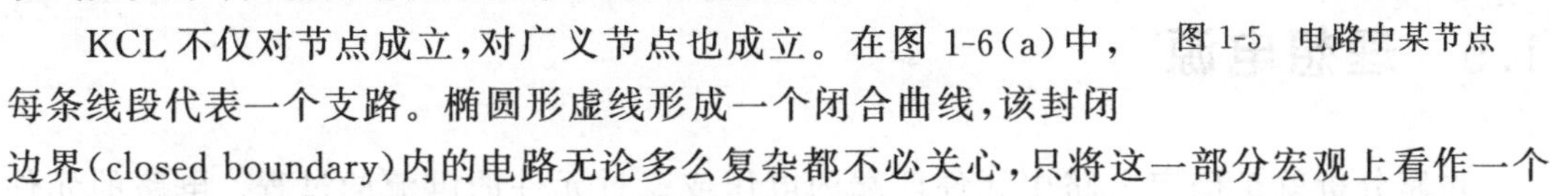

图 1-5　电路中某节点

KCL 不仅对节点成立，对广义节点也成立。在图 1-6(a)中，每条线段代表一个支路。椭圆形虚线形成一个闭合曲线，该封闭边界(closed boundary)内的电路无论多么复杂都不必关心，只将这一部分宏观上看作一个节点，称为广义节点。对这一广义节点使用 KCL，有

$$-i_1 + i_4 + i_6 - i_7 + i_8 = 0$$

又如图 1-6(b)中，电路分为 A、B 两部分，A、B 之间只有一条支路相连，该支路上的电流 i 是多少？将 A 视为广义节点，连接该广义节点的只有一条支路，据 KCL，显然 $i=0$。

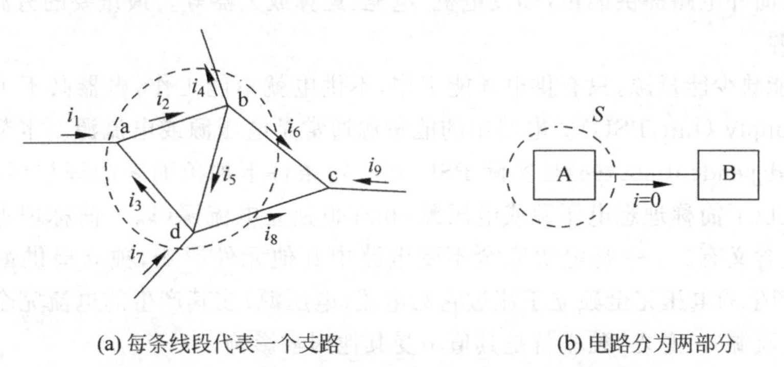

(a) 每条线段代表一个支路　　(b) 电路分为两部分

图 1-6　对广义节点用 KCL

1.4.3　基尔霍夫电压定律

基尔霍夫第二定律，即基尔霍夫电压定律(Kirchhoff's Voltage Law，KVL)，内容如下。

集总电路中，对任一回路，在任一时刻沿着该回路巡行一周，其上所有支路电压的代数和为零。其数学表达式为

$$\sum_{k=1}^{K} u_k(t) = 0 \tag{1-21}$$

式中，$u_k(t)$为该回路中的第 k 条支路的电压；K 为该回路中的支路数。该式称为基尔霍夫电压方程。根据 KVL 建立方程式时，在方程式的左边，在表示电压的字母前缀以正号“+”，表示该段电压的正方向与巡行方向一致；缀以负号“−”，表示其正方向与巡行方向相反。

对于 KVL，换言之，就是对于任一回路上所有支路的电压降之和，等于在这个回路中起作用的能量源的电动势之和。这也是 KVL 的另一种表述方式。

在图 1-7 中，可以从任何一点开始巡行回路，既可以顺时针巡行，也可以逆时针巡行。现从 u_{S1} 开始顺时针巡行，巡行中压降方向与巡行方向一致的为正，与巡行方向相反的为负，因此据 KVL 有

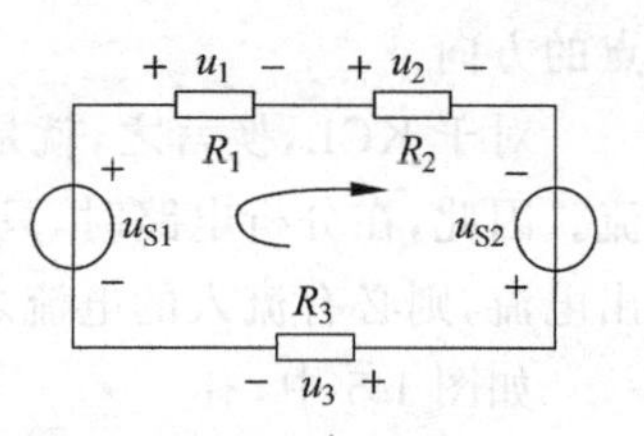

图 1-7 电路中某回路

$$-u_{S1}+u_1+u_2-u_{S2}+u_3=0$$

该式反映的是 KVL 的第一种表述方式。变换形式可得

$$u_1+u_2+u_3=u_{S1}+u_{S2}$$

该式反映的即是电压降之和等于电压升之和。

1.5 理想电源

电路分析就是确定电路中元件两端的电压或流过元件的电流的过程。电路的元件(element)本质上是 VCR 约束关系不同。电路中有两类元件：一类是无源元件(passive element)；另一类是有源元件(active element)。无源元件不能产生能量，或者说没有电磁能源，从不向外电路提供能量，如电阻、电容、电感等。有源元件能够产生能量，或者说有电磁能源，可以向外电路提供能量，如发电机、电池、运算放大器等。最重要的有源元件就是电压源和电流源。

电路不能缺少能量源，只有供电才能工作，不供电就不能工作，电器必不可少电源供应器(Power Supply Unit，PSU)。电路中的能量源通常是电压源或电流源。本节介绍的理想独立电源(independent source)是实际 PSU 在一定条件下抽象而来的理想模型，分为理想独立电压源(以下简称理想电压源或电压源)和理想独立电流源(以下简称理想电流源或电流源)。独立含义有二：一是电源完全不受电路中其他元件影响，独立提供恒定电压或电流；二是其产生的电压完全独立于流过它的电流(电压源)或其产生的电流完全独立于它两端的电压(电流源)。总之，独立就是其值不受其他因素影响。

1.5.1 理想电压源

理想电压源(voltage source)是产生电压的装置，不管外电路如何，其输出电压总能保持恒定(固定值 U_S 或一定的时间函数 $u_S(t)$)，与流过它的电流无关。其符号如图 1-8(a)所示，其某一时刻 t_1 的伏安特性曲线如图 1-8(b)所示，注意横轴是电流而不是时间。

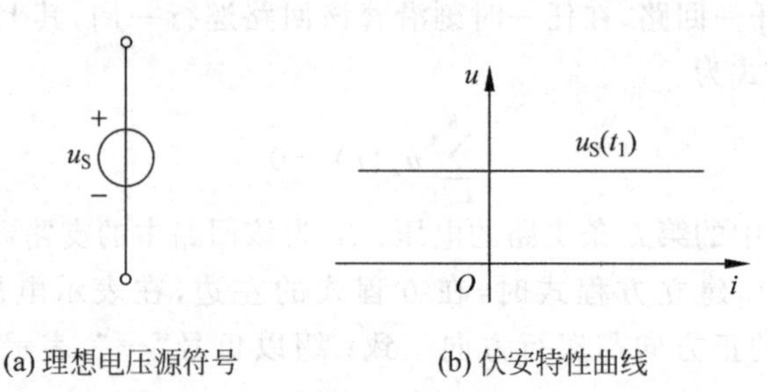

(a) 理想电压源符号 (b) 伏安特性曲线

图 1-8 电压源符号及伏安特性

一定要充分理解电压源的概念。一个确定的电压源，其端电压是恒定的，只由它自身决定，与流过它的电流大小及方向无关，不受流过它的电流影响，也就是流过它的电流可以是任意的。而且流过它的电流不由它自身决定，而是由与之相连的外电路决定。电流可以以不同方向流过电压源，因此理想电压源既可以对外电路提供能量(作为电源)，也可以从外电路吸收能量(作为负载)。对于电压源，哪怕流过它的电流为零，电压源两端的电压依然是恒定的(固定值 U_S 或一定的时间函数 $u_S(t)$)。

理想电压源的内阻为零。近似分析实际电压源时，可以建立为一个理想电压源串联一个适当内阻的模型。

理想独立电压源实际上是不存在的，只是一种抽象的元件模型。实际电器的电源不是一个元器件，而是一个单元电路。例如，计算机上的 PSU，就是一个 AC-DC(交流-直流)电源模块，它将市电(中国大陆地区普遍为 220V/50Hz 交流电)转变为多路数值不尽相同的直流电(如 12V、5V 等)，为主板、散热器、硬盘驱动器等供电；而在主板上还有 DC-DC 电源模块，为主板各部分供电。

1.5.2 理想电流源

理想电流源(current source)是产生电流的装置，不管外电路如何，其输出电流总能保持恒定(固定值 I_S 或一定的时间函数 $i_S(t)$)，与它两端电压无关。其符号如图 1-9(a)所示，其某一时刻 t_1 的伏安特性曲线如图 1-9(b)所示。注意横轴是电压不是时间。

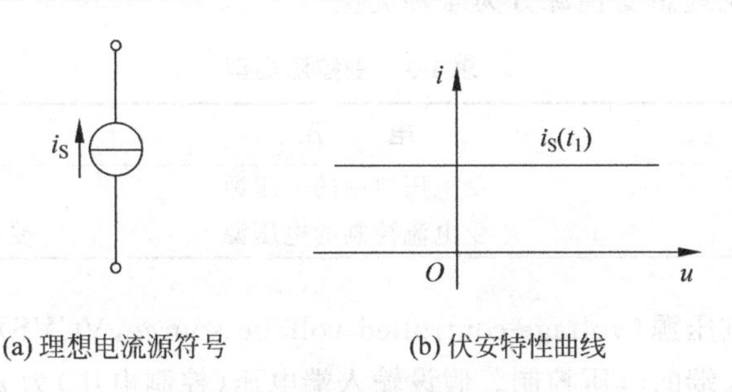

(a) 理想电流源符号　　(b) 伏安特性曲线

图 1-9　电流源符号及伏安特性

一定要充分理解电流源的概念。一个确定的电流源，其输出电流是恒定的，只由它自身决定，与其两端电压大小及方向无关，不受它两端电压影响，也就是它两端的电压可以是任意的。而且其两端电压不由它自身决定，而是由与之相连的外电路决定。理想电流源的两端电压可以有不同的极性，因此理想电流源既可以对外电路提供能量(作为电源)，也可以从外电路吸收能量(作为负载)，视电压的极性而定。对于电流源，哪怕其两端电压为零，电流源输出的电流依然是恒定的(固定值 I_S 或一定的时间函数 $i_S(t)$)。

理想电流源的内阻无穷大。近似分析实际电流源时，可以建立为一个理想电流源并联一个适当内阻的模型。

理想的独立电流源实际上也是不存在的，只是一种抽象的元件模型。

1.6 受控源

有国外教材把电源分为两类，即独立电源(independent source)和非独立电源(dependent source，也译为从属电源)，将两者编入一节之内。独立电源就是1.5节介绍的电压源和电流源，从属电源就是本节要介绍的受控源。

国内教材普遍将受控源单列一节，较为合理。因为受控源(从属电源)的"源"字面上与电压源、电流源的"源"同为电源之义，但其"并非严格意义上的电源，只是表明电路内部电子器件的'互参数'或电压、电流'转移'关系而已"，甚至被认为将"一种表明互参数的元件命名为受控源是不幸的，自相矛盾而有误导作用"(李瀚荪《简明电路分析》)。

之前介绍的元件都是二端元件，二端元件为单口元件，对外只有两个端钮也就是一个口。而受控源是双口元件，既有输入口又有输出口。输入口有两个端钮，称控制端钮；输出口有两个端钮，称受控端钮。受控源(controlled source)也称从属电源(dependent source)，是一种有源元件，其电压或电流的大小和方向受电路中其他部分电压或电流控制。从"输入端可以控制输出端的什么"这一角度看，分为电压源和电流源，也就是说，如果输入端可以控制输出端的电压，那它就是受控电压源；如果输入端可以控制输出端的电流，那它就是受控电流源。从受何控制的角度看，分为受电压控制和受电流控制，也就是说，输出端受输入端的电压控制，或者输出端受输入端的电流控制。将这两个视角或者说两个维度列入一个表中(表1-3)，显然可见理想受控源分为4种类型。

表1-3 受控源类型

受何控制	电　压	电　流
电压	受电压控制的电压源	受电压控制的电流源
电流	受电流控制的电压源	受电流控制的电流源

受电压控制的电压源(voltage-controlled voltage source，VCVS)，简称压控电压源，其输出端的电压受输入端的电压控制。假设输入端电压(控制电压)为u，则输出端电压(受控电压)为μu，其中μ为无量纲的控制系数，称为转移电压比。只要输入端有电压就能控制输出端的电压，不需要输入端有电流，所以输入端应看作开路，开路两端电压即是输入端电压。从输出角度看，有点类似电源却并非电源，所以有人将其称为非独立电源或从属电源；正因其似是而非，所以输出端在符号上也是与独立电源似是而非，将独立电源的圆形轮廓改为菱形轮廓。压控电压源的电路符号如图1-10(a)所示。受控源在电路中常画的是简化图，只画受控支路，正确标出控制量即可。

受电流控制的电压源(current-controlled voltage source，CCVS)，简称流控电压源，其输出端的电压受输入端的电流控制。假设输入端电流(控制电流)为i，则输出端电压(受控电压)为ri，其中r为有电阻量纲(Ω)的控制系数，称为转移电阻。只要输入端有电流就能控制输出端的电压，不需要输入端有电压，所以输入端应看作短路，短路电流即是输入端电流。流控电压源的电路符号如图1-10(b)所示。

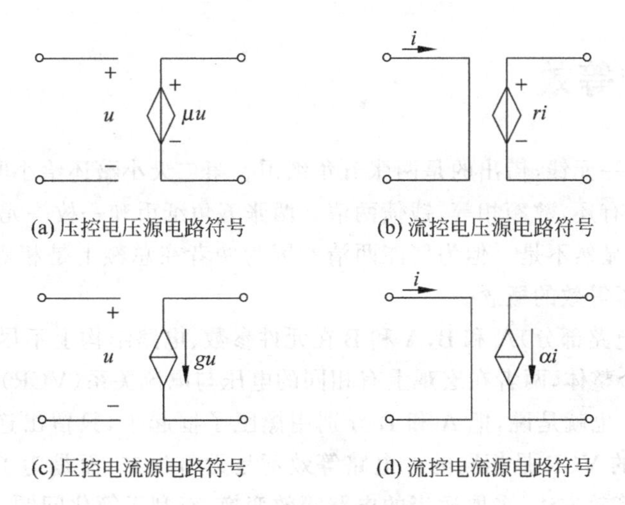

图 1-10　受控源符号

受电压控制的电流源(voltage-controlled current source,VCCS),简称压控电流源,其输出端的电流受输入端的电压控制。假设输入端电压(控制电压)为 u,则输出端电流(受控电流)为 gu,其中 g 为有电导量纲(S)的控制系数,称为转移电导。压控电流源的电路符号如图 1-10(c)所示。

受电流控制的电流源(current-controlled current source,CCCS),简称流控电流源,其输出端的电流受输入端的电流控制。假设输入端电流(控制电流)为 i,则输出端电流(受控电流)为 αi,其中 α 为无量纲控制系数,称为转移电流比。流控电流源的电路符号如图 1-10(d)所示。

需要注意以下两点。

(1) 受控源也是抽象模型,并不是具体器件。电路中晶体管就可以模型化为受控源进行分析。本书的任务只对受控源模型进行学习,后续课程(如"模拟电子技术")中会进一步学习如何将电路中的晶体管等转化为受控源模型。

(2) 电阻电路包含受控源。

例 1-2　计算图 1-11 中各元件提供或吸收的功率。

解　采用关联参考方向。

电压源的功率 $p_0=u_S i_1=20\text{V}\times(-5\text{A})=-100\text{W}$,提供功率。

R_1 的功率 $p_1=u_1 i_1=12\text{V}\times 5\text{A}=60\text{W}$,吸收功率。

R_2 的功率 $p_2=u_2 i_2=8\text{V}\times 6\text{A}=48\text{W}$,吸收功率。

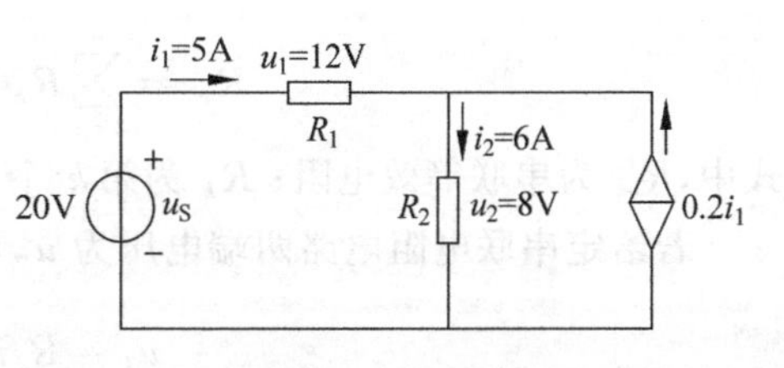

图 1-11　例 1-2 电路

对于 CCCS,其两端电压与 R_2 两端电压相同,均为 8V,且上正下负。

流过的电流大小为 $0.2i_1=0.2\times 5\text{A}=1\text{A}$,考虑到电压和电流的参考方向,受控源的功率 $p_4=8\text{V}\times(-1\text{A})=-8\text{W}$,提供功率。

1.7 电路的等效

小明借给小薇一元钱，借出的是两张五角纸币。第二天小薇还给小明一元钱，还的是一枚一元硬币。有借有还，数额相等，钱债两清。两张五角纸币和一枚一元硬币是一模一样完全相同的东西吗？显然不是。但为何能两清？因为两者在总额上是相等的。同中有异，异中有同，这就引出了等效的概念。

设有电路（或电路部分）A 和 B，A 和 B 在元件参数、电路结构上不尽相同，但 A 作为一个整体、B 作为一个整体，两者在宏观上有相同的电压与电流关系（VCR），则称 A 和 B 互相等效（equivalent）。也就是说，把 A 和 B 分别用黑匣子框起来，只留出连接外电路的端口，在端口上，A 和 B 的 VCR 是相同的。电路等效不是无事生非，而是为了化繁为简、化难为易，所以掌握电路等效方法、采取适当的电路等效变换，有利于简化问题、方便求解。

1.7.1 电阻的串联与并联等效

1. 电阻的串联等效

如图 1-12(a)所示，电阻的串联就是若干二端电阻元件首尾顺次相接连成一个二端电路。串联的电阻有同一个电流流过，各电阻流过的电流大小和方向完全相同。据欧姆定律和 KVL，有

$$u=u_1+u_2+u_3=R_1i+R_2i+R_3i=(R_1+R_2+R_3)i$$

令$(R_1+R_2+R_3)=R_{eq}$，有

$$u=R_{eq}i$$

依据该式画出电路图如图 1-12(b)所示。显然图 1-12 有相同的 VCR，也就是两者等效。

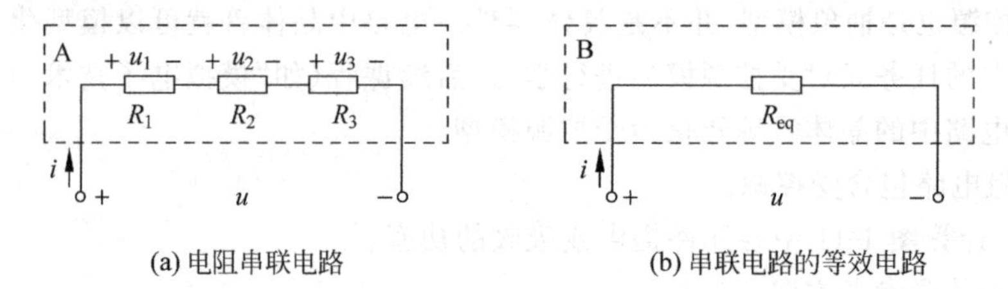

(a) 电阻串联电路　　(b) 串联电路的等效电路

图 1-12　电阻串联及等效

推广后有电阻串联的等效电阻等于相串联各电阻之和，其数学表达式为

$$R_{eq}=\sum_{k=1}^{n}R_k=R_1+R_2+\cdots+R_n \tag{1-22}$$

式中，R_{eq} 为串联等效电阻；R_k 为第 k 个电阻，共有 n 个电阻。

若给定串联电阻电路两端电压为 u，可得第 k 个电阻 R_k 两端电压为

$$u_k=R_ki=R_k\frac{u}{R_{eq}}=\frac{R_k}{R_{eq}}u$$

只看等式两端，有

$$u_k=\frac{R_k}{R_{eq}}u \tag{1-23}$$

也就是说，串联电路中电阻 R_k 分得的电压为$\frac{R_k}{R_{eq}}u$，可见电阻串联有分压关系，式(1-23)即为分压公式，而且显然电阻值大的分得的电压大，分压与电阻值呈正比。以两个电阻串联为例，有以下关系式。

串联等效电阻，有

$$R_{eq}=R_1+R_2$$

R_1 分得的电压为

$$u_1=\frac{R_1}{R_1+R_2}u$$

R_2 分得的电压为

$$u_2=\frac{R_2}{R_1+R_2}u$$

在串联电阻电路中，各电阻的吸收功率之和等于其等效电阻在同一电流下的吸收功率。

2. 电阻的并联等效

如图 1-13(a)所示，电阻的并联就是若干二端电阻元件首首相接连成一个节点，尾尾相接连成一个节点，形成一个二端电路。并联电阻两端是同一个电压，各电阻两端的电压大小和方向完全相同。据欧姆定律和 KCL，有

$$i=i_1+i_2+i_3=\frac{u}{R_1}+\frac{u}{R_2}+\frac{u}{R_3}=\left(\frac{1}{R_1}+\frac{1}{R_2}+\frac{1}{R_3}\right)u=\frac{u}{\dfrac{1}{\dfrac{1}{R_1}+\dfrac{1}{R_2}+\dfrac{1}{R_3}}}$$

令$\dfrac{1}{\dfrac{1}{R_1}+\dfrac{1}{R_2}+\dfrac{1}{R_3}}=R_{eq}$，即

$$\frac{1}{R_1}+\frac{1}{R_2}+\frac{1}{R_3}=\frac{1}{R_{eq}}$$

有

$$i=\frac{u}{R_{eq}}$$

依据该式画出电路图如图 1-13(b)所示。显然，图 1-13 中有相同的 VCR，也就是两者等效。

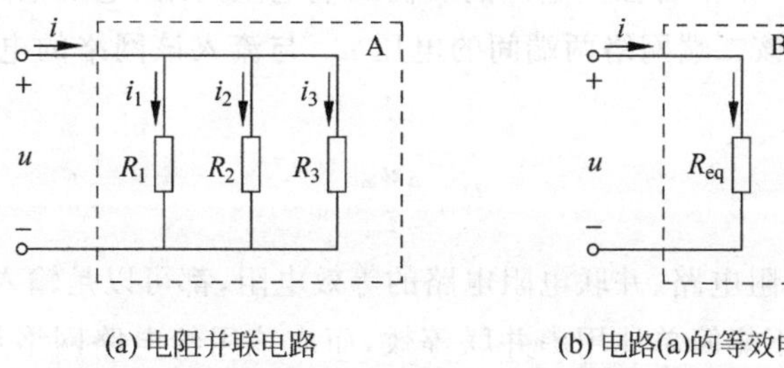

(a) 电阻并联电路　　(b) 电路(a)的等效电路

图 1-13　电阻并联及等效电路

推广后,有电阻并联的等效电阻的倒数等于相并联各电阻的倒数之和,其数学表达式为

$$\frac{1}{R_{eq}}=\sum_{k=1}^{n}\frac{1}{R_k}=\frac{1}{R_1}+\frac{1}{R_2}+\cdots+\frac{1}{R_n} \tag{1-24}$$

式中,R_{eq} 为并联等效电阻;R_k 为第 k 个电阻,共有 n 个电阻。

若给定并联电阻电路的总电流为 i,可得第 k 个电阻 R_k 上流过的电流为

$$i_k=\frac{u}{R_k}=\frac{R_{eq}i}{R_k}=\frac{R_{eq}}{R_k}i$$

只看等式两端,有

$$i_k=\frac{R_{eq}}{R_k}i \tag{1-25}$$

也就是说,并联电路中电阻 R_k 分得的电流为$\frac{R_{eq}}{R_k}i$,可见电阻并联有分流关系,式(1-25)即为分流公式,而且显然电阻值大的分得的电流小,分流与电阻值成反比。以两个电阻并联为例,有以下关系式。

并联等效电阻,有

$$\frac{1}{R_{eq}}=\frac{1}{R_1}+\frac{1}{R_2}=\frac{R_1+R_2}{R_1R_2}$$

即

$$R_{eq}=\frac{R_1R_2}{R_1+R_2}$$

R_1 分得的电流为

$$i_1=\frac{R_{eq}}{R_1}i=\frac{1}{R_1}\left(\frac{R_1R_2}{R_1+R_2}\right)i=\frac{R_2}{R_1+R_2}i$$

R_2 分得的电流为

$$i_2=\frac{R_{eq}}{R_2}i=\frac{1}{R_2}\left(\frac{R_1R_2}{R_1+R_2}\right)i=\frac{R_1}{R_1+R_2}i$$

在并联电阻电路中,各电阻的吸收功率之和等于其等效电阻在同一电压下的吸收功率。

3. 输入电阻与输出电阻

输入电阻也称入端电阻,就是从输入端看进去,将后面所有相连的电路作为一个整体的等效电阻。其定义为,一个不含独立电源的线性二端电阻网络(电阻电路包含受控源在内)的输入电阻 R_{in} 定义为该二端网络两端间的电压 u_{in} 与流入该网络的电流 i_{in} 之比,其数学表达式为

$$R_{in}\overset{\Delta}{=}\frac{u_{in}}{i_{in}} \tag{1-26}$$

上面介绍的串联电阻电路、并联电阻电路的等效电阻,都可以是输入电阻。

计算输入电阻时,不能简单地用串并联等效,而应该用给电路网络从入端加一电压 u_{in} 的方法,然后求流入电流 i_{in},利用式(1-26)即可求出输入电阻。

例 1-3　计算图 1-14 所示电路的输入电阻。

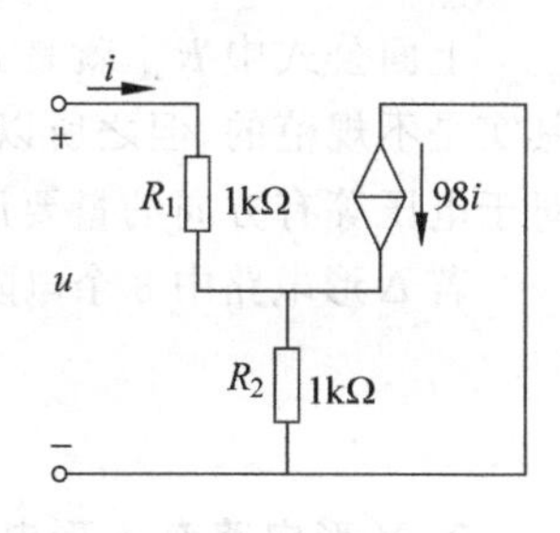

图 1-14　例 1-3 用图

解　据 KVL,电路端口电压等于 R_1 两端压降加上 R_2 两端压降,据 KCL,流过 R_2 的电流为 $i+98i=99i$。故

$$R_{\text{in}}=\frac{u}{i}=\frac{R_1 i+R_2\cdot 99i}{i}$$

$$=1\text{k}\Omega+1\text{k}\Omega\cdot 99=100\text{k}\Omega$$

其输入电阻为 100kΩ。

求输出电阻的方法与此相同,从输出端加一个输入电压,然后求流入电流,利用式(1-26)求出输出电阻。

1.7.2　电阻的 Δ-Y 等效变换

图 1-15(a)所示虚线框内的电路中 3 个电阻既不是串联又不是并联,无法用电阻的串并联等效,使得对图 1-15(a)所示电路的求解乍看之下束手无策。如果能将图 1-15(a)所示虚线框中的电路等效变换为图 1-15(b)所示虚线框中的电路,整个电路的连接与求解顿时豁然开朗了。本节要介绍的正是这种变换。

图 1-15(a)所示虚线框内的电路中 3 个电阻的连接呈三角形,故称其为三角形连接电路或 Δ(念做 Delta)形连接电路,也称 Π 形连接电路,只要画电路时让两只电阻都垂直于第三只就可以看出这种形状。

图 1-15(b)所示虚线框内的电路中 3 个电阻的连接呈 Y 形,故称其为 Y 形连接电路,也称 T 形连接电路或星形(star)连接电路。

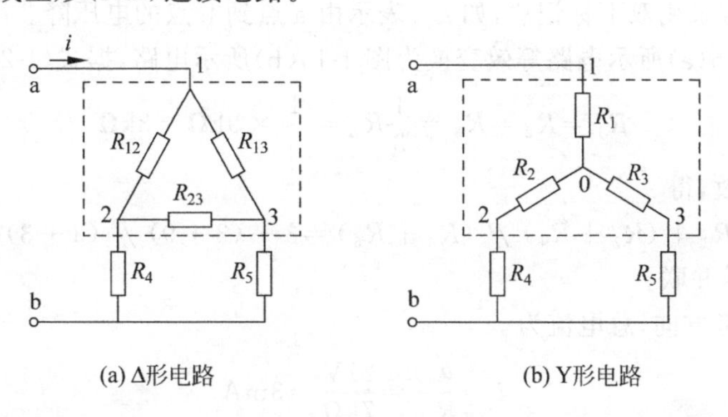

(a) Δ形电路　　(b) Y形电路

图 1-15　Δ-Y 电路

这两种电路可以等效变换,称为 Δ-Y 变换或 T-Π 变换。

1. Δ 形电路变 Y 形电路

其变换公式为

$$\begin{cases} R_1=\dfrac{R_{12}R_{13}}{R_{12}+R_{13}+R_{23}} \\ R_2=\dfrac{R_{21}R_{23}}{R_{12}+R_{13}+R_{23}} \\ R_3=\dfrac{R_{31}R_{32}}{R_{12}+R_{13}+R_{23}} \end{cases} \tag{1-27}$$

上面公式中 R_{21} 就是 R_{12}，R_{31} 就是 R_{13}，R_{32} 就是 R_{23}，角标数字表示的是节点。这样写其实是不规范的，但之所以这么写，是为使该公式形式上的特点显著，从而容易记忆该公式。对于电压等有方向的量要用规范的双下标记法，见例 1-4 中的说明。

若 Δ 形电路中 3 个电阻阻值相等，不妨设其阻值为 R_Δ，即 $R_{12}=R_{13}=R_{23}=R_\Delta$，显然有

$$R_1=R_2=R_3=\frac{1}{3}R_\Delta \tag{1-28}$$

2. Y 形电路变 Δ 形电路

其变换公式为

$$\begin{cases} R_{12}=\dfrac{R_1R_2+R_1R_3+R_2R_3}{R_3} \\ R_{13}=\dfrac{R_1R_2+R_1R_3+R_2R_3}{R_2} \\ R_{23}=\dfrac{R_1R_2+R_1R_3+R_2R_3}{R_1} \end{cases} \tag{1-29}$$

若 Y 形电路中 3 个电阻阻值相等，不妨设其阻值为 R_Y，即 $R_1=R_2=R_3=R_Y$，则显然有

$$R_{12}=R_{13}=R_{23}=3R_Y \tag{1-30}$$

式(1-27)、式(1-29)都是由欧姆定律和 KCL、KVL 推导而来的。

例 1-4 图 1-15(a)中，$R_{12}=R_{13}=R_{23}=9\text{k}\Omega$，$R_4=9\text{k}\Omega$，$R_5=3\text{k}\Omega$，$u_{ab}=21\text{V}$，求 R_5 两端电压。

说明：电压常采用双下标记法，如 u_{ab} 表示由 a 点到 b 点的电压降。

解 将图 1-15(a)所示电路等效变换为图 1-15(b)所示电路，据式(1-28)，有

$$R_1=R_2=R_3=\frac{1}{3}R_\Delta=\frac{1}{3}\times 9\text{k}\Omega=3\text{k}\Omega$$

由串并联等效，得

$$R_{ab}=R_1+(R_2+R_4)\ /\!/\ (R_3+R_5)=3+(3+9)\ /\!/\ (3+3)=7\text{k}\Omega$$

式中符号“//”表示并联。

采用关联参考方向，总电流为

$$i=\frac{u_{ab}}{R_{ab}}=\frac{21\text{V}}{7\text{k}\Omega}=3\text{mA}$$

由分流公式，R_5 所在支路电流为

$$i_1=\frac{R_2+R_4}{(R_2+R_4)+(R_3+R_5)}i=\frac{3+9}{(3+9)+(3+3)}\times 3\text{mA}=2\text{mA}$$

故 R_5 两端电压为

$$u_1=R_5i_1=3\text{k}\Omega\times 2\text{mA}=6\text{V}$$

方向为上正下负。

1.7.3 理想独立电源的等效

1. 理想独立电压源的串联

理想独立电压源串联端电压等于相串联的各电压源端电压的代数和，其数学表达式为

$$u_S=\sum_{k=1}^{n}u_{Sk}=u_{S1}+u_{S2}+\cdots+u_{Sn} \tag{1-31}$$

式中，u_S 为串联等效电压源端电压；u_{Sk} 为第 k 个电压源端电压，共有 n 个电压源。当 u_{Sk} 与 u_S 参考方向一致时，u_{Sk} 数值的性质符号取正号，不一致时取负号。

例 1-5 求图 1-16(a)和图 1-16(b)所示串联电压源的等效电压源端电压，图 1-16(c)为图 1-16(a)和图 1-16(b)的等效电压源示意图。

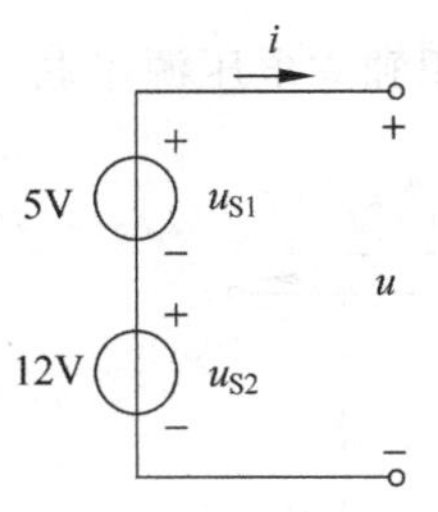

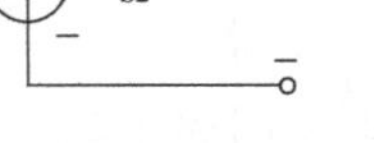

(a) 串联电压源电路一

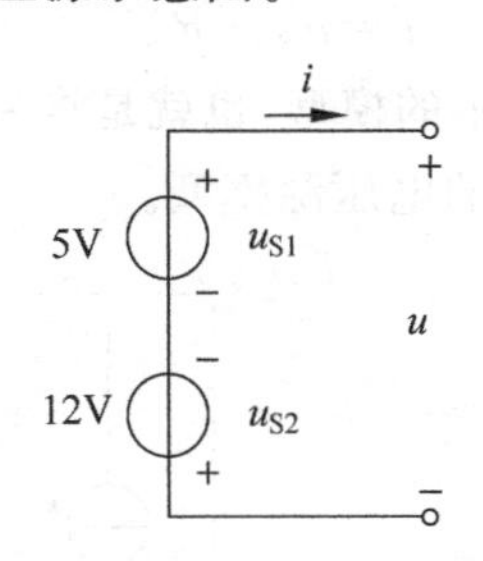

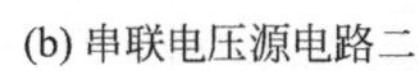

(b) 串联电压源电路二

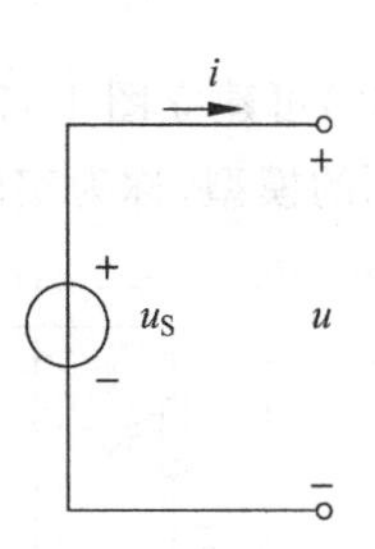

(c) 电路(a)和(b)的等效电压源

图 1-16 例 1-5 电路

解 对于图 1-16(a)，串联等效电压源的端电压为

$$u_S=u_{S1}+u_{S2}=5\text{V}+12\text{V}=17\text{V}$$

对于图 1-16(b)，串联等效电压源的端电压为

$$u_S=u_{S1}+u_{S2}=5\text{V}+(-12\text{V})=-7\text{V}$$

注意：图 1-16(b)中的串联方式实际不可行，因为易损坏。

2. 理想独立电压源的并联

只有激励电压相等且极性一致的电压源才允许并联，其并联等效电压源等于其中任一电压源。但是，这个并联组合向外部提供的电流在各个电压源之间如何分配则无法确定。

【思考题】 为什么只有激励电压相等且极性一致的电压源才允许并联？

3. 理想独立电流源的串联

只有激励电流相等且方向一致的电流源才允许串联，其串联等效电流源等于其中任一电流源。但是这个串联组合的总电压在各个电流源之间如何分配则无法确定。

【思考题】 为什么只有激励电流相等且方向一致的电流源才允许串联？

4. 理想独立电流源的并联

理想独立电流源并联的输出电流等于相并联的各电流源输出电流的代数和，其数学表达式为

$$i_S=\sum_{k=1}^{n}i_{Sk}=i_{S1}+i_{S2}+\cdots+i_{Sn} \tag{1-32}$$

式中，i_S 为并联等效电流源输出电流；i_{Sk} 为第 k 个电流源的输出电流，共有 n 个电流源。当 i_{Sk} 与 i_S 参考方向一致时，i_{Sk} 数值的性质符号取正号，不一致时取负号。

1.7.4 实际电源的两种模型及等效

当实际电源的内阻 R_S 不能忽略时，不能直接采用理想独立电压源 u_S 或理想独立电流源 i_S，因此需要建立一种实际电源的模型。实际供出电流 i 越大，输出电压 u 越小。当其电压与电流关系(VCR)呈线性时，可用式(1-33)拟合这一现象，即

$$u = u_S - R_S i \tag{1-33}$$

据式(1-33)可建立图 1-17(a)所示的模型，也就是将一个理想独立电压源串联一个电阻作为实际电源的模型，称为实际电源的电压源模型。

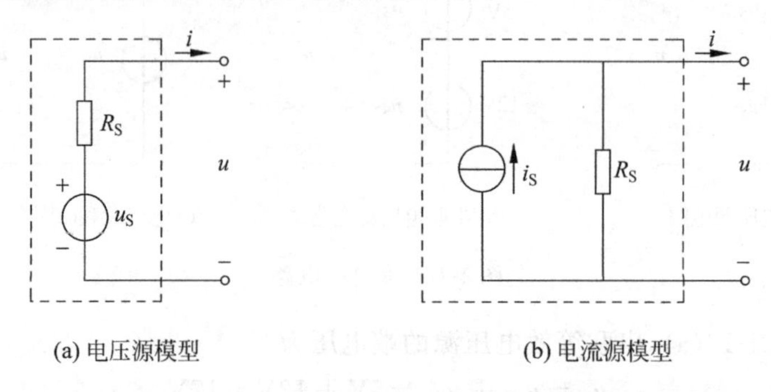

(a) 电压源模型　　(b) 电流源模型

图 1-17　实际电源的电压源和电流源模型

将式(1-33)等号两边同除以 R_S，得

$$\frac{u}{R_S} = \frac{u_S}{R_S} - i$$

$\frac{u_S}{R_S}$是一个恒定的值，显然是理想电流源模型。因此，上式即

$$\frac{u}{R_S} = i_S - i$$

变换形式为

$$i = i_S - \frac{u}{R_S} \tag{1-34}$$

据式(1-34)可建立图 1-17(b)所示的模型，也就是将一个理想独立电流源并联一个电阻作为实际电源的模型，称为实际电源的电流源模型。

可见，实际电源既可以模型化为一个理想独立电压源串联一个内阻(实际电源的电压源模型)，也可以模型化为一个理想独立电流源并联一个内阻(实际电源的电流源模型)，而且这两个模型还存在等效变换关系。分析上面的变换过程，可归纳为以下变换方法。

1. 将实际电源的电压源模型变换为实际电源的电流源模型

已知实际电源的电压源模型中，其理想独立电压源的端电压为 u_S，其串联的内阻为 R_S，则可将其等效变换为一个输出电流为$\frac{u_S}{R_S}$的理想独立电流源并联一个 R_S 的内阻。

2. 将实际电源的电流源模型变换为实际电源的电压源模型

已知实际电源的电流源模型中，其理想独立电流源的输出电流为 i_S，其并联的内阻为 R_S，则可将其等效变换为一个端电压为 $R_S i_S$ 的理想独立电压源串联一个 R_S 的内阻。

内阻不可忽略的受控源的变换方法与此相同。

例 1-6　求图 1-18(a)所示电路中的电压 U。

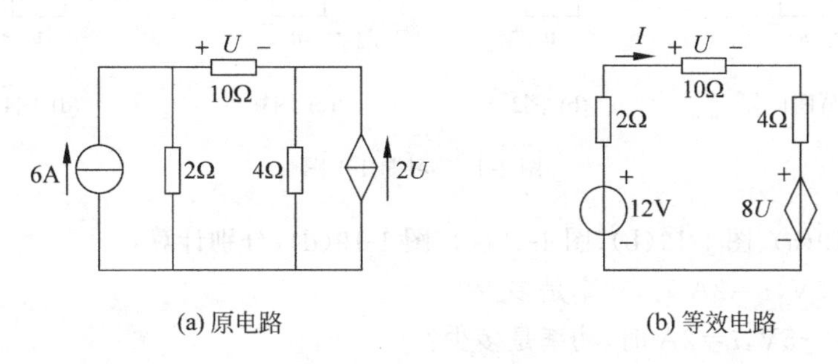

(a) 原电路　　　(b) 等效电路

图 1-18　例 1-6 电路

解　图 1-18(a)中 6A 独立电流并联 2Ω 电阻可等效为 6A×2Ω=12V 独立电压源串联 2Ω 电阻，右侧 VCCS 并联 4Ω 电阻可等效为 $2U\times4=8U$ 受控电压源串联 4Ω 电阻。等效电路如图 1-18(b)所示。

设回路电流为 I，可列回路基尔霍夫电压方程为

$$10I+4I+8U-12+2I=0$$

又据图 1-18 中 10Ω 电阻的 VCR，有

$$U=10I$$

联立以上方程，解得

$$U=1.25\text{V}$$

1.8　本章小结

本章介绍了模型、集总电路、分布电路、节点、支路、网孔、电流、电压、电功率、电阻、电导等基本概念。

本章介绍了电阻元件、理想独立电压源、理想独立电流源及 4 种受控源（VCVS、CCVS、VCCS 和 CCCS）等理想元件。

本章介绍了欧姆定律、基尔霍夫电流定律（KCL）和基尔霍夫电压定律（KVL）这三大基本定律。

本章还介绍了电阻的串并联等效、电阻网络的 Δ-Y 变换、电压源的串并联等效等变换。

这些内容是正确描述和分析、解决电路问题的基础，牢固掌握本章内容是顺利学习以下章节内容的前提和基础。

习题 1

1-1 计算图 1-19 中各元件吸收或提供的功率。

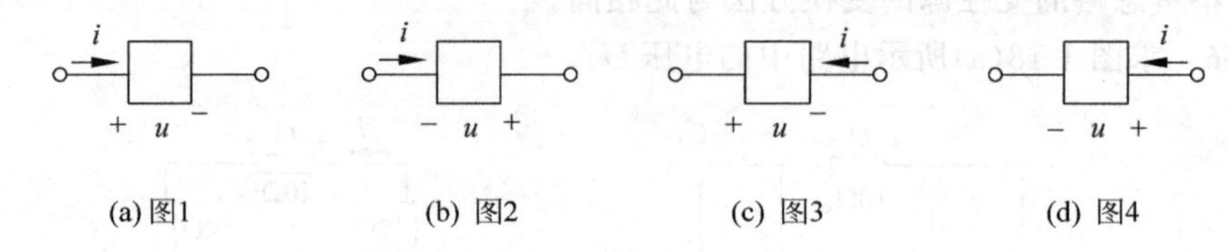

图 1-19 习题 1-1 图

对于图 1-19(a)、图 1-19(b)、图 1-19(c)、图 1-19(d)，分别计算：

(1) 当 $u=5\text{V}, i=2\text{A}$ 时，功率是多少？

(2) 当 $u=-5\text{V}, i=2\text{A}$ 时，功率是多少？

(3) 当 $u=5\text{V}, i=-2\text{A}$ 时，功率是多少？

(4) 当 $u=-5\text{V}, i=-2\text{A}$ 时，功率是多少？

1-2 一个 10kΩ、1/4W 的电阻，使用时容许流过的最大电流是多少？

1-3 在图 1-20 中，$u_{S1}=12\text{V}, u_{S2}=6\text{V}, R_1=0.2\Omega, R_2=0.1\Omega, R_3=1.4\Omega, R_4=2.3\Omega$。求电流 i 及电压 u_{ab}。

1-4 在图 1-21 中，$u_{S1}=6\text{V}, u_{S2}=14\text{V}, u_{ab}=5\text{V}, R_1=2\Omega, R_2=3\Omega$，电流参考方向如图所示，求电流 i。

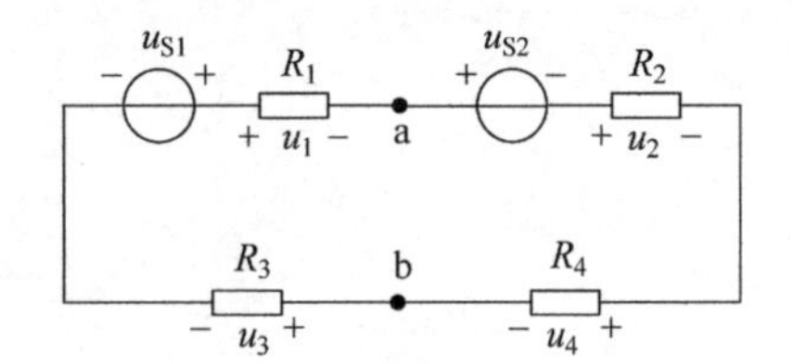

图 1-20 习题 1-3 图

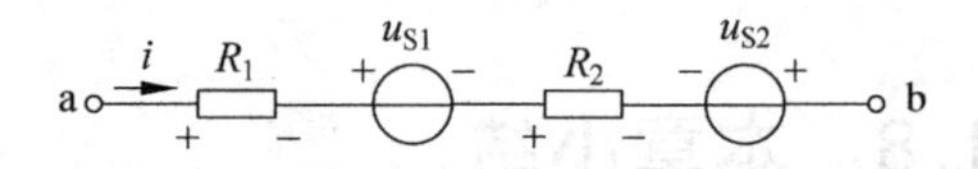

图 1-21 习题 1-4 图

1-5 求图 1-22 中 U_2、I_2、R_1、R_2、U_S。

1-6 求图 1-23 中独立电压源的功率，并说明是吸收功率还是提供功率。

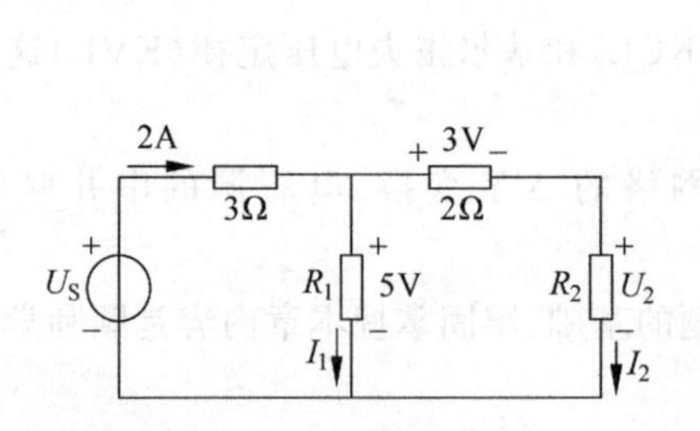

图 1-22 习题 1-5 图

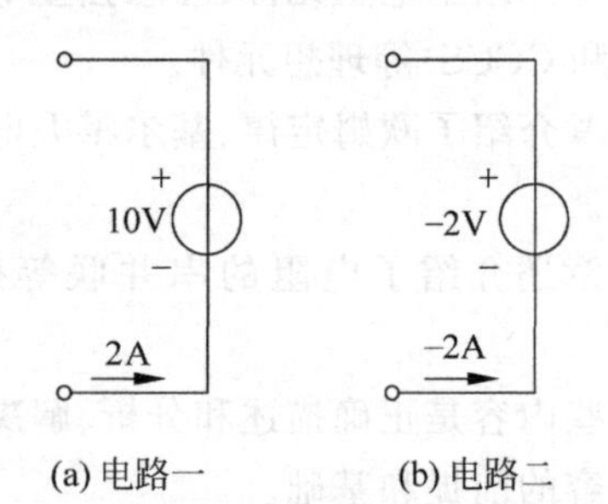

图 1-23 习题 1-6 图

1-7　求图 1-24 中各电流和电压。

1-8　求图 1-25 中受控源的提供功率。

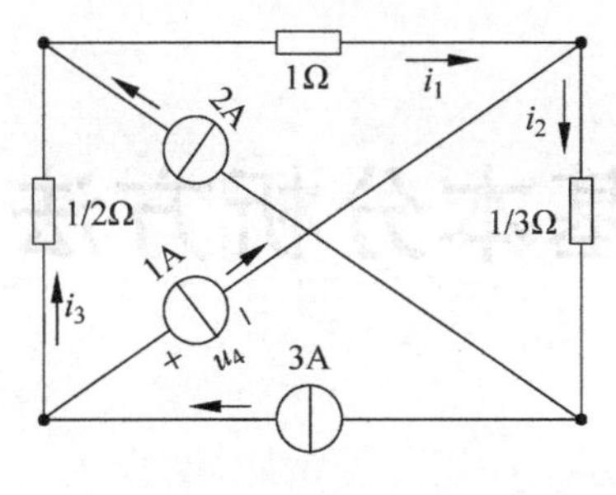

图 1-24　习题 1-7 图

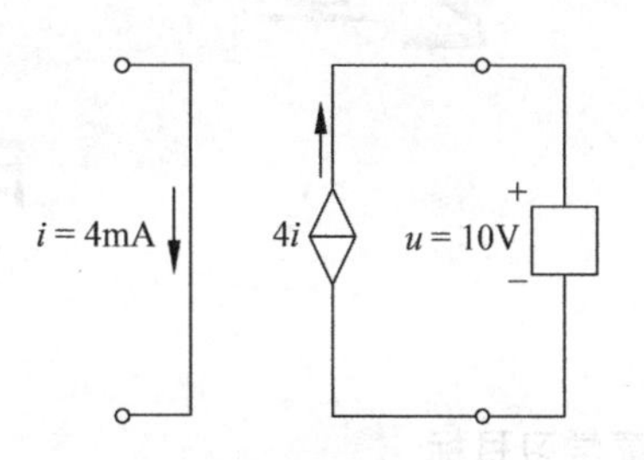

图 1-25　习题 1-8 图

1-9　求图 1-26 中的 U_1、U_2。已知 $R_1=R_2=R_3=100\Omega$。

1-10　求图 1-27 中的 U_1。已知 $U_{S1}=3V$，$U_{S2}=1V$，$R_1=1\Omega$，$R_2=2\Omega$，$R_3=10\Omega$。

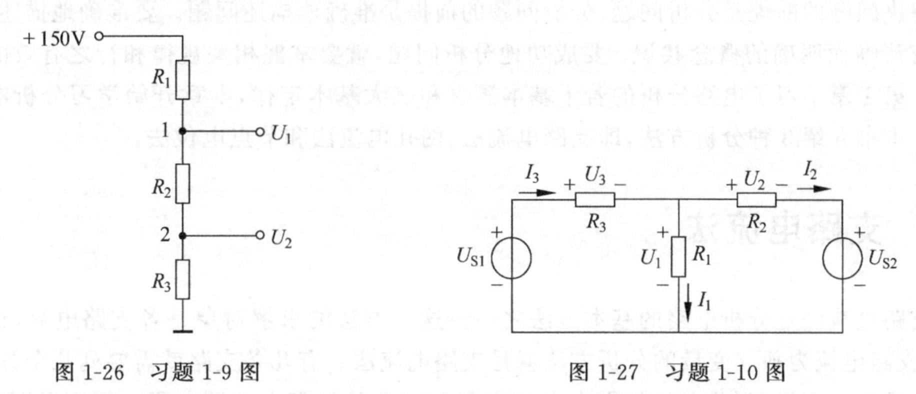

图 1-26　习题 1-9 图　　　图 1-27　习题 1-10 图

1-11　求图 1-28 中各电路的等效电阻 R_{ab}。

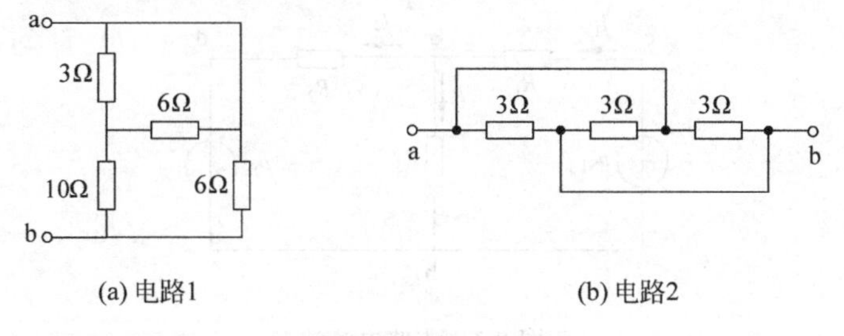

(a) 电路1　　　(b) 电路2

图 1-28　习题 1-11 图

1-12　求图 1-29 中的电阻 R。

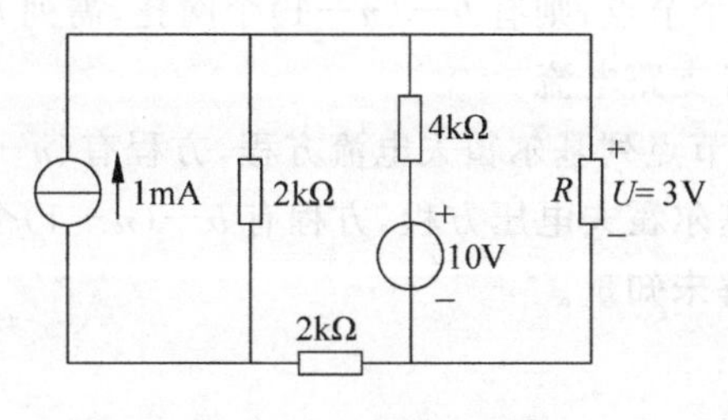

图 1-29　习题 1-12 图

第2章 电路基本分析方法

本章学习目标

- 掌握电路分析的基本方法——支路电流法；
- 掌握电路分析的基本方法——网孔电流法；
- 掌握电路分析的基本方法——节点电位法。

解决问题的前提是分析问题，分析问题的前提是准确地描述问题。要准确地描述问题，就要有清晰而明确的概念共识；要成功地分析问题，就要掌握相关规律和行之有效的分析方法。第1章学习了电路分析的若干基本概念和三大基本定律，本章开始学习分析电路方法论。本书介绍3种分析方法，即支路电流法、网孔电流法和节点电位法。

2.1 支路电流法

支路电流法是分析电路的基本方法之一。这一方法的求解对象是各支路电流，也就是说，以支路电流为独立变量的分析方法就是支路电流法。有几条支路就需要列几个方程，以支路电流为自变量，列节点基尔霍夫电流方程和网孔基尔霍夫电压方程。下面以图2-1为例介绍支路电流法。

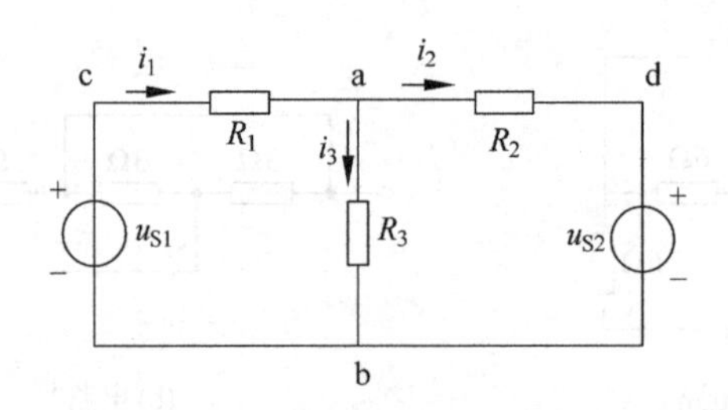

图2-1 支路电流法

支路电流法的计算步骤如下。

若电路有 b 条支路、n 个节点，则有 $b-(n-1)$ 个网孔，需列 b 个方程。

(1) 设出自变量——各支路电流。

(2) 任取其中 $n-1$ 个节点列基尔霍夫电流方程，方程有 $(n-1)$ 个。

(3) 以每一个网孔列基尔霍夫电压方程，方程有 $b-(n-1)$ 个。

(4) 联立以上方程求解未知量。

具体到图 2-1,该图电路有 3 条支路(支路 ab、支路 acb、支路 adb),2 个节点(节点 a、节点 b),$b-(n-1)=3-(2-1)=2$ 个网孔(网孔 cabc、网孔 adba)。因为有 3 条支路,故共需列 3 个方程。因为有 2 个节点,故需列 $n-1=2-1=1$ 个节点基尔霍夫电流方程;因为有 2 个网孔,故需列 2 个网孔基尔霍夫电压方程。

(1) 设出支路电流 i_1、i_2、i_3。

(2) 以节点 a 列写基尔霍夫电流方程,有

$$i_1=i_2+i_3$$

(3) 以网孔 cabc 列基尔霍夫电压方程,有

$$R_1i_1+R_3i_3-u_{S1}=0$$

以网孔 adba 列基尔霍夫电压方程,有

$$R_2i_2+u_{S2}-R_3i_3=0$$

(4) 联立以上 3 个方程,就可求出 3 个未知量。

支路电压法与此类似。

例 2-1 用支路电流法求图 2-2 所示电路中电压 u_{ab}。已知 $R_1=12\Omega$,$R_2=30\Omega$,$R_3=20\Omega$,$u_{S1}=12\text{V}$,$u_{S2}=9\text{V}$,$u_{S3}=6\text{V}$。

解 (1) 设支路电流 i_1、i_2、i_3 的参考方向,如图 2-2 所示。

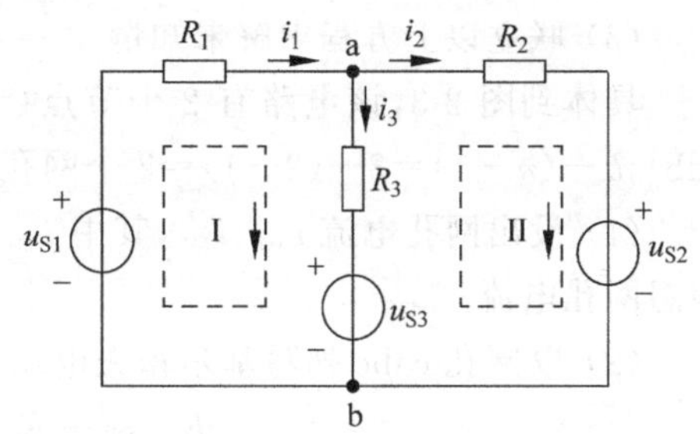

图 2-2 例 2-1 电路

(2) 以节点 a 列写基尔霍夫电流方程,有

$$-i_1+i_2+i_3=0$$

(3) 以网孔Ⅰ列写基尔霍夫电压方程,有

$$R_1i_1+R_3i_3+u_{S3}-u_{S1}=0$$

代入已知条件,得

$$12i_1+20i_3+6-12=0$$

以网孔Ⅱ列基尔霍夫电压方程,有

$$R_2i_2+u_{S2}-u_{S3}-R_3i_3=0$$

代入已知条件,得

$$30i_2+9-6-20i_3=0$$

(4) 联立以上 3 个方程,解得

$$\begin{cases} i_1=0.2\text{A} \\ i_2=0.02\text{A} \\ i_3=0.18\text{A} \end{cases}$$

故

$$u_{ab}=R_3i_3+u_{S3}=20\Omega\times0.18\text{A}+6\text{V}=9.6\text{V}$$

2.2 网孔电流法

网孔电流法是分析电路的基本方法之一。这一方法引入了假想的网孔电流,求解对象也是网孔电流。也就是说,以网孔电流为独立变量的分析方法就是网孔电流法。有几个网

孔就需要列出几个方程，以网孔电流为自变量，列写网孔基尔霍夫电压方程。注意，网孔电流不能与基尔霍夫电流相联系。下面以图 2-3 为例介绍网孔电流法。

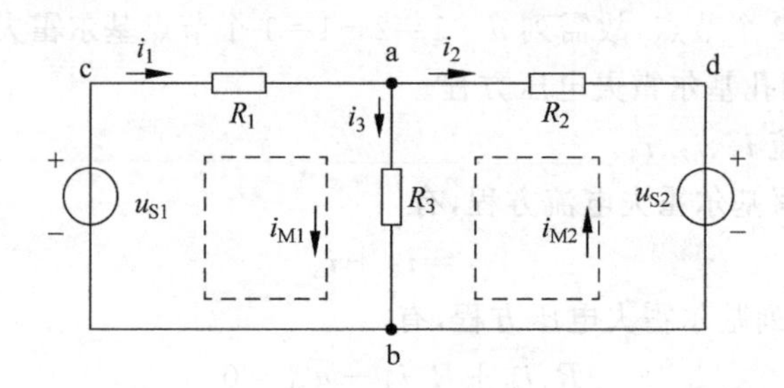

图 2-3　网孔电流法

网孔电流法的计算步骤如下。

若电路有 b 条支路、n 个节点，则有 $b-(n-1)$个网孔，需列 $b-(n-1)$个方程。

(1) 设出自变量——各网孔电流。

(2) 以每一个网孔列基尔霍夫电压方程，方程有 $b-(n-1)$个。

(3) 联立以上方程求解未知量。

具体到图 2-3，该电路有 2 个节点(节点 a、节点 b)，3 条支路(支路 ab、支路 acb、支路 adb)，$b-(n-1)=3-(2-1)=2$ 个网孔(网孔 cabc、网孔 adba)。

(1) 设出网孔电流 i_{M1}、i_{M2}，其中 i_{M1} 为网孔 cabc 的假想网孔电流，i_{M2} 为网孔 adba 的假想网孔电流。

(2) 以网孔 cabc 列写基尔霍夫电压方程，有

$$R_1 i_{M1}+R_3(i_{M1}+i_{M2})-u_{S1}=0$$

式中，$R_3(i_{M1}+i_{M2})$项是因为 R_3 有两股网孔电流经过，且 i_{M2} 的方向在流经 R_3 时与 i_{M1} 的方向相同。

以网孔 adba 列写基尔霍夫电压方程，有

$$R_2 i_{M2}+R_3(i_{M2}+i_{M1})-u_{S2}=0$$

(3) 联立以上两个方程，就可求出 3 个未知量。

这两个方程也可整理为

$$\begin{cases}(R_1+R_3)i_{M1}+R_3 i_{M2}=u_{S1}\\ R_3 i_{M1}+(R_2+R_3)i_{M2}=u_{S2}\end{cases}$$

为方便更快捷、正确地列方程，现将其写为

$$\begin{cases}R_{11}i_{M1}+R_{12}i_{M2}=u_{S11}\\ R_{21}i_{M1}+R_{22}i_{M2}=u_{S22}\end{cases}$$

R_{11} 称为网孔 1(网孔 cabc)的自电阻(self-resistance)，R_{22} 称为网孔 2(网孔 adba)的自电阻，它们分别是各自网孔内所有电阻的和，如 $R_{11}=R_1+R_3$、$R_{22}=R_2+R_3$。R_{12} 称为网孔 1 和网孔 2 的互电阻(mutual resistance)，R_{21} 称为网孔 2 和网孔 1 的互电阻，它们分别是该网孔的公共电阻，如 $R_{12}=R_{21}=R_3$。公共电阻流过的网孔电流若方向相同，则互电阻为"+"，若方向相反，则互电阻为"−"。u_{S11}(注意不是 u_{S1})为网孔 1 中各电压源电压升的代数和(本例中网孔 1 内只有一个电压源，故没能体现出"各电压源电压升的代数和")，u_{S22} 为

网孔 2 中各电压源的代数和。

对于有 m 个网孔的电路,该公式可推广为

$$\begin{cases} R_{11}i_{M1}+R_{12}i_{M2}+\cdots+R_{1m}i_{Mm}=u_{S11} \\ R_{21}i_{M1}+R_{22}i_{M2}+\cdots+R_{2m}i_{Mm}=u_{S22} \\ \vdots \\ R_{m1}i_{M1}+R_{m2}i_{M2}+\cdots+R_{mm}i_{Mm}=u_{Smm} \end{cases} \tag{2-1}$$

写成这种形式,不但便于同学们一步到位快速写出方程,还便于用克莱姆法则方便求解。克莱姆法则(Cramer's Rule)是线性代数中关于求解线性方程组的一个定理。

例 2-2 用网孔电流法求图 2-4 所示电路中各支路电流 i_1、i_2、i_3。已知 $R_1=5\Omega$,$R_2=10\Omega$,$R_3=20\Omega$,$u_{S1}=15\text{V}$,$u_{S2}=4.5\text{V}$,$u_{S3}=9\text{V}$。

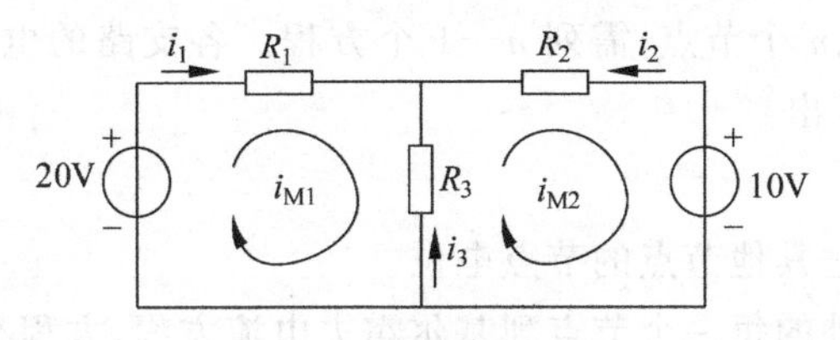

图 2-4 例 2-2 电路

解 该电路有两个网孔。设这两个网孔的网孔电流分别为 i_{M1} 和 i_{M2},且参考方向均为顺时针。

据式(2-1),有

$$R_{11}i_{M1}+R_{12}i_{M2}=u_{S11}$$
$$R_{21}i_{M1}+R_{22}i_{M2}=u_{S22}$$

其中

$$R_{11}=R_1+R_3=25\Omega$$
$$R_{22}=R_2+R_3=30\Omega$$
$$R_{12}=R_{21}=-R_3=-20\Omega$$
$$u_{S11}=20\text{V}$$
$$u_{S22}=-10\text{V}$$

代入方程,有

$$25i_{M1}-20i_{M2}=20$$
$$-20i_{M1}+30i_{M2}=-10$$

求解,得

$$i_{M1}=1.14\text{A}$$
$$i_{M2}=0.43\text{A}$$

显然,

$$i_1=i_{M1}=1.14\text{A}$$
$$i_2=-i_{M2}=-0.43\text{A}$$
$$i_3=i_{M2}-i_{M1}=0.43\text{A}-1.14\text{A}=-0.71\text{A}$$

2.3 节点电位法

节点电位法是分析电路的基本方法之一。这一方法引入了参考节点。参考节点就是以该节点的电位为0,其他节点相对于参考节点的电位(即其他节点到参考节点的电压降)就是该节点的节点电位,也是节点电压。所以,参考节点最好选接地的节点。节点电位法的求解对象也是节点电位,也就是说,以节点电位为独立变量的分析方法就是节点电位法。有n个节点就需要列$n-1$个方程,以节点电位为自变量,列节点基尔霍夫电流方程。注意,节点电位不能与KVL相联系。

节点电位法的计算步骤如下。

若电路有b条支路、n个节点,需列$n-1$个方程。各支路的电流用节点电位和支路电阻(或电导)的VCR表示出。

(1) 选出参考节点。

(2) 设出自变量——其他节点的节点电位。

(3) 以参考电位以外的每一个节点列基尔霍夫电流方程,方程有$n-1$个。

(4) 将各支路的电流用节点电位和支路电阻(或电导)的VCR表示出,并代入基尔霍夫电流方程。

(5) 联立方程,求解未知量。

下面以图2-5所示电路为例介绍节点电位法。该电路有4个节点(节点1、节点2、节点3、节点4),6条支路(支路12、支路13、支路14、支路23、支路24、支路34),其中支路14只含独立电流源。

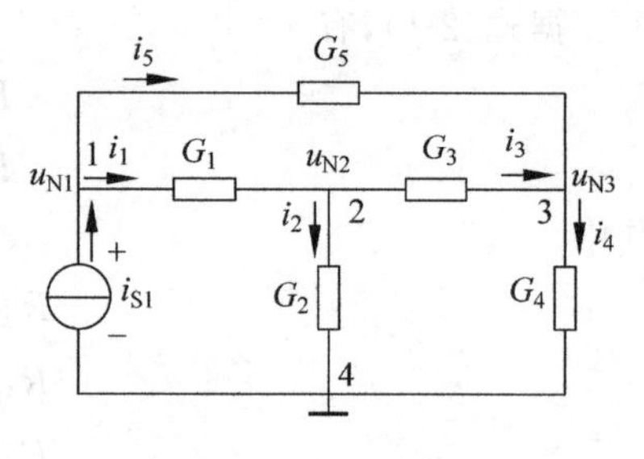

图2-5 节点电位法

(1) 选节点4为参考节点。

(2) 设节点1、节点2、节点3的节点电位为u_{N1}、u_{N2}、u_{N3}。

(3) 以节点1、节点2、节点3分别列基尔霍夫电流方程,有

$$-i_{S1}+i_1+i_5=0$$
$$-i_1+i_2+i_3=0$$
$$-i_3+i_4-i_5=0$$

(4) 除只含电流源的支路14外,其他各支路的VCR为

$$i_1=G_1(u_{N1}-u_{N2})$$
$$i_2=G_2u_{N2}$$
$$i_3=G_3(u_{N2}-u_{N3})$$
$$i_4=G_4u_{N3}$$
$$i_5=G_5(u_{N1}-u_{N3})$$

将其代入上面的基尔霍夫电流方程，有

$$-i_{S1}+G_1(u_{N1}-u_{N2})+G_5(u_{N1}-u_{N3})=0$$
$$-G_1(u_{N1}-u_{N2})+G_2u_{N2}+G_3(u_{N2}-u_{N3})=0$$
$$-G_3(u_{N2}-u_{N3})+G_4u_{N3}-G_5(u_{N1}-u_{N3})=0$$

(5) 联立以上 3 个方程，就可求出 3 个未知量。

这 3 个方程也可整理为

$$\begin{cases}(G_1+G_5)u_{N1}-G_1u_{N2}-G_5u_{N3}=i_{S1}\\ -G_1u_{N1}+(G_1+G_2+G_3)u_{N2}-G_3u_{N3}=0\\ -G_5u_{N1}-G_3u_{N2}+(G_3+G_4+G_5)u_{N3}=0\end{cases}$$

类似前文引入自电阻和互电阻的概念，此处引入自电导和互电导的概念，并将这 3 个方程写为

$$\begin{cases}G_{11}u_{N1}+G_{12}u_{N2}+G_{13}u_{N3}=i_{S11}\\ G_{21}u_{N1}+G_{22}u_{N2}+G_{23}u_{N3}=0\\ G_{31}u_{N1}+G_{32}u_{N2}+G_{33}u_{N3}=0\end{cases}$$

G_{11}、G_{22}、G_{33} 分别称为节点 1、节点 2、节点 3 的自电导(self-conductance)，它们分别是各自节点上所有电导的和。例如，$G_{11}=(G_1+G_5)$，$G_{22}=G_1+G_2+G_3$，$G_{33}=G_3+G_4+G_5$。G_{12} 称为节点 1 和节点 2 的互电阻(mutual-conductance)，亦即节点 2 和节点 1 的互电阻 G_{21}，是这两节点间公有的电导之和，并前缀"－"号，$G_{12}=G_{21}=-G_1$。同理，$G_{13}=G_{31}=-G_5$，$G_{23}=G_{32}=-G_3$。i_{S11}(注意不是 i_{S1})为注入节点 1 的各电流源的代数和，且以流入为正，流出为负(本例中节点 1 上只有一个电流源，故没能体现出"各电流源的代数和")。

对于有 n 个网孔的电路，可列 $n-1$ 个独立方程，该公式可推广为

$$\begin{cases}G_{11}u_{N1}+G_{12}u_{N2}+\cdots+G_{1(n-1)}u_{N(n-1)}=i_{S11}\\ G_{21}u_{N1}+G_{22}u_{N2}+\cdots+G_{2(n-1)}u_{N(n-1)}=i_{S22}\\ \qquad\vdots\\ G_{(n-1)1}u_{N1}+G_{(n-1)2}u_{N2}+\cdots+G_{(n-1)(n-1)}u_{N(n-1)}=i_{S(n-1)(n-1)}\end{cases}\tag{2-2}$$

务必记清式(2-2)两点：一是互电导代入数值时应取负值；二是 $i_{S_{nn}}$ 为节点支路上电流源注入本节点电流的代数和，且以流入为正、流出为负(注意与前面章节讲到 KCL 时恰恰相反)。与 2.2 节相同，写成这种形式，不但便于同学们一步到位快速写出方程，还便于用克莱姆法则方便求解。

本节电路中之所以使用参量电导而非电阻，是因为以电阻书写本节公式会大量出现分式，不易于以明显的形式展现规律。其实完全可以与 2.1 节和 2.2 节中的公式一样使用电阻，当然电路中出现电阻之处也可以使用电导，只要记得 G 与 R 互为倒数的关系折算一下即可。有了推广的节点电位公式，就可以按具体电路图一步到位地列出相应的节点电位公式。

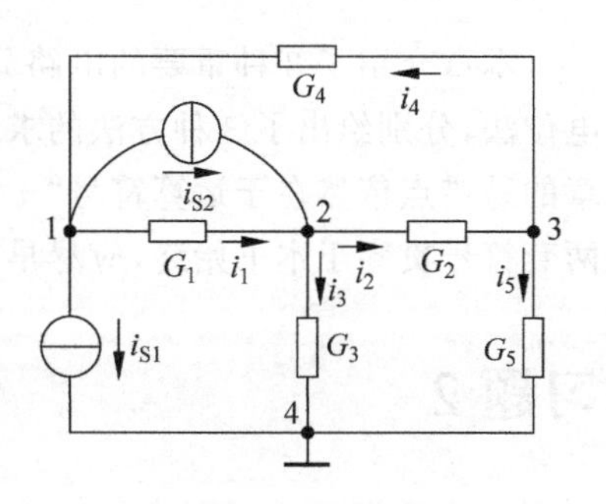

图 2-6 例 2-3 电路

例 2-3 用节点电压法求图 2-6 所示电路中各支路电流 i_1、i_2、i_3、i_4、i_5。已知 $G_1=1\text{S}$，$G_2=2\text{S}$，$G_3=4\text{S}$，$G_3=$

$6S,G_3=8S,i_{S1}=-16A,i_{S2}=10A$。

解 该电路有4个节点,故需列4－1＝3个方程。

(1) 以节点4为参考节点。

(2) 设节点1、2、3的节点电位为u_{N1}、u_{N2}、u_{N3}。

(3) 据式(2-2),分别以节点1、2、3列方程,有

$$\begin{cases}G_{11}u_{N1}+G_{12}u_{N2}+G_{13}u_{N3}=i_{S11}\\G_{21}u_{N1}+G_{22}u_{N2}+G_{23}u_{N3}=i_{S22}\\G_{31}u_{N1}+G_{32}u_{N2}+G_{33}u_{N3}=i_{S33}\end{cases}$$

即

$$\begin{cases}(G_1+G_4)u_{N1}+(-G_1)u_{N2}+(-G_4)u_{N3}=-i_{S1}-i_{S2}\\(-G_1)u_{N1}+(G_1+G_2+G_3)u_{N2}+(-G_2)u_{N3}=i_{S2}\\(-G_4)u_{N1}+(-G_2)u_{N2}+(G_2+G_4+G_5)u_{N3}=0\end{cases}$$

代入数据,得

$$\begin{cases}(1+6)u_{N1}+(-1)u_{N2}+(-6)u_{N3}=-(-16)-10\\(-1)u_{N1}+(1+2+4)u_{N2}+(-2)u_{N3}=10\\(-6)u_{N1}+(-2)u_{N2}+(2+6+8)u_{N3}=0\end{cases}$$

解得

$$\begin{cases}u_{N1}=2V\\u_{N2}=2V\\u_{N3}=1V\end{cases}$$

据此可求

$$i_1=G_1(u_{N1}-u_{N2})=1\times(2-2)=0A$$
$$i_2=G_2(u_{N2}-u_{N3})=2\times(2-1)=2A$$
$$i_3=G_3u_{N2}=4\times2=8A$$
$$i_4=G_4(u_{N3}-u_{N1})=6\times(1-2)=-6A$$
$$i_5=G_5u_{N3}=8\times1=8A$$

2.4 本章小结

本章介绍了3种重要的电路分析方法,即支路电流法(支路电压法)、网孔电流法、节点电位法,分别给出了3种方法的求解步骤,网孔电流法和节点电位法还给出了一般公式。本章的易错点依然在于运算符号“＋”“－”(加减)和性质符号“＋”“－”(正负)的正确处理。这两套符号贯穿于本书始终,应尽早学懂弄通并熟练掌握,正确分析和计算。

习题2

2-1 支路电流法。求图2-7中电压u_{ab}及各电源产生的功率。已知$R_1=15\Omega,R_2=1.5\Omega,R_3=1\Omega,u_{S1}=15V,u_{S2}=4.5V,u_{S3}=9V$。

2-2　支路电流法。求图 2-8 所示电路中 i_1、i_2 和 u。

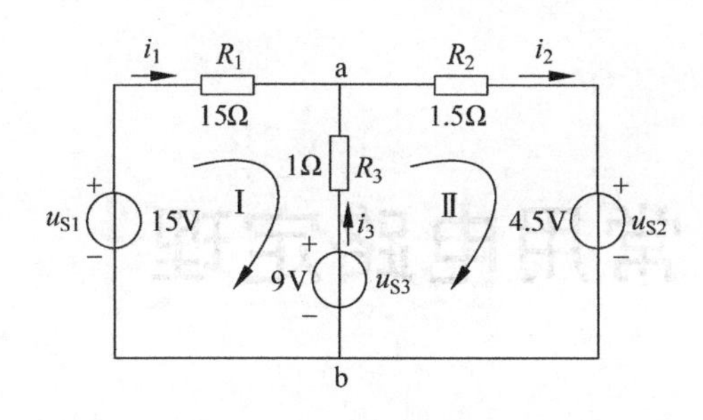

图 2-7　习题 2-1 图

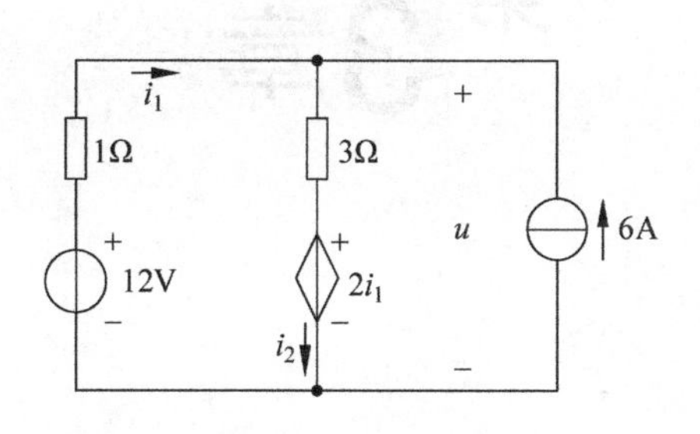

图 2-8　习题 2-2 图

2-3　网孔电流法。求图 2-9 中各支路电流。

2-4　网孔电流法。求图 2-10 中各支路电流。

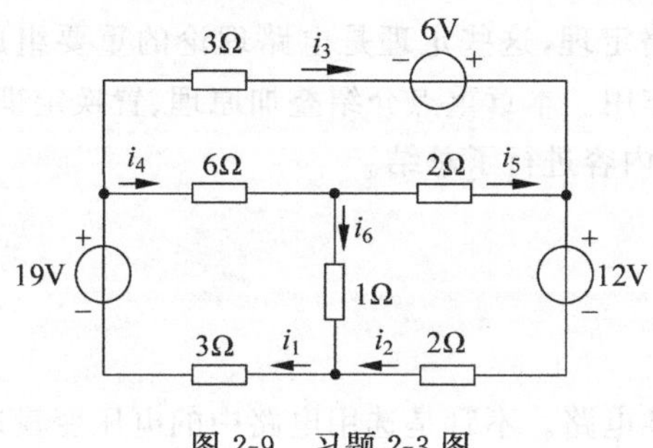

图 2-9　习题 2-3 图

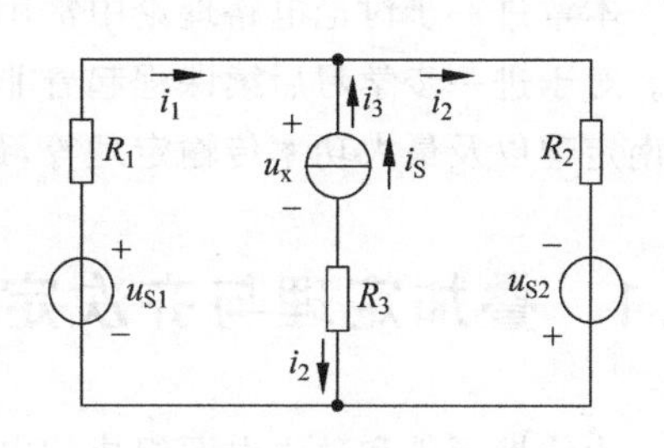

图 2-10　习题 2-4 图

2-5　节点电位法。求图 2-11 中的 u 与 i。

2-6　节点电位法。求图 2-12 中各支路电流。

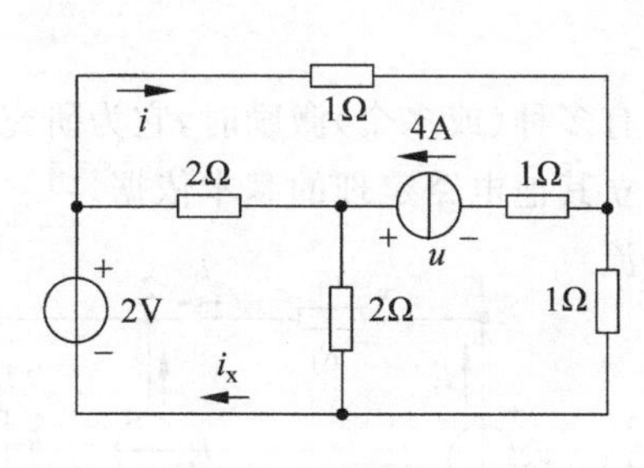

图 2-11　习题 2-5 图

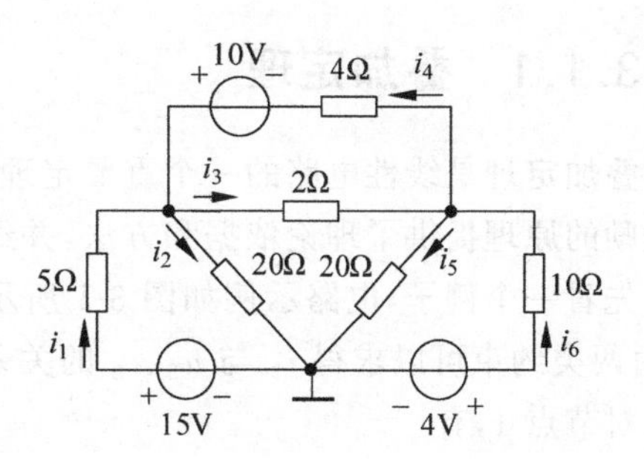

图 2-12　习题 2-6 图

常用电路定理

本章学习目标

- 了解电路理论中常用的电路定理；
- 掌握常用电路定理的定义及应用；
- 熟练运用电路定理解决电路问题。

本章进一步讨论电路理论中常用的重要电路定理，这些定理是电路理论的重要组成部分。对于进一步学习后续课程起着非常重要的作用。本章重点介绍叠加原理、置换定理、戴维南定理以及最大功率传输定理等，最后对本章内容进行了总结。

3.1 叠加定理与齐次定理

由线性元件和独立电源组成的电路称为线性电路。不管是选用电路中的电压变量还是电流变量列写电路方程，最终得到的是一组线性方程，由代数知识很容易知道，方程的解具有可加性和齐次性，这个性质在电路分析中即为响应（电路中的电流或电压）和激励（独立电源）之间满足可加性和齐次性，称可加性为叠加性质，称齐次性为比例性质。

3.1.1 叠加定理

叠加定理是线性电路的一个重要定理，当电路中有多种（或多个）激励时，它为研究响应与激励的原理提供了理论依据和方法，并经常作为建立其他电路定理的基本依据。

先看一个例子，电路示例如图 3-1 所示。若求电流 i_2，由两类约束可以求得 i_2 与 u_S、i_S 的关系为

图 3-1 电路示例

对节点 1，有

$$i_1 - i_3 = 0 \tag{3-1}$$

对节点 2，有

$$-i_1 + i_2 = i_S \tag{3-2}$$

对左网孔，有

$$R_1 i_1 + u_2 - u_S = 0 \tag{3-3}$$

对右网孔，有

$$R_2 i_2 - u_2 = 0 \tag{3-4}$$

把式(3-3)和式(3-4)相加消去 u_2，再以 R_1 与式(3-2)式相乘，消去 i_1 后，整理可以得到

$$i_2=\frac{u_S}{R_1+R_2}+\frac{R_1}{R_1+R_2}i_S \tag{3-5}$$

这就是电流 i_2 与电源 u_S、i_S 的关系式。第一项只与 u_S 有关,第二项只与 i_S 有关。如果令

$$i_2'=\frac{u_S}{R_1+R_2}$$

$$i_2''=\frac{R_1}{R_1+R_2}i_S$$

则可将电流 i_2 写为 $i_2=i_2'+i_2''$。式中 i_2' 可以看作仅由 u_S 作用而 i_S 不作用,即 $i_S=0$ 时 R_2 上流过的电流,即 u_S 单独作用时的电路如图 3-2(a)所示。i_2'' 可以看作仅由 i_S 作用而 u_S 不作用,即 $u_S=0$ 时 R_2 上流过的电流,即 i_S 单独作用时的电路如图 3-2(b)所示。

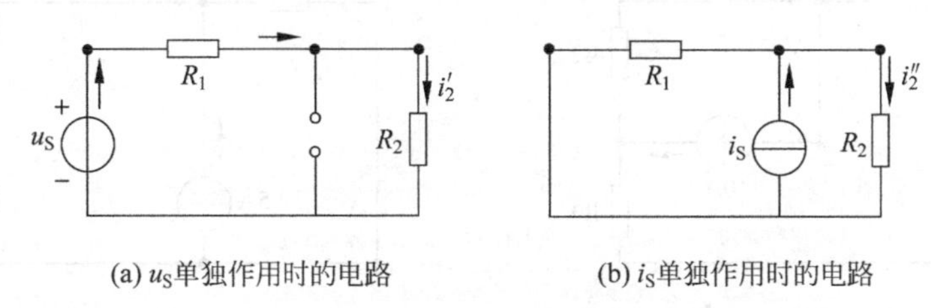

图 3-2　u_S、i_S 单独作用时的电路

通过这个例子可知,R_2 上的电流 i_2 可以看作独立电压源 u_S 与独立电流源 i_S 分别单独作用时,在 R_2 上产生电流的代数和。响应与激励之间关系的这种规律,对任何具有唯一解的线性电路都具有这种特性,具有普遍意义。线性电路的这种特性总结为叠加定理。

叠加定理可以表述为:在任何由线性元件、线性受控源及独立源组成的线性电路中,每一支路的响应(电压或电流)都可以看成是各个独立电源单独作用时,在该支路中产生响应的代数和。

应用叠加定理时要注意以下几点。

(1) 叠加定理仅适用于线性电路求解电压和电流响应,而不能用来计算功率。这是因为线性电路中的电压和电流都与激励(独立源)成一次函数关系,而功率与激励不再是一次函数关系。

(2) 应用叠加定理求电压、电流是代数量的叠加,要特别注意各个代数量的符号。若某个独立源单独作用时,在某一支路产生响应的参考方向与所求这一支路响应的参考方向一致则取正号;反之则取负号。

(3) 当一独立源作用时,其他独立源都应等于零。即独立电压源用短路代替,独立电流源用开路代替。

(4) 若电路中含有受控源,应用叠加定理时要注意,受控源不是独立源,不能单独作用。在独立源每次单独作用时,受控源要保留在电路中,其数值随每一独立源单独作用时控制量数值的变化而变化。

例 3-1　电路如图 3-3 所示,用叠加定理求电流 i_x。

解　绘出每个独立源单独作用时的电路,如图 3-4 所示。

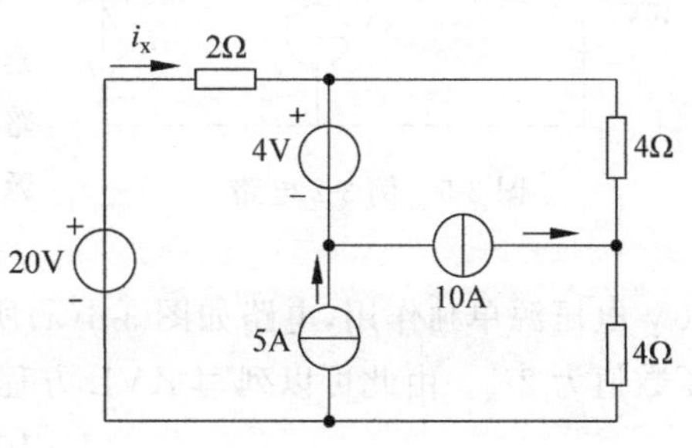

图 3-3　例 3-1 电路

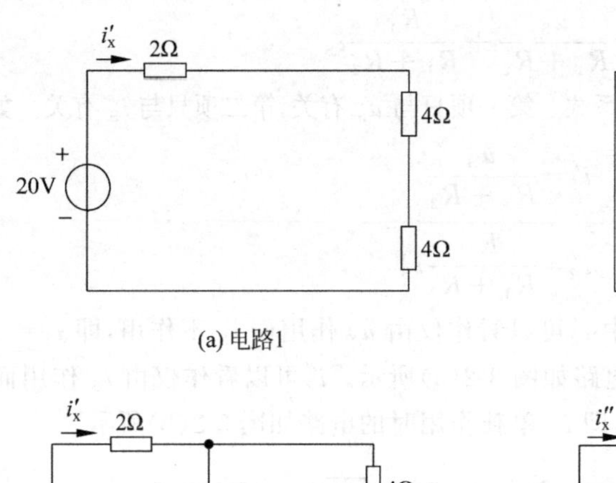

(a) 电路1

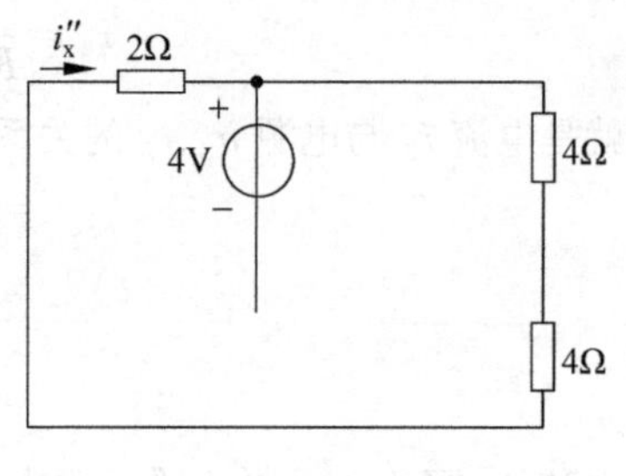

(b) 电路2

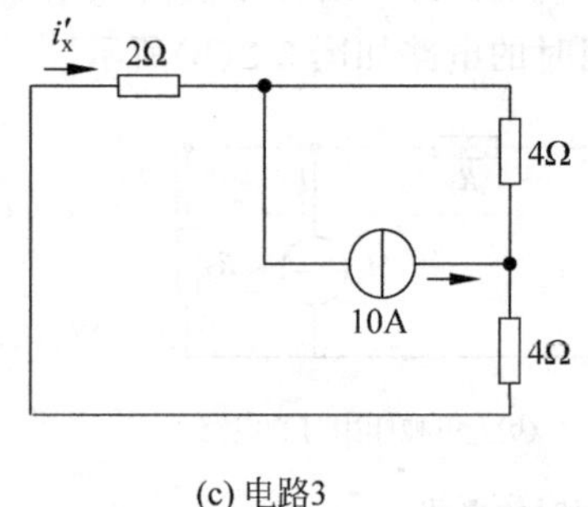

(c) 电路3

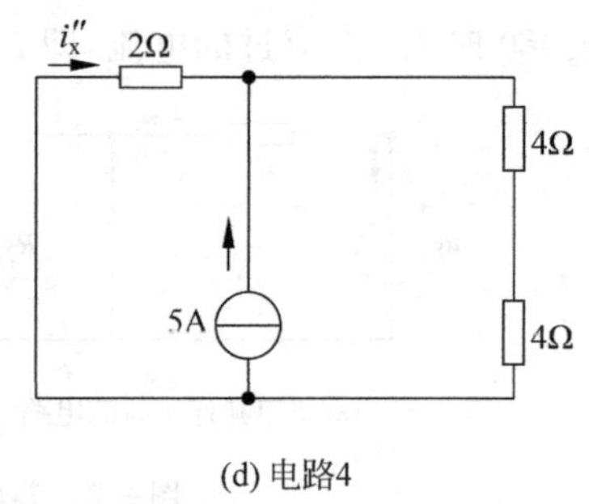

(d) 电路4

图 3-4 每一独立源单独作用时的电路

由图 3-4(a),列写 KVL 方程可得

$$(2+4+4)i'_x-20=0$$

求得 $i'_x=2\text{A}$。

由图 3-4(b),可知 4V 电源不作用于电路,因此电流 $i''_x=0\text{A}$。

由图 3-4(c),运用分流公式后,可以求得 $i'''_x=\left(\frac{4}{2+4+4}\right)\times 10\text{A}=4\text{A}$。

由图 3-4(d),运用分流公式后,可以求得 $i''''_x=-\left(\frac{4+4}{2+4+4}\right)\times 5\text{A}=-4\text{A}$。

由叠加原理,可得

$$i_x=i'_x+i''_x+i'''_x+i''''_x=(2+0+4-4)\text{A}=2\text{A}$$

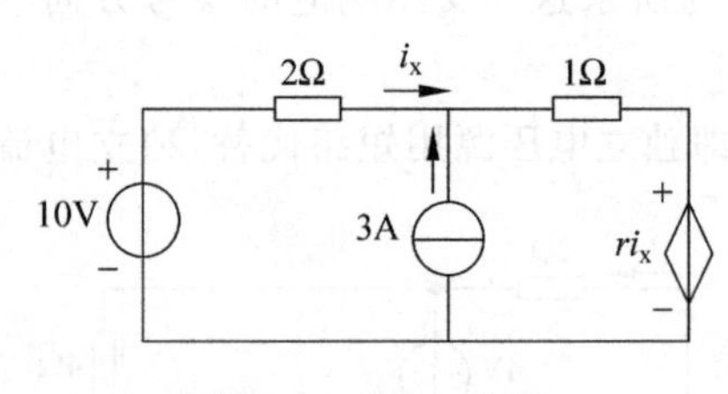

图 3-5 例 3-2 电路

例 3-2 电路如图 3-5 所示,其中 $r=2\Omega$,用叠加定理求 i_x。

注意:对含受控源电路运用叠加定理时必须注意:受控电压源或受控电流源不是独立电源,不是电路的输入,不能单独作用。在运用叠加定理时,受控源应与电阻一样保留在电路内。

解 分别画出每个独立源单独作用时的电路。10V 电压源单独作用,电路如图 3-6(a)所示。原电路中电流 i_x 用 i'_x代替,此时受控源的电压数值为 $2i'_x$。由此可以列写 KVL 方程为

$$-10+3i'_x+2i'_x=0$$

解得

$$i'_x = 2\text{A}$$

3A 电流源单独作用，电路如图 3-6(b)所示。原电路中电流 i_x 用 i''_x 代替，此时受控源的电压数值为 $2i''_x$。由两类约束关系可得

$$i'' - i''_x = 3$$

$$2i''_x + i''_x + 2i''_x = 0$$

$$i''_x = -0.6\text{A}$$

电源同时作用，有

$$i_x = i'_x + i''_x = (2-0.6)\text{A} = 1.4\text{A}$$

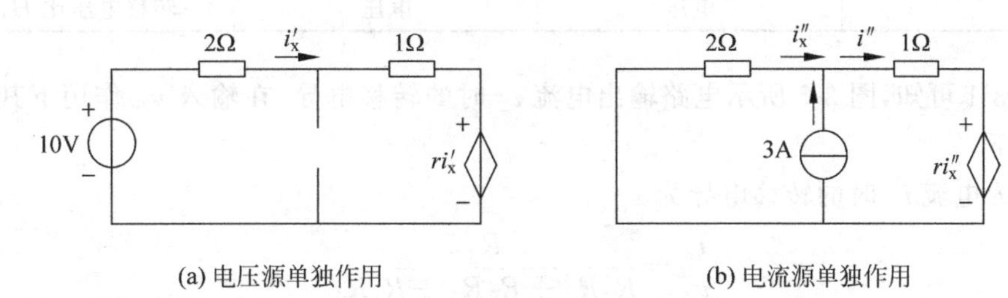

(a) 电压源单独作用　　(b) 电流源单独作用

图 3-6　各独立电源分别作用

3.1.2　齐次定理

线性电路的另一个重要特性就是齐次性（又称为比例性），把该性质总结为线性电路中另一重要的定理——齐次定理。

齐次定理可以表述为：当一个激励源（独立电压源或独立电流源）作用于线性电路时，其任意支路的响应（电压或电流）与该激励源成正比。

齐次性电路示例如图 3-7 所示，为一单激励（输入）的线性电路，若以 R_2 的电流 i_2 为响应（输出），则可以得到

$$i_2 = \frac{R_3}{R_1R_2 + R_2R_3 + R_1R_3} u_S$$

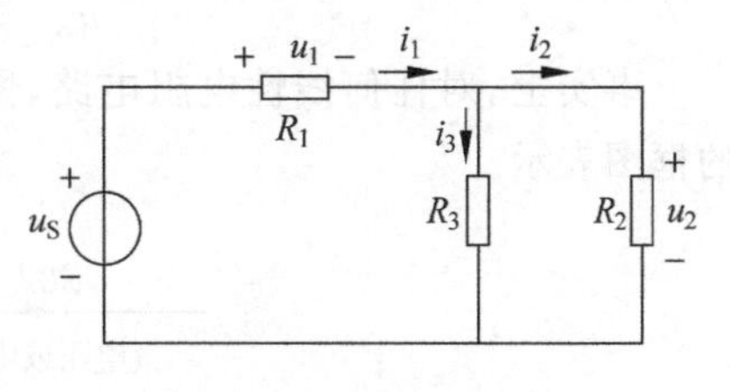

图 3-7　齐次性电路示例

由于 R_1、R_2、R_3 为常数，这是一个线性关系，可表示为

$$i_2 = Ku_S$$

显然，若 u_S 增大 m 倍，i_2 也随之增大 m 倍，这样的性质称为“齐次性”或“比例性”，它是“线性”的一个表现。该电路中的其他任何一个电压或电流对激励 u_S 也都存在类似的线性关系。

对单一激励的线性时不变电路，指定响应对激励之比定义为网络函数，记为 H，即

$$H = \frac{\text{响应}}{\text{激励}} \tag{3-6}$$

激励可以是电压源电压或电流源电流，响应可以是任一支路的电压或电流。对于电阻电路，网络函数 H 为一实数。

若响应与激励在同一端口，则属策动点函数；若响应与激励不在同一端口，则属转移函数。由于响应和激励都可以是电压或电流，因而策动点函数和转移函数又可具体地分为

表 3-1 所示的 6 种情况，必要时可使用表中所示专用符号。

表 3-1　线性电阻电路网络函数 H 的分类

类　型	响　应	激　励	名　称
策动点函数	电流	电压	策动点电导 G_i
	电压	电流	策动点电阻 R_i
转移函数	电流	电压	转移电导 G_T
	电压	电流	转移电阻 R_T
	电流	电流	转移电流比 H_i
	电压	电压	转移电压比 H_U

由表 3-1 可知，图 3-7 所示电路输出电流 i_2 时的转移电导，在输入 u_S 作用下其他的网络函数如下。

输出为电流 i_3 时的转移电导为

$$\frac{i_3}{u_S}=\frac{R_2}{R_1R_2+R_2R_3+R_1R_3}$$

输出为电流 i_1 时的策动点电导为

$$\frac{i_1}{u_S}=\frac{R_2+R_3}{R_1R_2+R_2R_3+R_1R_3}$$

输出为电压 u_2 时的转移电压比为

$$\frac{u_2}{u_S}=\frac{R_2R_3}{R_1R_2+R_2R_3+R_1R_3}$$

输出为电压 u_1 时的转移电压比为

$$\frac{u_1}{u_S}=\frac{(R_2+R_3)R_1}{R_1R_2+R_2R_3+R_1R_3}$$

事实上，对任何线性电阻电路，网络函数都是实数，响应与激励的关系可用图 3-8 所示的框图表示。

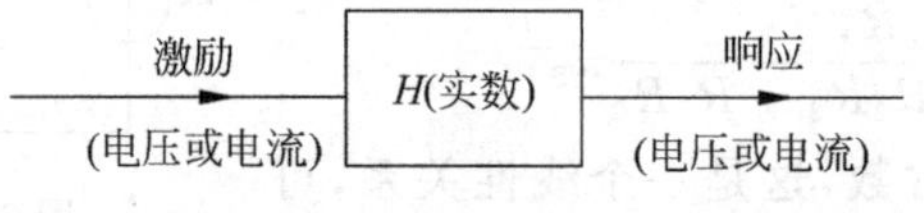

激励
(电压或电流)
H(实数)
响应
(电压或电流)

图 3-8　表征响应与激励关系的方框图(线性电阻电路)

例 3-3　电路如图 3-9 所示，求电压 u_L 的数值。

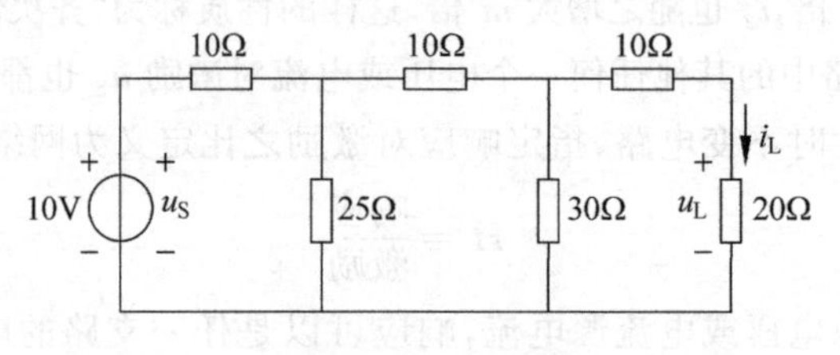

图 3-9　例 3-3 电路

用齐次定理，先求出 u_L/u_S，即网络函数 H，再代入数值求解。

方法：设 $I_L=1$A，标出节点 A、B、C，电路如图 3-10 所示。

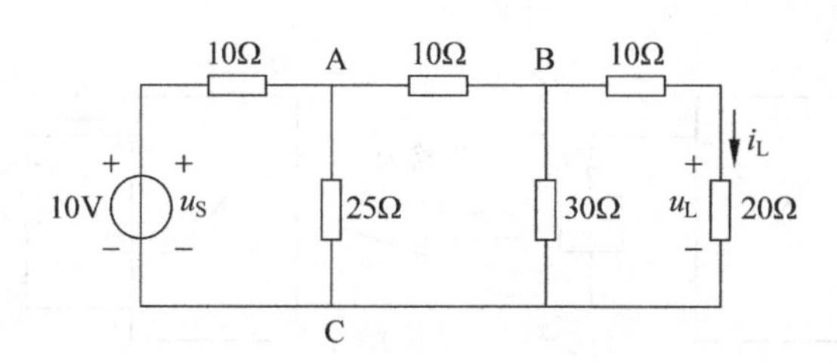

图 3-10　例 3-3 题解电路

解　设

$$i_L = 1\text{A}$$
$$u_L = 1 \times 20 = 20\text{V} \quad u_{BC} = 30\text{V}$$
$$u_{AC} = [(1+1) \times 10 + 30]\text{V} = 50\text{V}$$
$$u_S = \left[10 \times \left(\frac{50}{25} + 1 + 1\right) + 50\right]\text{V} = 90\text{V}$$
$$H = \frac{u_L}{u_S} = \frac{2}{9} \quad \text{（转移电压比）}$$

所以，当 $u_S = 10$ 时，$u_L = 2.22\text{V}$。

通过本节的例子可以看出，叠加定理用来分析线性电路的基本思想是“化整为零”，它将多个独立源作用的复杂电路分解为每一个独立源单独作用的简单电路，在分解图中分别计算某支路的电流或电压，然后代数和相加求出它们共同作用时的响应。叠加定理与齐次定理分别表征线性电路两个相互独立的性质。不能用叠加定理代替齐次定理，也不能片面地认为齐次定理是叠加定理的特例。既满足叠加性，又满足齐次性的电路才是线性电路。

3.2　置换定理

置换定理是集总电路理论中一个重要的定理。从理论上讲，线性、非线性电路，时变、时不变电路，置换定理都是成立的。在线性时不变电路问题分析中，置换定理应用更加普遍。

置换定理（又称替代定理）可以表述为：具有唯一解的电路中，若已知第 k 条支路的电压 U_k 和电流 I_k，且该支路与电路中其他支路无耦合，则无论该支路是由什么元件组成的，总可以用下列任何一个元件置换。

(1) 电压等于 U_k 的理想电压源。

(2) 电流等于 I_k 的理想电流源。

(3) 电阻值为 U_k/I_k 的理想电阻元件 R_k。

置换后该电路中其余部分的电压和电流均保持不变。图 3-11 所示为置换定理示意图。为了更好地理解置换定理，下面通过一个具体的示例验证置换定理的正确性。

电路如图 3-12 所示，先计算出各支路电流及支路电压。由 KCL 及欧姆定律可得，$i_2 + i_3 = i_1$；$\frac{u_{ab}}{1} + \frac{u_{ab}+4}{2} = 8$；得出 $u_{ab} = 4\text{V}$；支路电流 $i_1 = 8\text{A}$，$i_2 = 4\text{A}$，$i_3 = 4\text{A}$。这些结果的正确性勿庸置疑。

(1) 将 ab 支路用 4V 理想电压源置换，如图 3-13(a)所示，并设各支路电流 i_1、i_2、i_3。由图可见，$u_{ab} = 4\text{V}$，$i_2 = \frac{u_{ab}}{1} = 4\text{A}$，$i_3 = i_1 - i_2 = (8-4)\text{A} = 4\text{A}$。

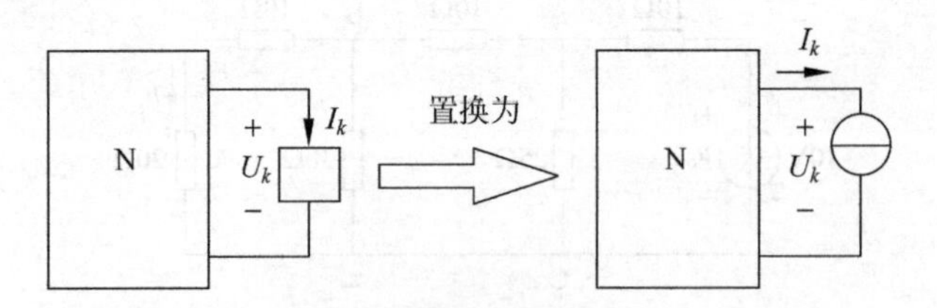

(a) 用理想电压源置换

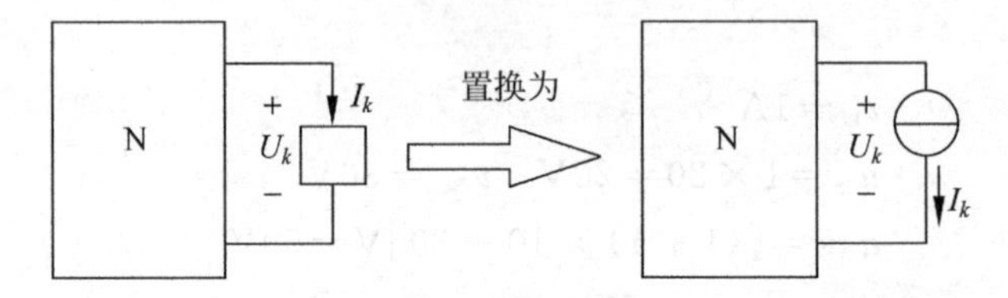

(b) 用理想电流源置换

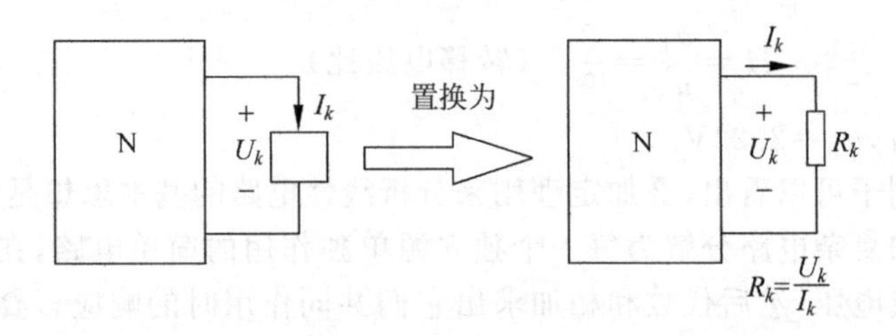

(c) 用理想电阻元件置换

图 3-11 置换定理示意图

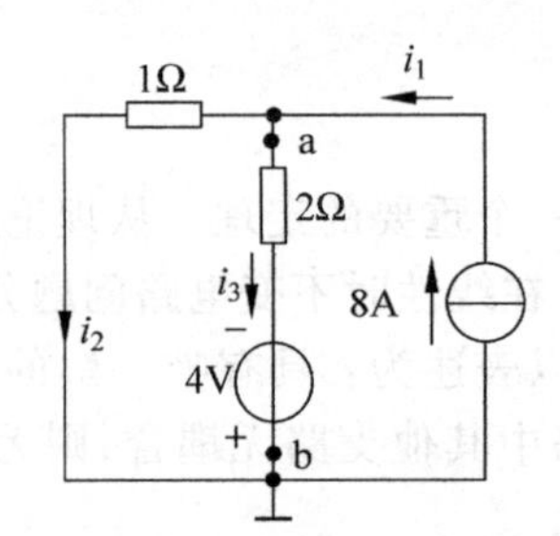

图 3-12 验证置换定理电路

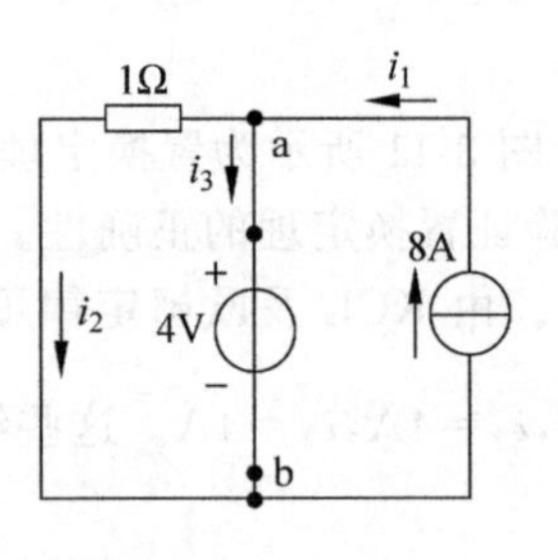

(a) 用4V理想电压源置换

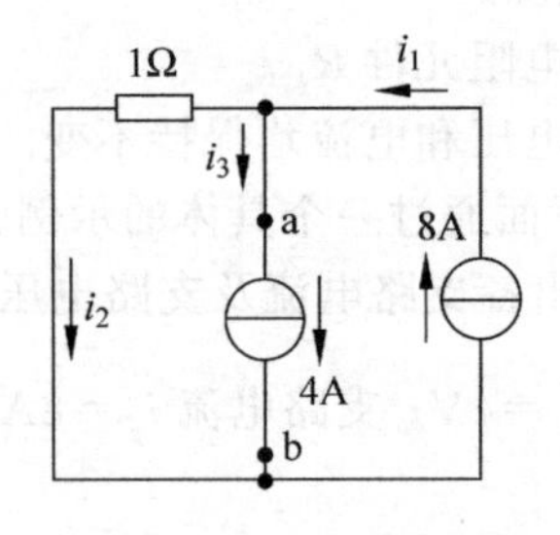

(b) 用4V理想电流源置换

(c) 用电阻置换

图 3-13 置换后的电路

(2) 将 ab 支路用 4A 理想电流源置换，如图 3-13(b)所示，并设各支路电流 i_1、i_2、i_3。由图可见，$i_1=8\text{A}$，$i_3=4\text{A}$，$i_2=i_1-i_3=4\text{A}$，$u_{ab}=1\Omega\times i_2=4\text{V}$。

(3) 将 ab 支路用电阻 $R_{ab}=\dfrac{u_{ab}}{i_3}=1\Omega$ 置换，如图 3-13(c)所示，并设各支路电流 i_1、i_2、i_3。由图可见，$i_1=8\text{A}$，$i_2=i_3=4\text{A}$，$u_{ab}=1\Omega\times i_2=4\text{V}$。

在 3 种情况置换后的电路里，计算出的支路电流 i_1、i_2、i_3 及 u_{ab}，与置换以前的原电路计算出来的结果完全相同，这就验证了置换定理的正确性。

在分析电路时，常用置换定理化简电路，与其他方法共用求解问题。

例 3-4 电路如图 3-14 所示，若使 $I_x=\dfrac{1}{8}I$，试求 R_x。

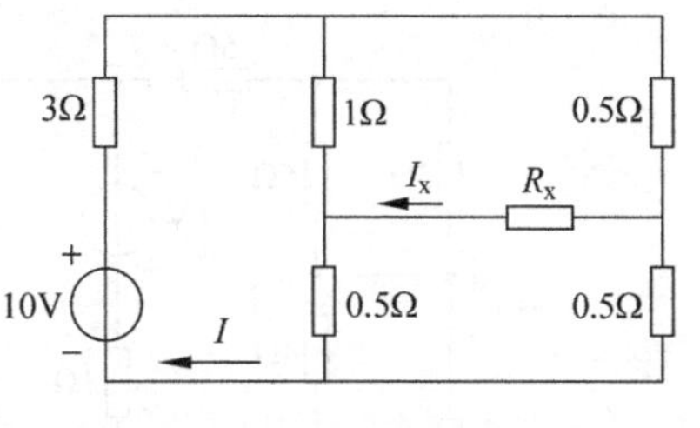

图 3-14 例 3-4 电路

解 根据题目中的已知条件分析电路。若流过 10V 电源的支路电流为 I，则流过电阻 R_x 的电流 I_x 就等于 $\dfrac{1}{8}I$，此时可以用置换定理将电路简化，利用等值的电流源置换原支路，电路如图 3-15 所示。再由叠加定理可求出电压 U'、U''，最后由欧姆定律求得 R_x。

$$U'=\frac{1}{2.5}I\times 1-\frac{1.5}{2.5}I\times 0.5=0.1I$$

$$U''=-\frac{1.5}{2.5}\times\frac{1}{8}I\times 1=-0.075I$$

$$U=U'+U''=0.1I+(-0.075I)=0.025I$$

$$R_x=\frac{U}{I_x}=\frac{0.025I}{0.125I}=0.2\Omega$$

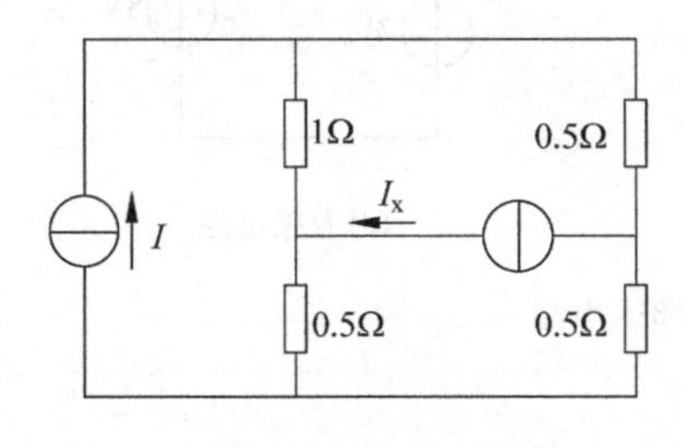

(a) 用电流源置换原支路

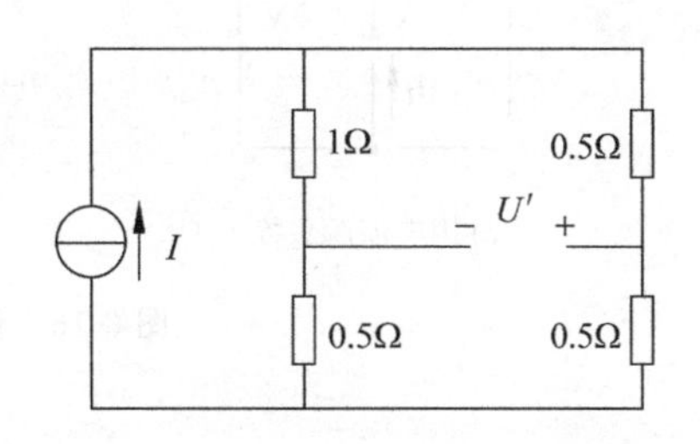

(b) 用叠加定理求U'

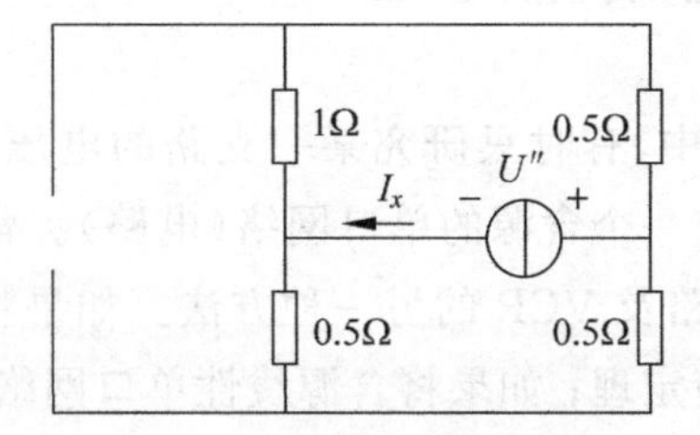

(c) 用叠加定理求U''

图 3-15 例 3-4 题解电路

例 3-5 电路如图 3-16(a)所示,求电流 i_1。

解 图 3-16(a)所示电路看上去比较复杂,仔细分析后发现,若将 ab 短接线压缩合并成一点,3Ω 与 6Ω 电阻并联等效为 2Ω 电阻,电路可以看成图 3-16(b)。由置换定理可知,可以用 4A 的电流源置换虚线框内的电路,置换后电路如图 3-16(c)所示。再运用电源的互换得到图 3-16(d)所示电路。此时,求得电流 i_1 就非常容易了,即可解得

$$i_1=\frac{7+8}{6}\text{A}=2.5\text{A}$$

这样的问题应用置换定理等效比直接用网孔法、节点法列方程求解要简单得多。

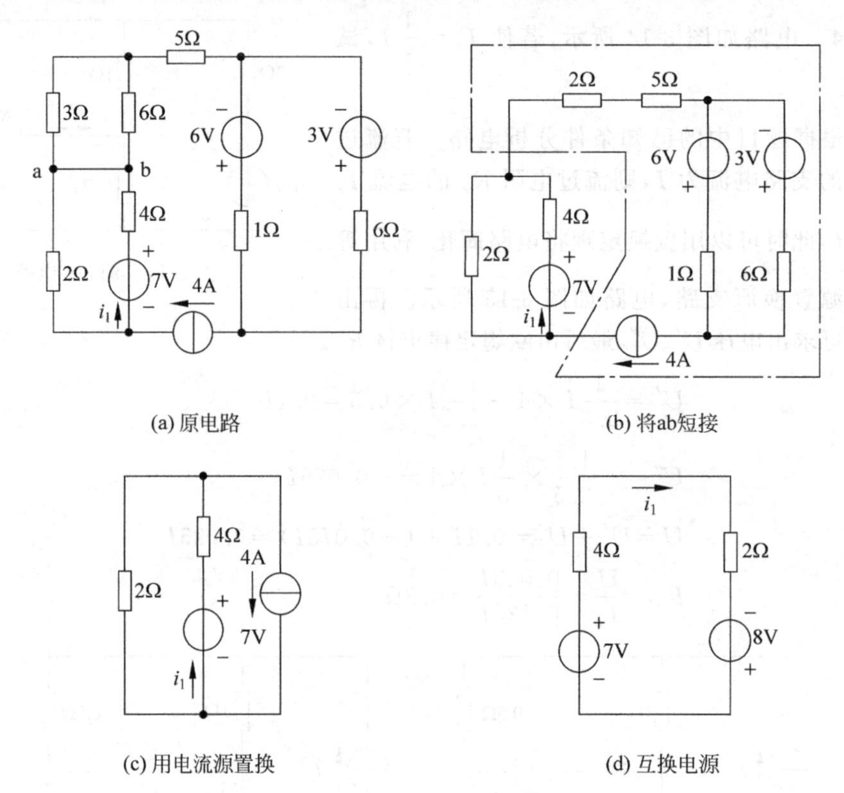

图 3-16 例 3-5 电路

3.3 戴维南定理与诺顿定理

在电路问题的分析过程中,有时只研究某一支路的电压、电流或功率。对所研究的支路,电路的其他部分可以看成一个含源的单口网络(电路)。戴维南定理和诺顿定理提供了求含源线性单口网络等效电路及 VCR 的另一种方法。如果将含源线性单口网络等效成电压源形式,应用的则是戴维南定理;如果将含源线性单口网络等效成电流源形式,应用的则是诺顿定理。

3.3.1　戴维南定理

戴维南定理可以表述为：含电源和线性电阻、受控源的单口网络（今后简称为含源线性单口网络），不论其结构如何复杂，就其端口来说，可等效为一个电压源串联电阻支路的形式，如图 3-17(a)所示。电压源的电压等于该网络 N 的开路电压 u_{OC}，如图 3-17(b)所示。串联电阻 R_0 等于该网络中所有独立源为零值时所得网络 N_0 的等效电阻 R_{ab}，如图 3-17(c)所示。

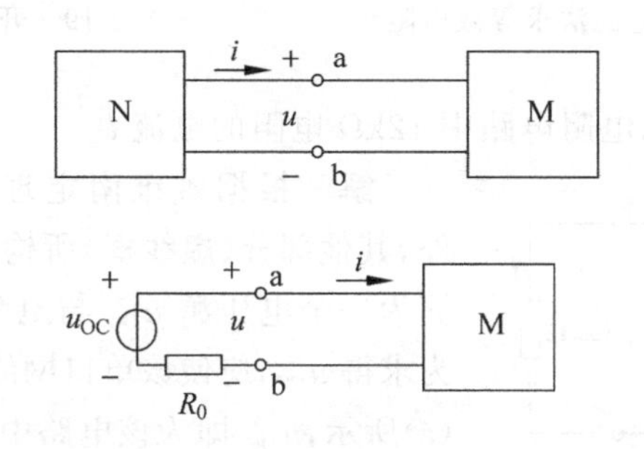

(a) 含电源和线性电阻、受控源的单口网络等效电路

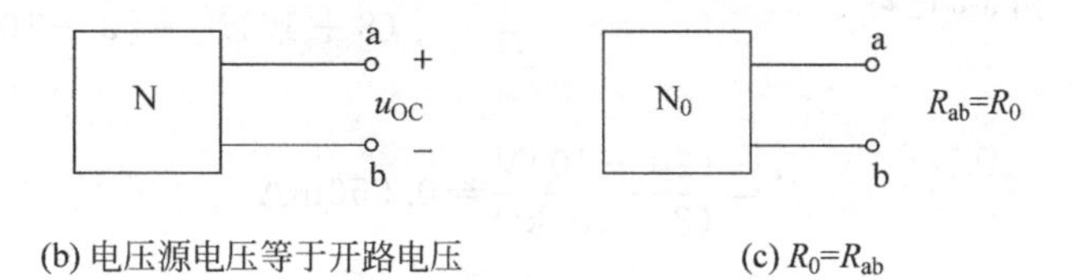

(b) 电压源电压等于开路电压　　(c) $R_0=R_{ab}$

图 3-17　戴维南定理示意图

N—含源线性单口网络；N_0—N 中所有独立源为零值时所得的网络；M—任意的外接电路

这一电压源串联电阻支路称为戴维南等效电路，其中串联电阻称为戴维南等效电阻，在电子电路中有时也称为“输出电阻”，记为 R_0。

开路电压 u_{OC} 的求取方法如下。

先将负载支路断开，标出 u_{OC} 的参考方向，如图 3-17(b)所示。端口电压 u_{OC} 有多种计算方法，如串联并联等效、分流分压关系、电源互换、叠加定理、网孔法及节点法等。

等效电阻 R_0 的求取方法如下。

(1) 等效变换法。若单口网络 N 内不含受控源，单口网络 N 完全由独立电源与纯电阻电路构成，则令 N 内所有的独立源为零值（独立电压源短路、独立电流源开路）。从端口看进去，可以用电阻串联、并联等效求得等效电阻 R_0；若纯电阻电路为 Δ、Y 形连接结构，可经过 Δ、Y 形互换等效后再应用电阻串联、并联等效求得等效电阻 R_0。

(2) 外加电源法。令 N 内所有的独立源为零值（独立电压源短路、独立电流源开路），若含有受控源，则受控源要保留，这时的二端电路用 N_0 表示，在 N_0 端口上加电源。若加电压源 u，就求端口上电流 i，如图 3-18(a)所示。若加电流源 i，就求端口间电压 u，如图 3-18(b)所示。N_0 的等效电阻 $R_0=u/i$。

(3) 开路、短路法。在求得单口网路 N 的开路电压 u_{OC} 后，将端口进行短路连接，并设短路电流 i_{SC} 的参考方向，应用所学的任何方法求取短路电流 i_{SC}，如图 3-19 所示，则等效电

阻 $R_0=u_{OC}/i_{SC}$。

注意，求 u_{OC}、i_{SC} 时 N 内所有的独立源、受控源均保留。

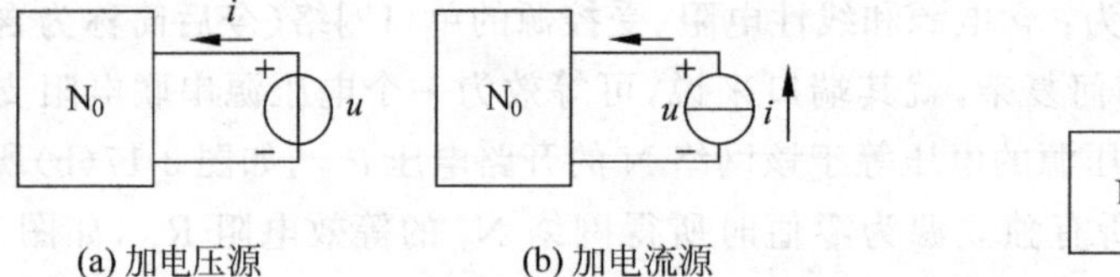

图 3-18　外加电源法求等效电阻　　　　图 3-19　开路、短路法求等效电阻

例 3-6　求图 3-20 所示电阻电路中 12kΩ 电阻的电流 i。

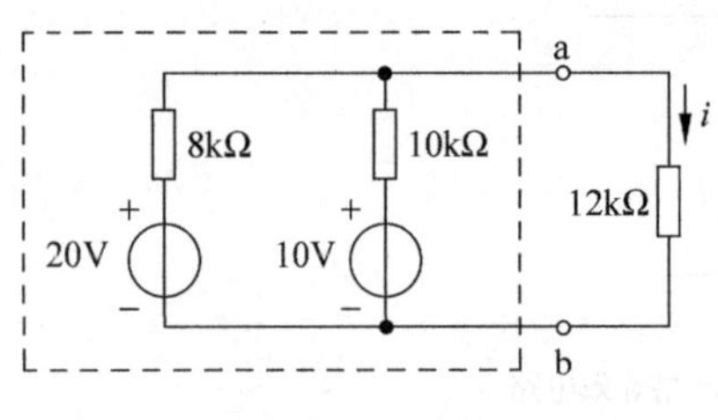

图 3-20　例 3-6 电路

解　根据戴维南定理，电路中除 12kΩ 电阻以外，其他部分（虚线框）所构成的含源单口网络可以化简为一个电压源 u_{OC} 与电阻 R_0 相串联的等效支路。为求得 u_{OC}，应使该单口网络处于断开状态，如图 3-21(a)所示，u_{OC} 即为该电路中 ab 两点间的电压。

设该电路中的电流为 i'，由 KVL 可得

$$(8+10)i'-20+10=0$$

即

$$i'=\frac{(20-10)\text{V}}{(8+10)\text{k}\Omega}=0.556\text{mA}$$

得

$$u_{OC}=10i'+10=15.56\text{V}$$

或

$$u_{OC}=-8i'+20=15.56\text{V}$$

为求得 R_0，应把图 3-21(a)所示含源单口网络中的两个独立电压源用短路代替，得电路如图 3-21(b)所示。显然，电路 ab 两端的等效电阻为

$$R_{ab}=\frac{10\times 8}{10+8}\text{k}\Omega=4.45\text{k}\Omega$$

故得

$$R_0=4.45\text{k}\Omega$$

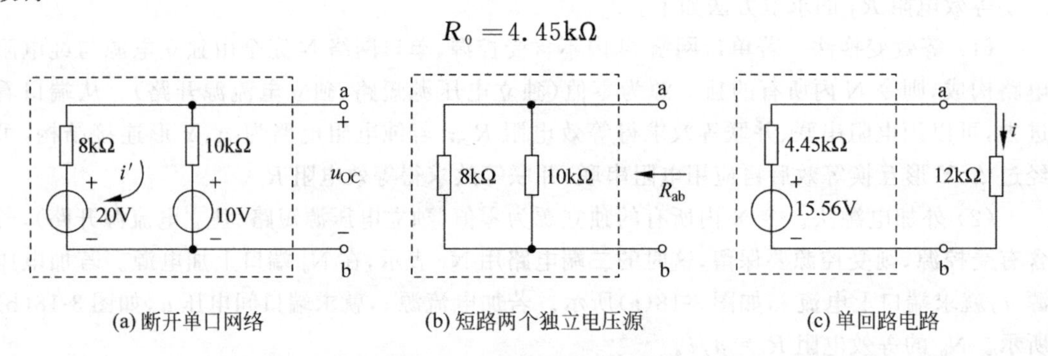

图 3-21　例 3-6 题解电路

这样就求得用来代替图 3-20 中虚线框所示单口网络的等效电路，得单回路电路如图 3-21(c)所示。根据该电路，可以很方便地求得电流 i，由 KVL 得

$$(12+4.45)i-15.56=0$$

所以

$$i=\frac{15.56\text{V}}{(12+4.45)\text{k}\Omega}=0.946\text{mA}$$

本例中仅含有一个电阻，端口电流即流过 12kΩ 电阻的电流，此电阻称为含源单口的负载。如果 12kΩ 电阻改换为其他电阻，只要用新电阻值代替上式中的 12kΩ，就可以很方便地求得新的电流值。

求解本题时，如用网孔分析，需列两个联立方程，再解出 i。用节点分析法，要先求 u_{ab}，再计算出 i。不论采用哪种方法，当 12kΩ 电阻改换为其他电阻时，都需重新列出方程，重新求解。因此，在只需求出电路中某一支路电流时，利用此方法求解较容易，该支路电阻如有变动，仍能很方便地计算出新的电流值。

例 3-7 电路如图 3-22 所示，负载电阻 R_L 可以改变，求 $R_L=1\Omega$ 上的电流 i；若 R_L 改变为 6Ω，再求电流 i。

解 (1) 求开路电压 u_{OC}。自 a、b 处断开待求支路(待求量所在的支路)，设 u_{OC} 参考方向如图 3-23(a)所示。由分压关系，求得

$$u_{OC}=\left(\frac{6}{6+3}\times24-\frac{4}{4+4}\times24\right)\text{V}=4\text{V}$$

图 3-22 例 3-7 电路

(2) 求等效内阻 R_0。将图 3-23(a)中电压源短路，电路变为图 3-23(b)。应用电阻串并联等效，可求得 ab 端电阻，即

$$R_0=6\mathbin{/\!/}3+4\mathbin{/\!/}4=4\Omega$$

(3) 由求得的 u_{OC}，R_0 画出等效电压源(戴维南电源)，接上待求支路，如图 3-23(c)所示。注意画等效电压源时不要将 u_{OC} 的极性画错。若 a 端为所设开路电压 u_{OC} 参考方向的“＋”极性端，则在画等效电压源时使正极向着 a 端。求得

$$i=\frac{(4+1)\text{V}}{(4+1)\Omega}=1\text{A}$$

由于 R_L 在二端电路外，故当 R_L 改变为 6Ω 时，二端电路的 u_{OC}、R_0 均不变化，所以只需将图 3-23(c)中 R_L 由 1Ω 变为 6Ω，就可以非常方便地求得此时电流为

$$i=\frac{(4+1)\text{V}}{(4+6)\Omega}=0.5\text{A}$$

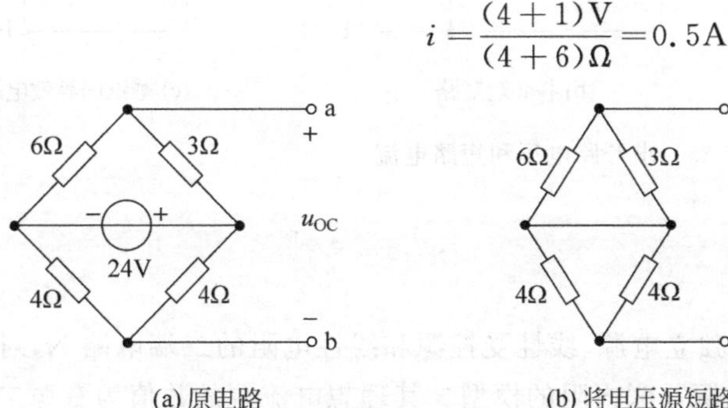

(a) 原电路

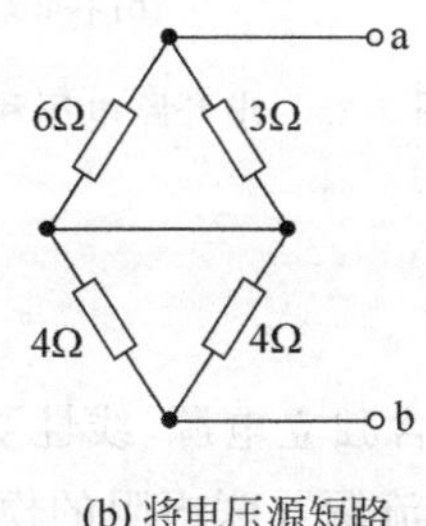

(b) 将电压源短路

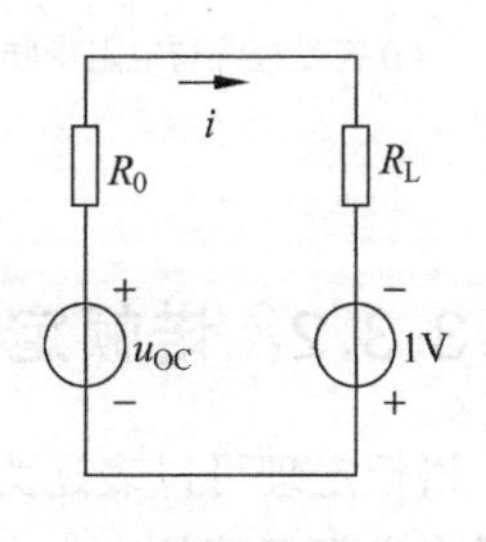

(c) 等效电压源

图 3-23 例 3-7 题解电路

例 3-8 电路如图 3-24 所示，求负载电阻 R_L 上消耗的功率。

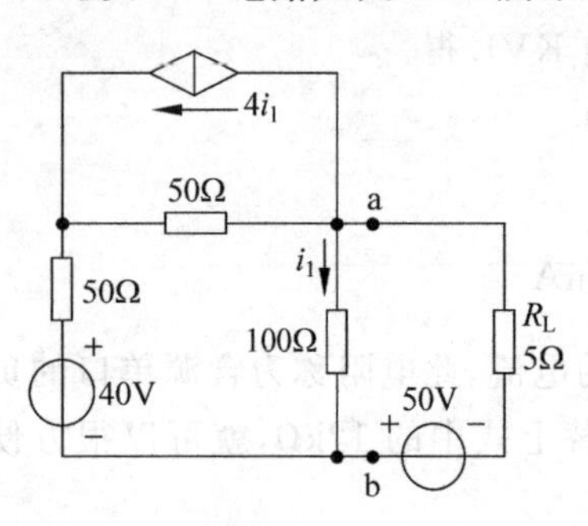

图 3-24 例 3-8 电路

解 (1) 求 u_{OC}。将图 3-24 中的受控电流源与 50Ω 电阻并联的形式，转换为受控电压源与 50Ω 电阻串联的形式，并在 a、b 点断开待求支路。设 u_{OC} 参考方向如图 3-25(a)所示，由 KVL 可得

$$100i'_1+200i'_1+100i'_1=40$$

求得

$$i'_1=0.1\text{A}$$

$$u_{OC}=100i'_1=100\Omega\times0.1\text{A}=10\text{V}$$

(2) 求 R_0。用开路短路法求电阻 R_0。将图 3-25(a)中 ab 两端子短路，并设短路电流 i_{SC} 的参考方向如图 3-25(b)所示，可得

$$i''_1=0\text{A}$$

因此，受控电压源为

$$200i''_1=0\text{V}$$

显然有

$$i_{SC}=\frac{40\text{V}}{100\Omega}=0.4\text{A}$$

所以得

$$R_0=\frac{u_{OC}}{i_{SC}}=\frac{10\text{V}}{0.4\text{A}}=25\Omega$$

(3) 画出戴维南等效电路，接上待求支路，如图 3-25(c)所示，可以求得

$$i_L=\frac{u_{OC}+50}{R_0+R_L}=\frac{(10+50)\text{V}}{(25+5)\Omega}=2\text{A}$$

负载电阻 R_L 上消耗的功率为

$$p_L=R_Li_L^2=5\Omega\times(2\text{A})^2=20\text{W}$$

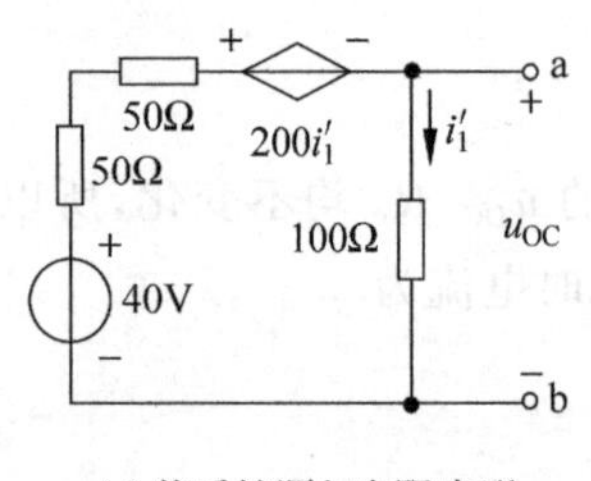

(a) 将受控源与电阻串联

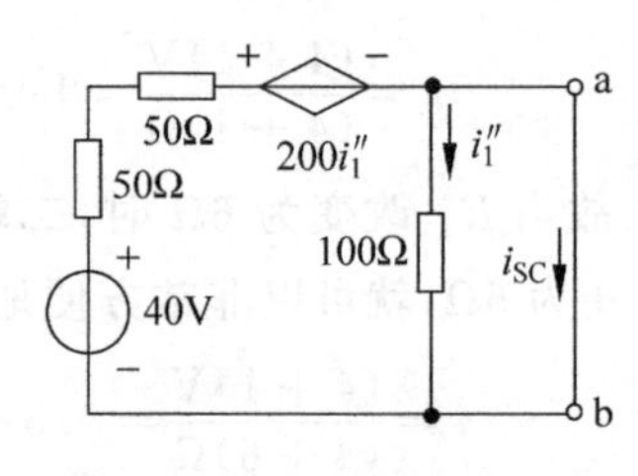

(b) 将ab端短路

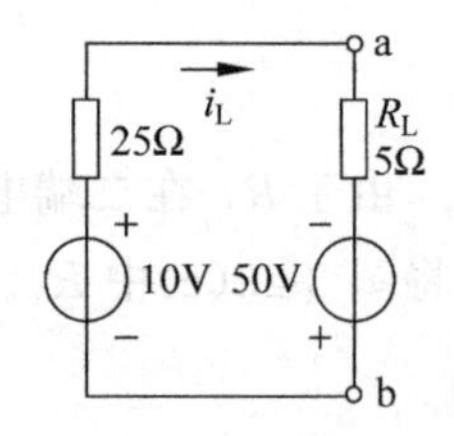

(c) 戴维南等效电路

图 3-25 求开路电压和短路电流

3.3.2 诺顿定理

诺顿定理可以表述为：一个含独立电源、线性受控源和线性电阻的二端电路 N，对两个端子来说都可等效为一个理想电流源并联内阻的模型。其理想电流源的数值为有源二端电

路 N 的两个端子短路时其上的电流 i_{SC}，并联的内阻等于 N 内部所有独立源为零值时电路两端子间的等效电阻，记为 R_0。诺顿定理示意如图 3-26 所示。

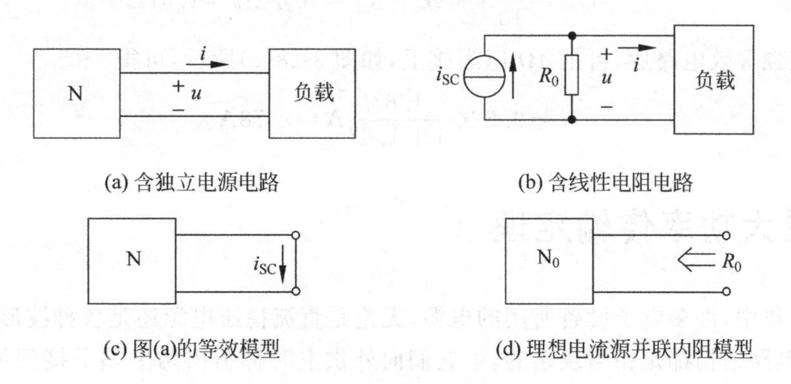

(a) 含独立电源电路 (b) 含线性电阻电路

(c) 图(a)的等效模型 (d) 理想电流源并联内阻模型

图 3-26 诺顿定理示意图

电流源 i_{SC} 并联电阻 R_0 的模型称为二端电路 N 的诺顿等效源。i_{SC} 与 R_0 的求法与戴维南定理中讲述的方法相同。

应用戴维南定理分析电路的关键是求二端电路 N 的开路电压 u_{OC} 与等效电阻 R_0；应用诺顿定理分析电路的关键是求二端电路 N 的短路电流 i_{SC} 与等效电阻 R_0。

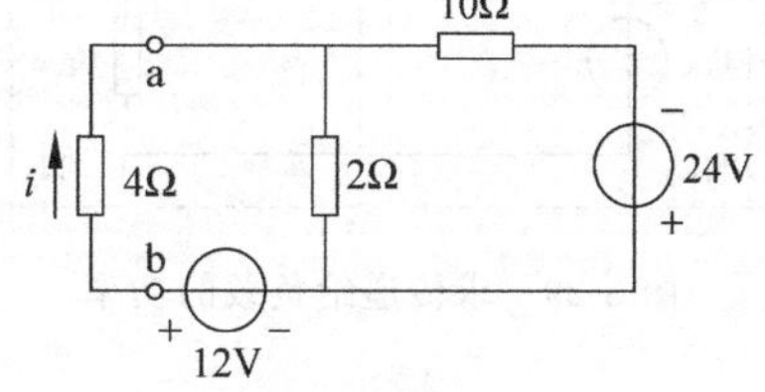

图 3-27 例 3-9 电路

例 3-9 用诺顿定理求图 3-27 所示电路中流过 4Ω 电阻的电流 i。

解 把原电路除 4Ω 电阻以外的部分化简为诺顿等效电路。为此先应把已化简的单口网络短路，如图 3-28(a)所示，求短路电流 i_{SC}。根据叠加原理，可以得到

$$i_{SC}=\frac{24\text{V}}{10\Omega}+\frac{12\text{V}}{10/\!/2\Omega}=(2.4+7.2)\text{A}=9.6\text{A}$$

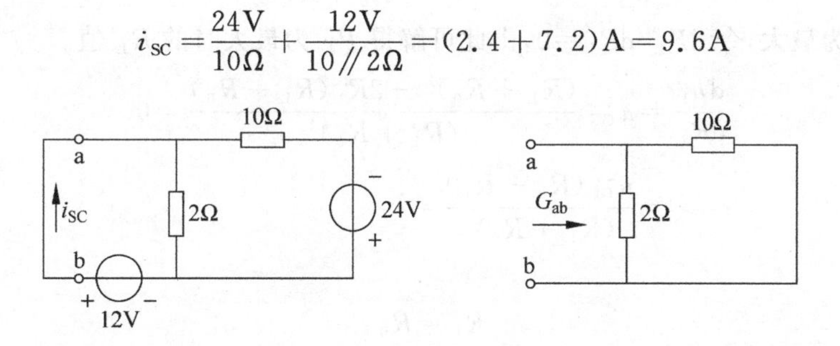

(a) 短路单口网络 (b) 单口网络电压源用短路代替

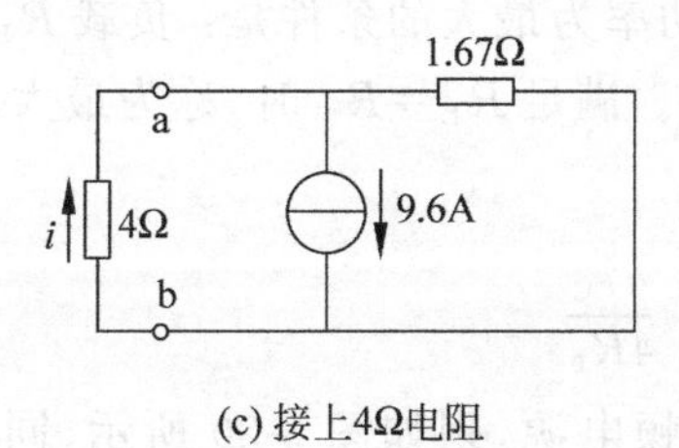

(c) 接上4Ω电阻

图 3-28 例 3-9 题解电路

再把化简的单口网络中的电压源用短路代替，如图 3-28(b)所示，可得

$$G_0 = G_{ab} = \frac{6}{10}\text{S} \quad 或 \quad R_0 = 10 /\!/ 2\Omega = 1.67\Omega$$

求得诺顿等效电路后，再把 4Ω 电阻接上，如图 3-28(c)所示，可得

$$i = 9.6 \times \frac{1.67}{4 + 1.67}\text{A} = 2.78\text{A}$$

3.4 最大功率传输定理

实际工作中，许多电子设备所用的电源，无论是直流稳压电源还是各种波形的信号发生器，其内部电路结构都是相当复杂的，但它们向外供电时都引出两个端子接到负载，当两端子间接的负载不同时，从单口网络传递给负载的功率也不同。如图 3-29 所示，含源线性单口网络可以用戴维南或诺顿等效电路代替，设负载电阻为 R_L，则当 R_2 很大时，流过 R_L 的电流很小，因而 R_L 得到的功率 i^2R_L 很小。如果 R_L 很小，功率同样也是很小的。在什么条件下，负载能得到的功率最大呢？负载能得到的最大功率又是多少呢？

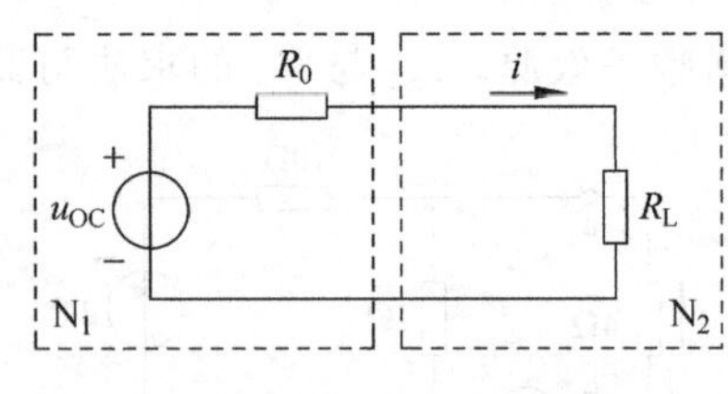

图 3-29 求传递给负载的功率

由图 3-29 可知

$$i = \frac{u_{OC}}{R_0 + R_L}$$

则电源传输给负载 R_L 的功率为

$$p_L = R_L i^2 = R_L \left(\frac{u_{OC}}{R_0 + R_L}\right)^2$$

要使 P_L 为最大，令 $dP_L/dR_L = 0$，由此可解得 P_L 为最大时的 R_L 值。

$$\frac{dp_L}{dR_L} = u_{OC}^2 \frac{(R_L + R_0)^2 - 2R_L(R_L + R_0)}{(R_L + R_0)^4} = 0$$

$$= \frac{u_{OC}^2(R_0 - R_L)}{(R_L + R_0)^3} = 0$$

由此可得

$$R_L = R_0$$

这就是 P_L 为最大时的条件。经判别知道这一极点为极大值点。因此，由含源线性单口网络传递给可变负载 R_L 的功率为最大的条件是：负载 R_L 应与戴维南(或诺顿)等效电阻相等，此即最大功率传输定理。满足 $R_L = R_0$ 时，称为最大功率匹配，此时负载得到的最大功率为

$$p_{Lmax} = \frac{u_{OC}^2}{4R_0}$$

若有源二端电路等效为诺顿电源，则如图 3-30 所示，同样可以得到 $R_L = R_0$ 时二端电路传输给负载的功率最大，且此时的最大功率为

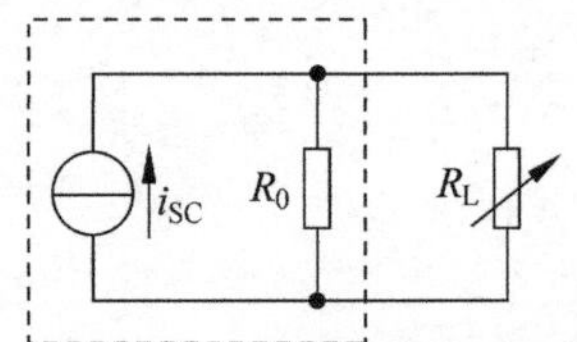

图 3-30 有源二端电路等效为诺顿电源

$$p_{\text{Lmax}}=\frac{1}{4}R_0 i_{\text{SC}}^2$$

注意不要把最大功率传输定理理解为：要使负载功率最大，应使戴维南（或诺顿）等效电阻 $R_0=R_L$。如果 R_0 可变而 R_L 固定，则应使 R_0 尽量减小，才能使 R_L 获得的功率增大。当 $R_0=0$ 时，R_L 获得最大功率。

另一常易产生的错误概念是：由线性单口网络获得最大功率时，其功率传递效率应为50%，因为 R_0 与 R_L 消耗的功率相等。如果负载功率来自一个具有内阻为 R_0 的电压源，那么，负载得到最大功率时的效率确实为50%。但是，单口网络及其等效电路，就其内部功率而言是不等效的，由等效电阻 R_0 计算的功率一般并不等于网络内部消耗的功率，因此，实际上当负载得到最大功率时，其功率传递效率未必是50%。

例 3-10　电路如图 3-31(a)所示。试求：(1)R_L 为何值时获得最大功率？(2)R_L 获得的最大功率是多少？

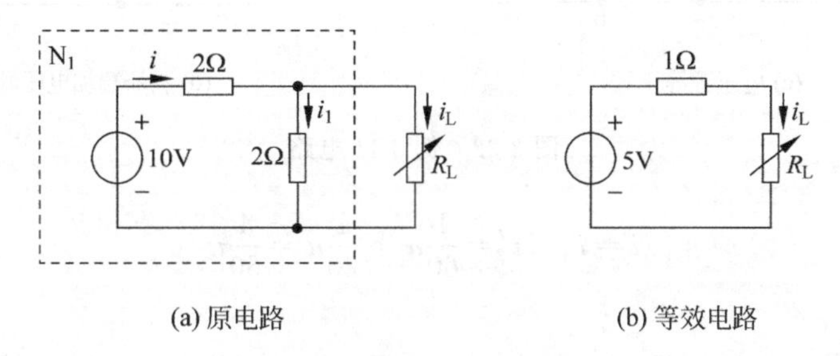

(a) 原电路　　(b) 等效电路

图 3-31　例 3-10 电路

解　(1) 分解电路，求 N_1 的戴维南等效电路参数为

$$u_{\text{OC}}=\frac{2}{2+2}\times 10\text{V}=5\text{V},\quad R_0=\frac{2\times 2}{2+2}\Omega=1\Omega$$

因此，当 $R_L=R_0=1\Omega$ 时，R_L 获得最大功率。

(2) R_L 获得的最大功率为

$$p_{\max}=\frac{u_{\text{OC}}^2}{4R_0}=\frac{(5\text{V})^2}{4\times 1}\Omega=6.25\text{W}$$

例 3-11　电路如图 3-32(a)所示，负载电阻 R_L 可任意改变，R_L 为多少时其上获最大功率，并求出该最大功率 P_{Lmax}。

(1) 求 i_{SC}。自a、b断开 R_L，将其短路并设 i_{SC} 如图 3-32(b)所示。由图 3-32(b)所示显然可知 $i_1'=0$，则 $30i_1'=0$ 即受控电压源等于零，视为短路，电路如图 3-32(c)所示。应用叠加定理，得

$$i_{\text{SC}}=\left(\frac{30}{10}-1\right)\text{A}=2\text{A}$$

(2) 求 R_0。令图 3-32(b)中独立源为零、受控源保留，a、b端子打开并加电压源 u，设 i_1''、i_2'' 及 i 如图 3-32(d)所示。由图 3-32(d)，应用欧姆定律、KVL、KCL，可求得

$$i_1''=\frac{1}{60}u$$

$$i_2''=\frac{u-30i_1''}{10}=\frac{u-30\times\frac{1}{60}u}{10}=\frac{1}{20}u$$

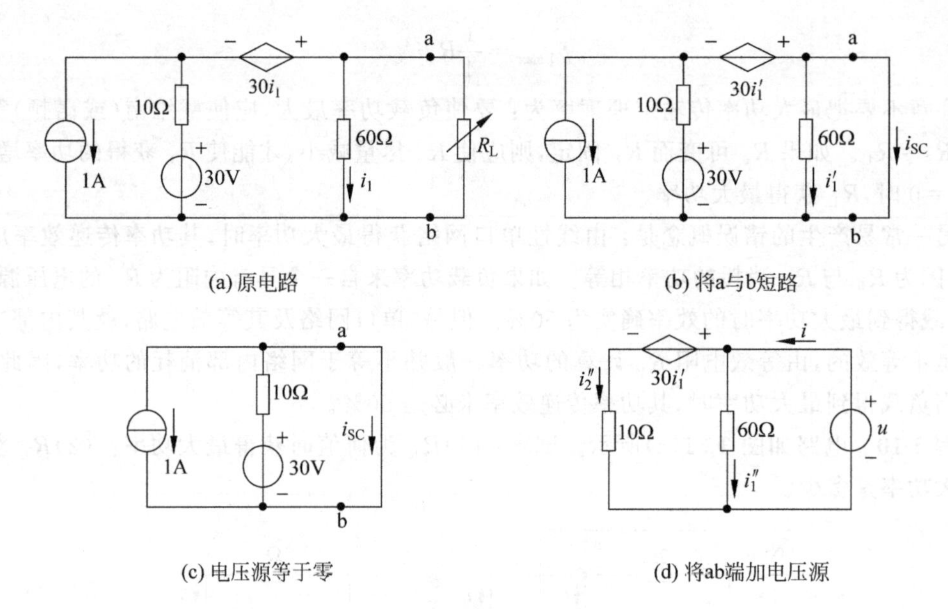

图 3-32　例 3-11 电路

$$i = i''_1 + i''_2 = \frac{1}{60}u + \frac{1}{20}u = \frac{4}{60}u$$

所以可得

$$R_0 = \frac{u}{i} = 15\Omega$$

(3) 由最大功率传输定理可知，当 $R_L = R_0 = 15\Omega$ 时，可获得最大功率。此时，最大功率为

$$P_{Lmax} = \frac{1}{4}R_0 i_{SC}^2 = \frac{1}{4} \times 15\Omega \times (2A)^2 = 15W$$

3.5* 互易定理

互易定理可以表述为：一个仅含线性电阻的二端口网络，其中，一个端口加激励源，另一个端口作响应端口(所求响应在该端口上)。在只有一个激励源的情况下，当激励端口与响应端口互换位置时，互换前后响应与激励的比值不变，这就是互易定理。

下面分 3 种情况来表述该定理的内容。

(1) 在图 3-33(a)中，电压源激励 u_{S1} 加在网络 N_R 的 1—1′端，以网络 N_R 的 2—2′端的短路电流 i_2 作响应。在图 3-33(b)(互易后电路)中，电压源激励 u_{S2} 加在网络 N_R 的 2—2′端，以网络 N_R 的 1—1′的短路电流 i_1 作响应，则有

$$\frac{i_2}{u_{S1}} = \frac{i_1}{u_{S2}}$$

若特殊情况，令 $u_{S1} = u_{S2}$，则 $i_1 = i_2$。

这说明，在具有互易性网络中，若将激励端口与响应端口互换位置，同一激励所产生的响应相同。

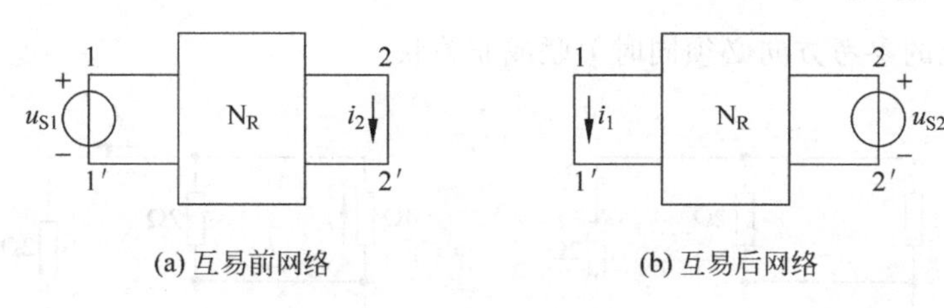

(a) 互易前网络　(b) 互易后网络

图 3-33　互易定理形式Ⅰ

(2) 在图 3-34(a)(互易前网络)中,电流源激励 i_{S1} 加在 N_R 的 1—1′端,以 N_R 的 2—2′端开路电压 u_2 作响应；在图 3-34(b)(互易后网络)中,电流激励源 i_{S2} 加在 N_R 的 2—2′端,以 N_R 的 1—1′端开路电压 u_1 作响应,则有

$$\frac{u_2}{i_{S1}}=\frac{u_1}{i_{S2}}$$

令 $i_{S1}=i_{S2}$,则 $u_1=u_2$。

这里再次证明了,在具有互易性的网络中,若将激励端口与响应端口互换位置,同一激励所产生的响应相同。

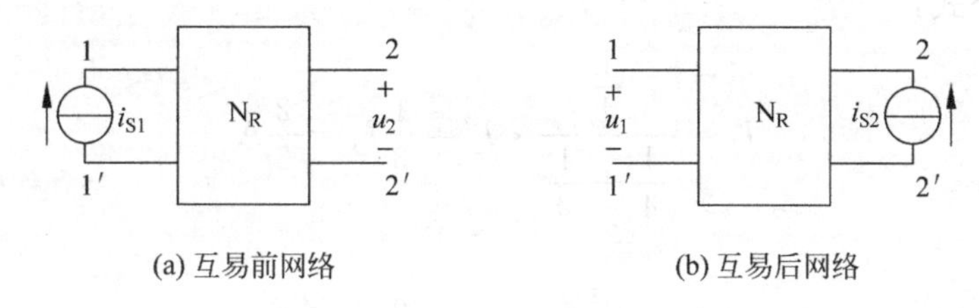

(a) 互易前网络　(b) 互易后网络

图 3-34　互易定理形式Ⅱ

(3) 在互易前网络图 3-35(a)中,激励源 i_{S1} 加在 N_R 的 1—1′端,以 N_R 的 2—2′端短路电流 i_2 作响应；在互易后网络图 3-35(b)中,激励源 u_{S2} 加在 N_R 的 2—2′端,以 N_R 的 1—1′端开路电压 u_1 作响应,则有

$$\frac{i_2}{i_{S1}}=\frac{u_1}{u_{S2}}$$

对于互易网络,互易前网络响应 i_2 与激励 i_{S1} 的比值等于互易后网络响应 u_1 与激励 u_{S2} 的比值。

令 $u_{S2}=i_{S1}$(同一单位制下,在数值上相等),则有 $u_1=i_2$(在数值上相等)。

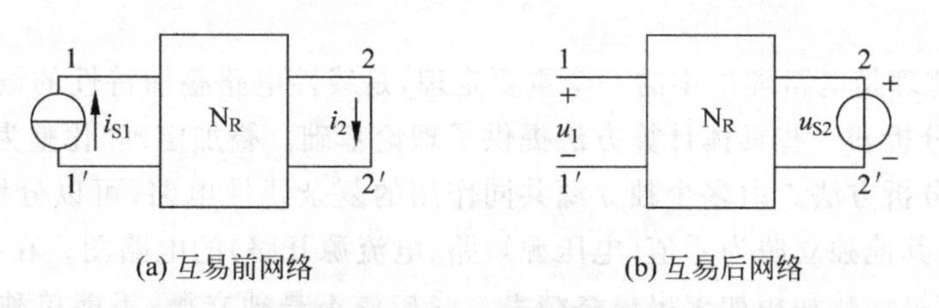

(a) 互易前网络　(b) 互易后网络

图 3-35　互易定理形Ⅲ

例 3-12　电路如图 3-36(a)所示,试求电流 I。

解　原电路为一不平衡桥式电路,但为仅有一个独立源单独作用的线性电阻电路,可使用互易定理进行分析。互易后的电路如图 3-36(b)所示。此时,应注意互易前后对应支路上的电压和电流的参考方向必须同时关联或非关联。

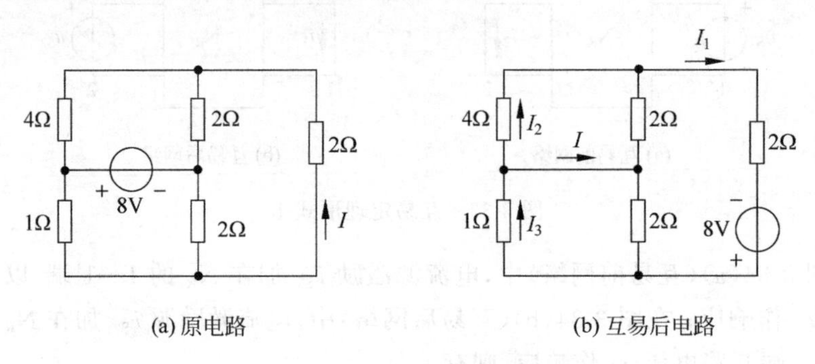

(a) 原电路　　(b) 互易后电路

图 3-36　例 3-12 电路

在图 3-36(b)中可求得

$$I_1=\frac{8\text{V}}{\left(2+\frac{2\times1}{2+1}+\frac{4\times2}{4+2}\right)\Omega}=2\text{A}$$

根据分流公式：

$$I_2=\frac{\frac{1}{4}}{\frac{1}{4}+\frac{1}{2}}\cdot I_1=\frac{1}{3}I_1=\frac{2}{3}\text{A}$$

$$I_3=\frac{\frac{1}{1}}{\frac{1}{1}+\frac{1}{2}}\cdot I_1=\frac{2}{3}I_1=\frac{4}{3}\text{A}$$

由 KCL 得

$$I=I_3-I_2=\frac{2}{3}\text{A}$$

故原电路中所求电流 $I=\frac{2}{3}\text{A}$。

3.6 本章小结

(1) 叠加定理是电路理论中的一个重要定理，是线性电路叠加特性的概括表征，它为线性电路的定性分析和一些具体计算方法提供了理论基础。叠加定理“化整为零”的基本思想是求解电路的分析方法。由多个独立源共同作用的复杂线性电路，可以分别画出每一个独立源单独作用，其他独立源为零值(电压源短路、电流源开路)的电路图。在各图中分别计算结果，最后各结果代数和相加求出最终结果。受控源不是独立源，不能单独作用于电路，在运用叠加原理时，受控源应与电阻一样保留在电路中。齐次定理是表征电路齐次性的一个重要定理，常辅助叠加定理、戴维南定理、诺顿定理分析求解电路问题。

(2) 置换定理是集总电路中一个重要定理，实际上它是一种常用的电路等效方法，辅助其他电路分析法解决电路问题。

(3) 任何一个含源的单口网络都可以用戴维南定理等效为一个电压源串联一个电阻的形式,或者用诺顿定理等效为一个电流源并联一个电阻的形式。运用戴维南定理(或诺顿定理)解题步骤:先将所求响应的支路从电路中分离出来,再将剩余电路即一个含源单口网络,用戴维南定理(或诺顿定理)进行等效变化,最后画出等效电路图,接上待求响应的支路,在这个最简等效电路中进行求解。此方法的关键在于如何求开路电压或者短路电流,以及求等效电阻。

(4) 最大功率的求解使用戴维南定理(或诺顿定理),并结合使用最大传输定理最为简便。

(5) 本章末介绍了互易定理。

习题 3

3-1　求解图 3-37 所示电路中的电流 i。试利用线性电路的比例性,求当电流源电流改为 6.12A,方向相反时的电流 i。

3-2　电路如图 3-38 所示,已知 $g=2$,试求转移电阻 u_O/i_S。

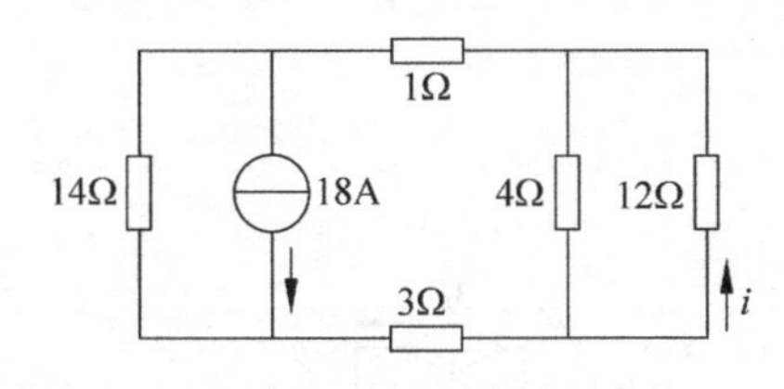

图 3-37　习题 3-1 图

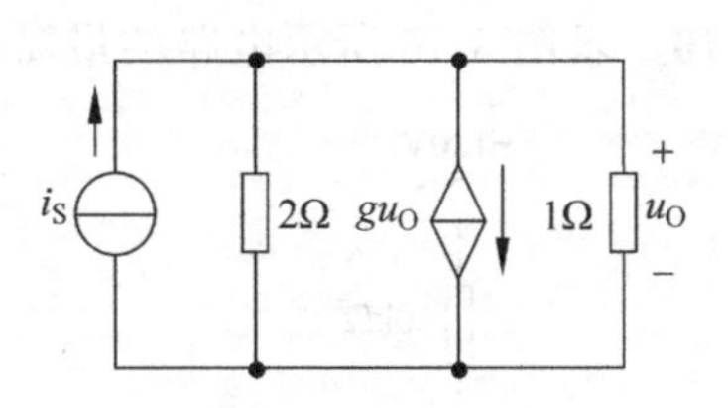

图 3-38　习题 3-2 图

3-3　电路如图 3-39 所示,(1)若 $u_0=10\text{V}$,求 i_1 及 u_S;(2)若 $u_S=10\text{V}$,求 u_0。

3-4　电路如图 3-40 所示,欲使 $u_{ab}=0$,u_S 应为多少?

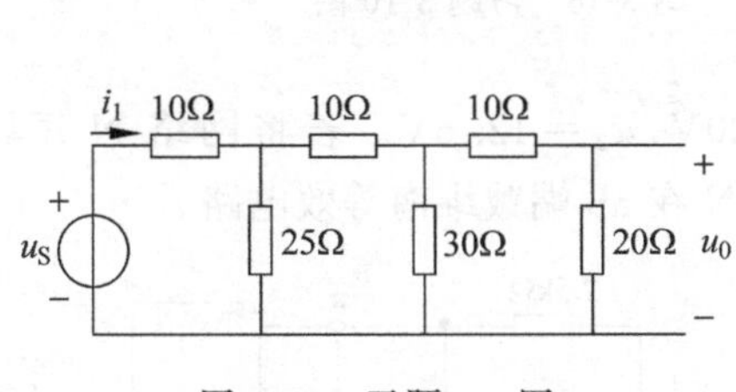

图 3-39　习题 3-3 图

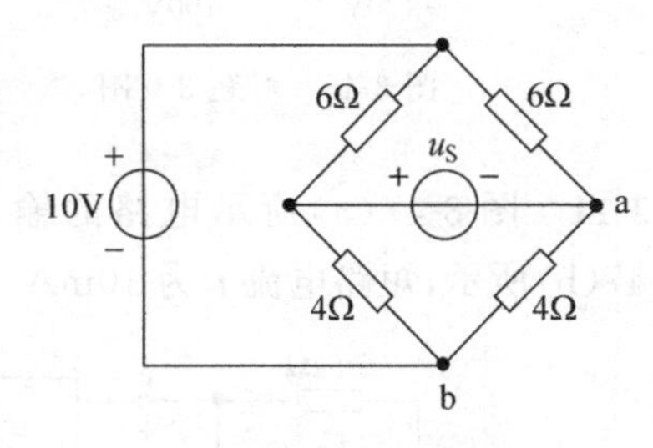

图 3-40　习题 3-4 图

3-5　电路如图 3-41 所示,用叠加原理求 i,已知 $\mu=5$。

3-6　电路如图 3-42 所示,其中 $r=2\Omega$,用叠加原理求 i_x。

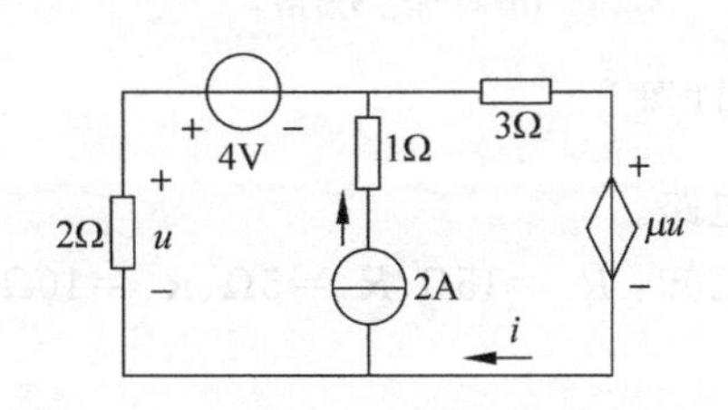

图 3-41　习题 3-5 图

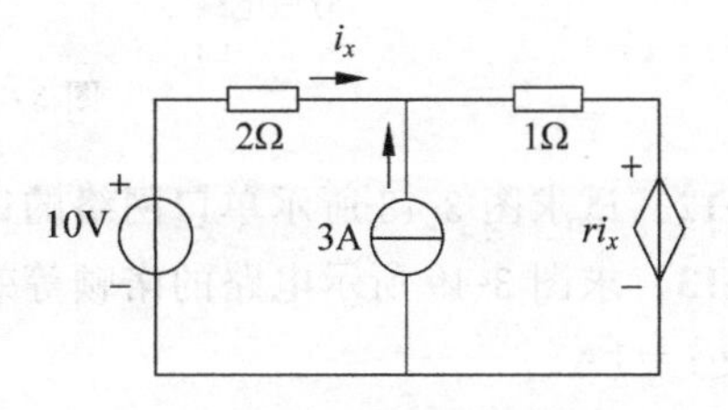

图 3-42　习题 3-6 图

3-7 在图 3-43 所示电路中，N 的内部结构不知，但只含线性电阻。在激励 u_S 和 i_S 作用下，其实验数据为：当 $u_S=1V$，$i_S=1A$ 时，$u=0$；当 $u_S=10V$，$i_S=0$ 时，$u=1V$。若 $i_S=10A$，$u_S=0$ 时，则 u 为多少？

3-8 试用叠加原理求图 3-44 所示电路中的电流 i。

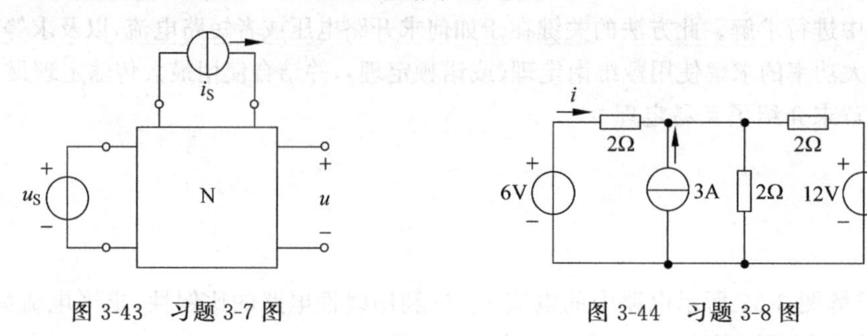

图 3-43 习题 3-7 图　　图 3-44 习题 3-8 图

3-9 用戴维南定理求图 3-45 所示电路中流过 20kΩ 电阻的电流及 a 点电压。

3-10 求图 3-46 所示电路的最简电路。

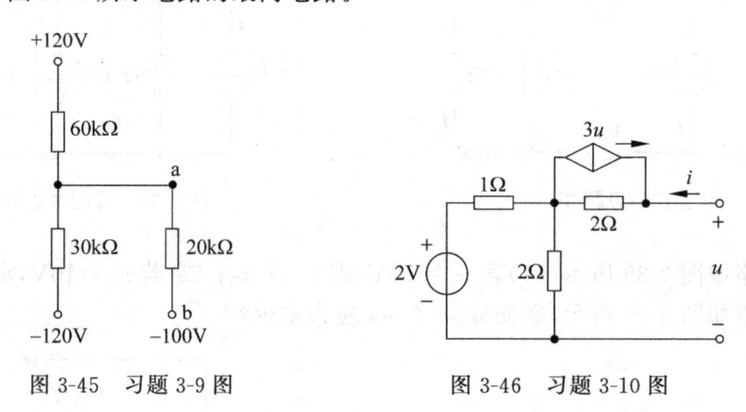

图 3-45 习题 3-9 图　　图 3-46 习题 3-10 图

3-11 图 3-47(a)所示电路的输入电压为 20V，$u_2=12.5V$。若将网络 N 短路，如图 3-47(b)所示，短路电流 i 为 10mA。试求网络 N 在 ab 端戴维南等效电路。

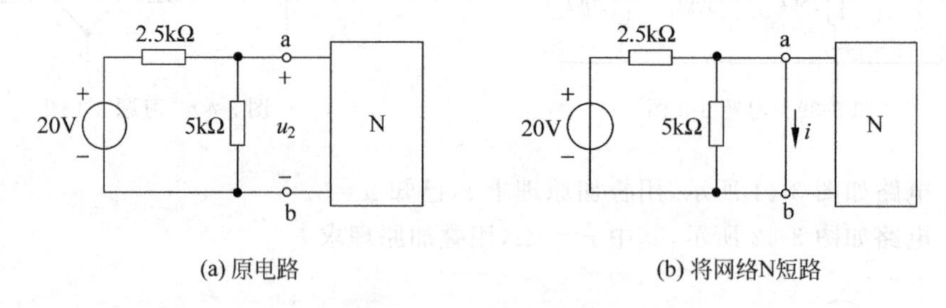

(a) 原电路　　(b) 将网络N短路

图 3-47 习题 3-11 图

3-12 试求图 3-48 所示单口网络的诺顿等效电路。

3-13 求图 3-49 所示电路的诺顿等效电路。已知：$R_1=15\Omega$、$R_2=5\Omega$、$R_3=10\Omega$、$u_S=10V$ 及 $i=1A$。

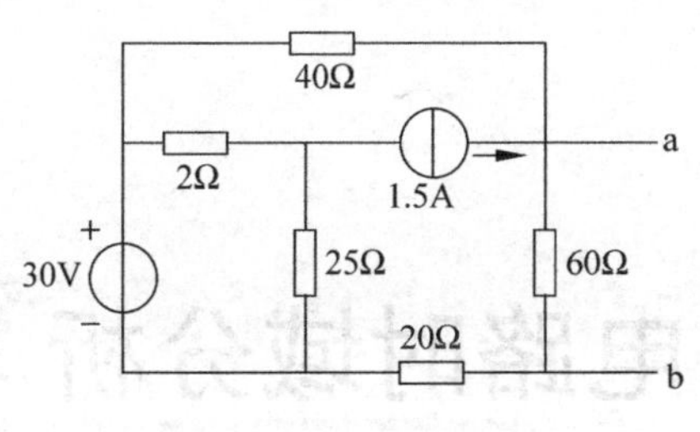

图 3-48 习题 3-12 图

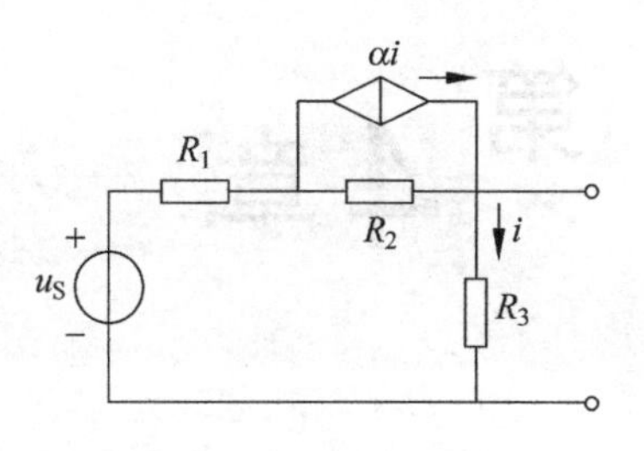

图 3-49 习题 3-13 图

3-14 求图 3-50 所示电路的戴维南等效电路。

3-15 用诺顿定理求图 3-51 所示电路中流过 4Ω 电阻的电流 i。

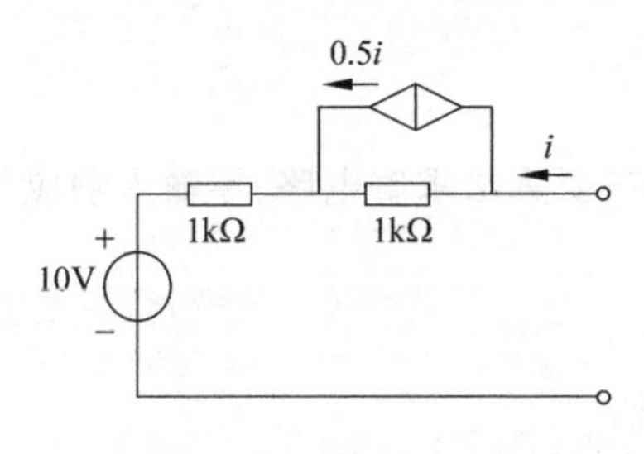

图 3-50 习题 3-14 图

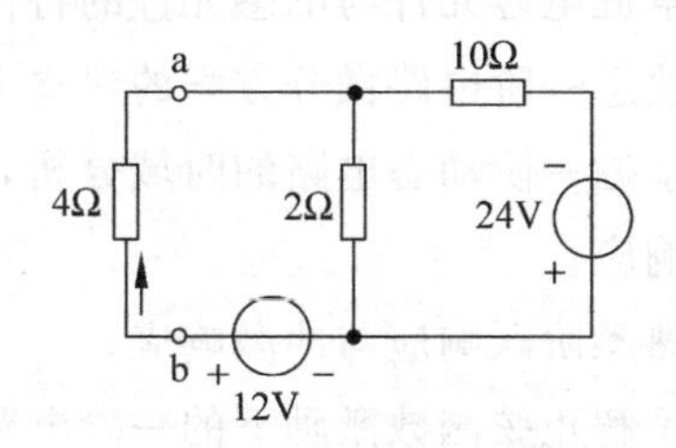

图 3-51 习题 3-15 图

3-16 电路如图 3-52 所示，已知当 $u_S=4\text{V}$，$i_S=0\text{A}$ 时，$u=3\text{V}$；当 $u_S=0$，$i_S=2\text{A}$ 时，$u=2\text{V}$，求 $u_S=1\text{V}$，电流源用电阻 $R=2\Omega$ 代替时，电压 u 为多少？

3-17 在图 3-53 所示电路中，如使 i 增大一倍，是否使 8Ω 改为 4Ω 即可？否则改为多大？

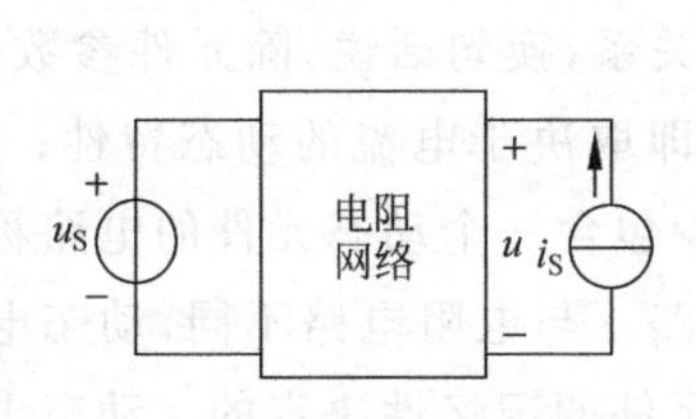

图 3-52 习题 3-16 图

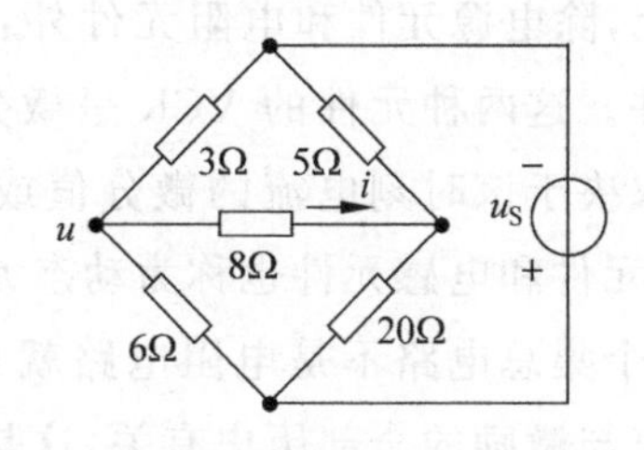

图 3-53 习题 3-17 图

第4章 动态电路时域分析

本章学习目标

- 掌握电容元件与电感元件的特性；
- 熟悉一阶电路微分方程的建立方法；
- 掌握一阶动态电路的时域分析，重点掌握三要素法求解电路、零输入响应与零状态响应；
- 熟悉阶跃响应与冲激响应；
- 了解正弦函数激励下的一阶电路时域分析。

前面3章讨论了电阻电路的分析方法。电阻元件的VCR是代数关系，这就意味着，当元件参数一定时，某一时刻的电压仅取决于该时刻的电流值，而与其他时间的电流值无关；反之亦然。可见，电阻元件是"无记忆"的，或者说是"即时的"(instantaneous)，电阻元件也因此被称为瞬时元件。在电阻电路中，激励与响应的关系是通过代数方程来描述的，通过求解方程可得到电流和电压响应。

实际上，除电源元件和电阻元件外，许多电路模型中还不可避免地要引入电容元件和电感元件。这两种元件的VCR呈微分或积分关系，换句话说，除元件参数外，某一时刻的电压取决于该时刻电流的微分值或积分值，即取决于电流的动态特性；反之亦然。因此，电容元件和电感元件也称为动态元件。至少包含一个动态元件的电路称为动态电路，任何一个集总电路不是电阻电路就是动态电路。与电阻电路不同，动态电路在任一时刻的响应与激励的全部历史有关，这是由动态元件的记忆性决定的。动态电路中使用微分方程来描述激励与响应之间的关系。在实际工作中常遇到只含一个动态元件的线性时不变电路，这类电路是用线性常系数一阶常微分方程描述的，这也是本章主要讨论的内容。

本书第1章中曾指出，电路分析的基础在于两类约束。要分析动态电路，除基尔霍夫定律外，还需明确动态元件的VCR。因此，本章首先讲述电容元件和电感元件的定义与电压电流关系，然后讨论如何利用两类约束建立描述电路的微分方程。重点讨论动态电路的时域分析，包括初始条件的计算、一阶电路的经典法与三要素法分析、一阶电路的零输入响应和零状态响应分析、阶跃响应与冲激响应。本章的最后还简要介绍正弦函数激励下的一阶电路时域分析。

4.1 电容元件与电感元件

4.1.1 电容元件

电容器被广泛应用于实际工程电路。常见的电容器有陶瓷电容器、电解电容器、云母电容器等。虽然种类规格繁多，但就其构成原理来说，电容器都是由两块金属极板中间隔着某种介质所构成。图 4-1 所示为实际电容器的结构。当电容器两极板接通电源后，会在两极板上分别聚集起等量的异性电荷，从而在两极板之间建立电场，并存储电场能量。电源移去后，由于介质的存在，极板上的电荷被隔离而不能中和，故电荷仍保留在极板上，电场也继续存在。因此，电容器是一种能够储存电场能量的实际器件，电容元件就是反映这种物理现象的电路模型，它是典型的无源元件。

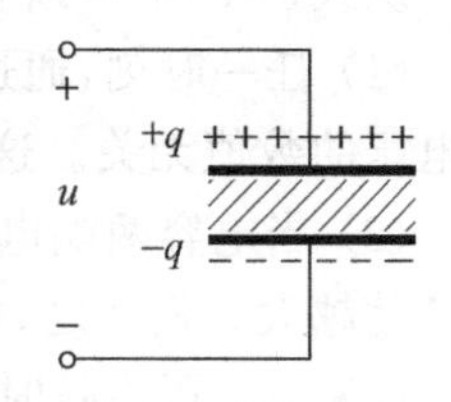

图 4-1 实际电容器结构

1. 电容元件的定义

一个二端元件，如果在任一时刻 t，它所储存的电荷 q 同它的端电压 u 之间的关系可以在 q-u 平面上用一条曲线来确定，则称此二端元件为电容元件，简称电容(capacitance)，用 C 表示。如果曲线是一条图 4-2(a)所示的通过原点的直线，则称该电容为线性电容，其图形符号图 4-2(b)所示。当电压参考极性与极板存储的电荷极性一致时，电荷 $q(t)$ 与电容元件端电压 $u(t)$ 之间应满足

$$q(t)=Cu(t) \tag{4-1}$$

式中，C 为电容元件的电容量，是一个正实常数，它取决于电容器中极板的几何形状、尺寸以及极板间介质的介电常数。在国际单位制(SI)中，电荷 q 的单位是 C(库仑，简称库)，电容 C 的单位是 F(法拉，简称法)。除法拉外，在工程中常用的电容单位还有微法(μF)和皮法(pF)，它们之间的换算关系为 $1\mu F=10^{-6}F$，$1pF=10^{-12}F$。

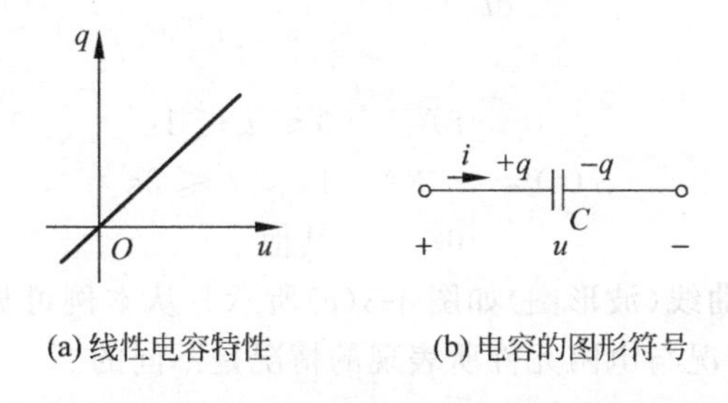

图 4-2 线性电容元件的库伏特性曲线及电路符号

如果库伏特性曲线不是一条过原点的直线，而是一条曲线，则称该电容元件为非线性电容元件。如果 C 是一个随时间变化的函数，则称该电容元件为时变电容元件。本书主要讨论线性时不变电容元件。为叙述方便，本书中“电容”这个术语及相应的符号 C 既表示电容元件，又表示电容元件的参数。

2. 电容元件的电压电流关系

虽然电容元件是根据库伏关系来定义的，但在电路分析中，一般更关心的是电容上的电压电流关系(VCR)。如果电容的电压 $u(t)$ 和电流 $i(t)$ 取关联参考方向，可得到电容的电压电流关系为

$$i(t)=\frac{\mathrm{d}q(t)}{\mathrm{d}t}=\frac{\mathrm{d}(Cu(t))}{\mathrm{d}t}=C\frac{\mathrm{d}u(t)}{\mathrm{d}t} \tag{4-2}$$

从式(4-2)中可以看出，电容元件具有以下特点。

(1) 任一时刻，通过电容的电流取决于该时刻电容两端电压变化率，而与该时刻电容两端电压的数值无关。这说明电容是一种动态元件。

(2) 当电容两端电压发生变化时，才会有电容电流产生，且电压变化越快，通过电容的电流就越大。换言之，即使某时刻电容两端电压为 0，仍有电流存在的可能。

(3) 当电压不随时间变化(即直流电压)时，电流为 0，故电容有隔断直流(简称隔直)的作用，在电路中相当于开路。此性质常用于放大器级间耦合、滤波、去耦、旁路及信号调谐。

(4) 当电容电流为有限值时，$\mathrm{d}u/\mathrm{d}t$ 也为有限值，故电压一定是时间 t 的连续函数，即电容电压是处处连续的，不会发生跃变。该性质是分析动态电路的一条重要依据。

例 4-1 电容与电压源连接方式如图 4-3(a)所示，已知 $C=2\mathrm{F}$，电源电压随时间变化如图 4-3(b)所示。求电流 $i(t)$ 并绘出波形。

解 已知电压源两端电压 $u(t)$，电容元件电压、电流参考方向关联，由电容 VCR 的微分形式即可求出 $i(t)$ 表达式。由于 $u(t)$ 是一个分段函数，故求解 $i(t)$ 也必须分段进行。

当 $0\leqslant t\leqslant 1\mathrm{s}$ 时，有

$$u(t)=4t\,\mathrm{V}$$

$$i(t)=C\frac{\mathrm{d}u(t)}{\mathrm{d}t}=2\times 4\mathrm{A}=8\mathrm{A}$$

当 $1\mathrm{s}\leqslant t\leqslant 2\mathrm{s}$ 时，有

$$u(t)=(8-4t)\mathrm{V}$$

$$i(t)=C\frac{\mathrm{d}u(t)}{\mathrm{d}t}=[2\times(-4)]\mathrm{A}=-8\mathrm{A}$$

即

$$i(t)=\begin{cases}8\mathrm{A} & 0\leqslant t\leqslant 1\mathrm{s}\\ -8\mathrm{A} & 1\mathrm{s}<t\leqslant 2\mathrm{s}\\ 0 & \text{其他}\end{cases}$$

电流随时间变化的曲线(波形图)如图 4-3(c)所示。从本例可见，电容的电压波形和电流波形并不相同，这一情况与电阻元件所表现的情况是不同的。

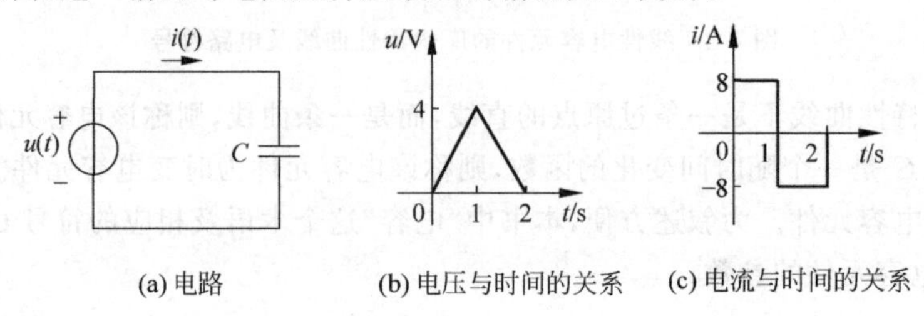

(a) 电路　(b) 电压与时间的关系　(c) 电流与时间的关系

图 4-3　例 4-1 用图

电容的电压 $u(t)$ 和电流 $i(t)$ 之间的关系也可用积分形式表示。当取电压电流关联参考方向时，有

$$u(t)=\frac{q(t)}{C}=\frac{1}{C}\int_{-\infty}^{t} i(\xi)\mathrm{d}\xi \tag{4-3}$$

假设只需观察某一任意选定的初始时刻 t_0 之后的电容电压情况，式(4-3)可写为

$$\begin{aligned}u(t)&=\frac{1}{C}\int_{-\infty}^{t} i(\xi)\mathrm{d}\xi=\frac{1}{C}\int_{-\infty}^{t_0} i(\xi)\mathrm{d}\xi+\frac{1}{C}\int_{t_0}^{t} i(\xi)\mathrm{d}\xi\\&=u(t_0)+\frac{1}{C}\int_{t_0}^{t} i(\xi)\mathrm{d}\xi\end{aligned} \tag{4-4}$$

式中，$u(t_0)$ 为 $t=t_0$ 时刻电容上已有的电压，称为初始电压，描述的是电容的过去状态。式(4-4)表明，任一时刻，电容电压 $u(t)$ 不仅与 t 时刻的电流有关，还与该时刻以前的所有时刻的电流即电流的“全部历史”有关。因此，电容是一种记忆元件，其电压具有“记忆”电流的作用。

式(4-3)所示关系可以用等效电路来表明。设电容的初始电压 $u(t_0)=U_0$，如图 4-4(a)所示，则

$$u(t)=u(t_0)+\frac{1}{C}\int_{t_0}^{t} i(\xi)\mathrm{d}\xi=u(t_0)+u_1(t)=U_0+u_1(t)\quad t\geqslant t_0$$

由此可知，一个已被充电的电容，若已知 $u(t_0)=U_0$，则在 $t\geqslant t_0$ 时可等效为一个未充电的电容与电压源相串联的电路，其中，电压源的电压值即为 t_0 时刻电容的初始电压 U_0，如图 4-4(b)所示。

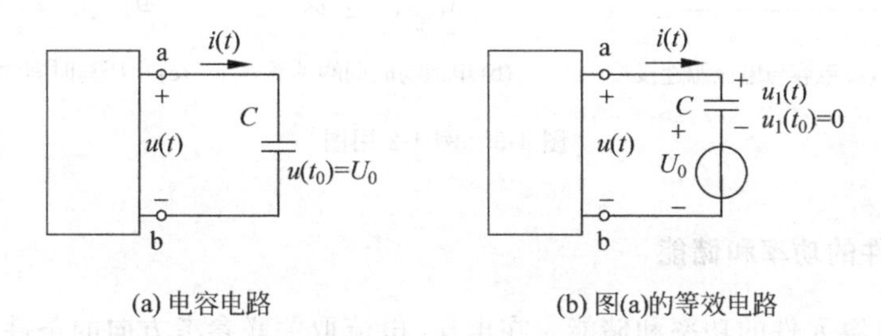

图 4-4 具有初始电压 U_0 的电容及其等效电路

例 4-2 设图 4-3 所示电路中电容改与一电流源相连接，如图 4-5(a)所示，电流波形如图 4-5(b)所示。设 $u(0)=0$，试求电容电压 $u(t)$ 并绘出波形。

解 设已知电容电流求电压时，电容元件电压与电流参考方向关联，由电容 VCR 的积分形式即可求出 $u(t)$ 表达式。由于 $i(t)$ 是一个分段函数，故求解 $u(t)$ 也必须分段进行。

当 $0\leqslant t\leqslant 1\mathrm{s}$ 时，有

$$i(t)=4t(\mathrm{A})$$

$$u(t)=u(0)+\frac{1}{C}\int_{0}^{t} i(\xi)\mathrm{d}\xi=0+\frac{1}{2}\int_{0}^{t} 4\xi\mathrm{d}\xi=t^2(\mathrm{V})$$

$$u(1)=1(\mathrm{V})$$

当 $1\mathrm{s}<t\leqslant 2\mathrm{s}$ 时，有

$$i(t)=8-4t(\mathrm{A})$$

$$u(t)=u(1)+\frac{1}{C}\int_{1}^{t}i(\xi)\mathrm{d}\xi=1+\frac{1}{2}\int_{1}^{t}(8-4\xi)\mathrm{d}\xi=(-t^{2}+4t-2)\mathrm{V}$$

$$u(2)=2\mathrm{V}$$

当 $t>2\mathrm{s}$ 时，有

$$i(t)=0$$

$$u(t)=u(2)+\frac{1}{C}\int_{2}^{t}i(\xi)\mathrm{d}\xi=u(2)=2\mathrm{V}$$

即

$$u(t)=\begin{cases}0 & t\leqslant 0\\ t^{2}\mathrm{V} & 0<t\leqslant 1\mathrm{s}\\ -t^{2}+4t-2\mathrm{V} & 1\mathrm{s}<t\leqslant 2\mathrm{s}\\ 2\mathrm{V} & 其他\end{cases}$$

电压波形如图 4-5(c)所示。

从定积分的几何意义可知，若 $i(t)\geqslant 0$，式(4-3)中的定积分就表示位于曲线 $i(t)$ 下方，由 t 轴积分的上、下限所围成图形的面积。该面积随着 t 的变动而变化，因此也可以从面积入手求解本例。

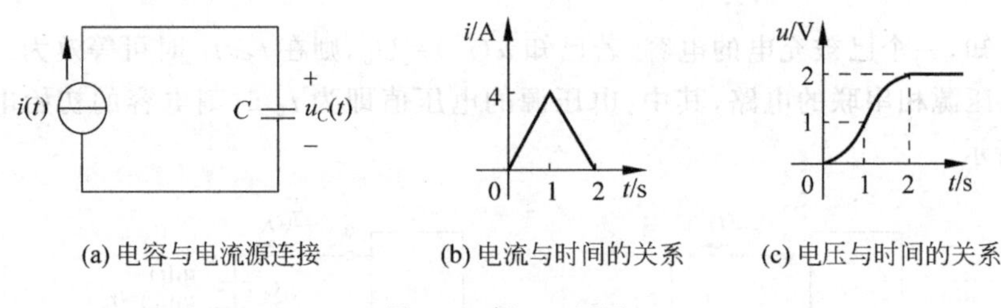

(a) 电容与电流源连接　(b) 电流与时间的关系　(c) 电压与时间的关系

图 4-5　例 4-2 用图

3. 电容元件的功率和储能

下面讨论电容元件的功率和储能。在电压、电流取关联参考方向的条件下，电容元件吸收的瞬时功率为

$$p(t)=u(t)i(t)=Cu(t)\frac{\mathrm{d}u(t)}{\mathrm{d}t}\tag{4-5}$$

从 $t=-\infty$ 到 t 时刻，电容吸收的能量为

$$W_{C}(t)=\int_{-\infty}^{t}p(\xi)\mathrm{d}\xi=\int_{-\infty}^{t}Cu(\xi)\frac{\mathrm{d}u(\xi)}{\mathrm{d}\xi}\mathrm{d}\xi=\int_{u(-\infty)}^{u(t)}Cu(\xi)\mathrm{d}u(\xi)$$

$$=\frac{1}{2}Cu^{2}(t)-\frac{1}{2}Cu^{2}(-\infty)$$

假设电容吸收的能量全部以电场能量的形式存储在元件的电场中，可以认为在 $t=-\infty$ 时，$u(-\infty)=0$。这样，电容在任一时刻 t 储存的电场能量 $W_C(t)$ 就等于它吸收的能量，即

$$W_{C}(t)=\frac{1}{2}Cu^{2}(t)\tag{4-6}$$

时间 $t_1 \sim t_2$，电容吸收的能量为

$$W_C(t) = C\int_{u(t_1)}^{u(t_2)} u\,\mathrm{d}u = \frac{1}{2}Cu^2(t_2) - \frac{1}{2}Cu^2(t_1) = W_C(t_2) - W_C(t_1)$$

当电容充电时，$|u(t_2)| > |u(t_1)|$，$W_C(t_2) > W_C(t_1)$，$W_C(t) > 0$，元件吸收能量，并全部转化为电场能；当电容放电时，$|u(t_2)| < |u(t_1)|$，$W_C(t_2) < W_C(t_1)$，$W_C(t) < 0$，元件将电场能量释放出来并转变成电能。

例 4-3　继续求解例 4-1 所示电路中电容的吸收功率 $p(t)$ 及储能 $w_C(t)$，并绘出波形。

解　电容元件电流、电压参考方向关联。例 4-1 中已求出

$$u(t) = \begin{cases} 4t\,\mathrm{V} & 0 \leqslant t \leqslant 1\mathrm{s} \\ 8 - 4t\,\mathrm{V} & 1\mathrm{s} < t \leqslant 2\mathrm{s}, \\ 0 & \text{其他} \end{cases} \quad i(t) = \begin{cases} 8\mathrm{A} & 0 \leqslant t \leqslant 1\mathrm{s} \\ -8\mathrm{A} & 1\mathrm{s} < t \leqslant 2\mathrm{s} \\ 0 & \text{其他} \end{cases}$$

将 $u(t)$、$i(t)$ 的表达式代入式(4-5)，得

$$p(t) = u(t)i(t) = \begin{cases} 32t\,\mathrm{W} & 0 \leqslant t \leqslant 1\mathrm{s} \\ -64 + 32t\,\mathrm{W} & 1\mathrm{s} < t \leqslant 2\mathrm{s} \\ 0 & \text{其他} \end{cases}$$

将 $u(t)$ 的表达式代入式(4-6)，得

$$W_C(t) = \frac{1}{2}Cu^2(t) = \begin{cases} 16t^2\,\mathrm{J} & 0 \leqslant t \leqslant 1\mathrm{s} \\ (8 - 4t)^2\,\mathrm{J} & 1\mathrm{s} < t \leqslant 2\mathrm{s} \\ 0 & \text{其他} \end{cases}$$

$p(t)$、$W_C(t)$ 的波形如图 4-6 所示。从以上 3 例可以发现，电容电压 $u(t)$ 和储能 $W_C(t)$ 都是 t 的连续函数，不会跃变，而电容电流 $i(t)$ 和功率 $p(t)$ 则是可以跳变的。在 $p(t) > 0$ 期间，电容吸收功率，储存能量；在 $p(t) < 0$ 期间，电容提供功率，消耗能量；两部分面积相等，表明电容并不把吸收的能量消耗掉，而是以电场能量的形式储存起来，所以电容是一种储能元件。同时，电容的储能 $W_C(t)$ 总为一个大于等于零的数，即电容不会释放出多于它吸收或储存的能量，所以它又是一种无源元件。

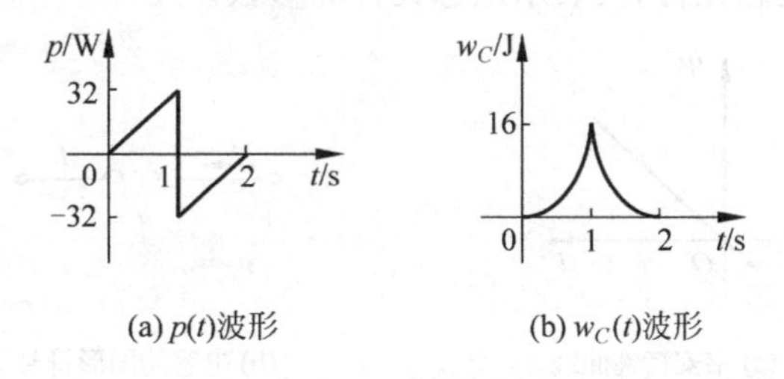

(a) $p(t)$波形　　(b) $w_C(t)$波形

图 4-6　例 4-3 用图

实际的电容器除了有储能作用外，也会消耗一部分电能，这是因为极板间介质不是理想的，会有一些漏电流存在。由于电容器消耗的功率与所加电压直接相关，此时电容模型就应采用电容与电阻并联的形式。此外，电容效应在很多场合下是客观存在的，如一对架空输电线之间，每一根输电线与地线之间都有分布电容。在晶体二极管或三极管的电极之间，甚至在一个线圈的线匝之间也存在着寄生电容。只是由于此电容很小，在电流和电压随时间变化速度较低(即频率较低)时，其电容效应可忽略不计。

4.1.2 电感元件

电感元件是实际电感器的理想化模型，是一种储存磁能的元件。

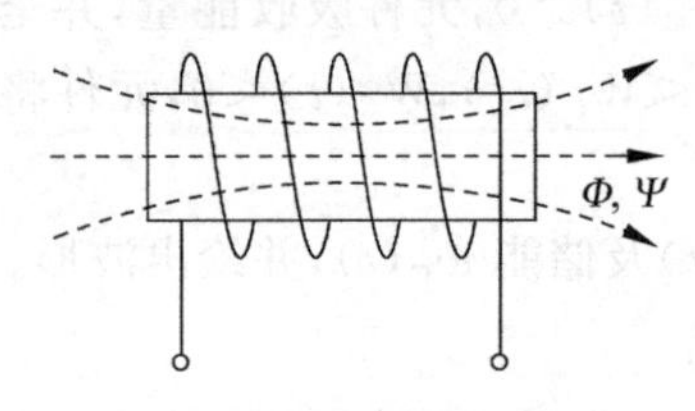

图 4-7 电感线圈及其磁通线

实际电感器通常是由良金属导线绕制的线圈构成的，如图 4-7 所示。当一个线圈中流过变化的电流 $i(t)$时，线圈内部及其周围便建立起磁场，形成磁通 $\Phi(t)$，其中储存有磁场能量。与线圈交链的总磁通称为磁链，记作 $\Psi(t)$。若线圈密绕，且有 N 匝，则磁链 $\Psi(t)=N\Phi(t)$。理想电感器只具有磁通的作用而无其他任何作用，可应用磁链与电流关系(韦安关系)定义电感元件。

1. 电感元件的定义

一个二端元件，如果在任一时刻 t，其磁链 $\Psi(t)$与电流 $i(t)$之间的关系能用 Ψ-i 平面上的韦安关系曲线描述，则称此二端元件为电感元件，简称电感(inductor)，用 L 表示。如果该曲线是一条图 4-8(a)所示的通过原点的直线，则称该电感为线性电感，其图形符号如图 4-8(b)所示。当电感元件的磁链 $\Psi(t)$与电流 $i(t)$的参考方向符合右手螺旋定则时，磁链与流过电感元件的电流之间满足

$$\Psi(t)=Li(t) \tag{4-7}$$

式中，L 为电感元件的电感量，是一个正实常数，它取决于电感器中线圈的匝数、尺寸、形状和线圈周围磁介质的磁导率。在国际单位制中，磁通和磁通链的单位是 Wb(韦伯，简称韦)，电感量的单位是 H(亨利，简称亨)。电感量的常用单位还有毫亨(mH)和微亨(μH)，它们之间的换算关系为 $1\text{mH}=10^{-3}\text{H}$，$1\mu\text{H}=10^{-6}\text{H}$。式(4-7)也被称为电感元件的韦安关系式。

与电容类似，本书主要讨论线性时不变电感元件。为叙述方便，书中“电感”这个术语及相应的符号 L 既表示电感元件，又表示电感元件的参数。

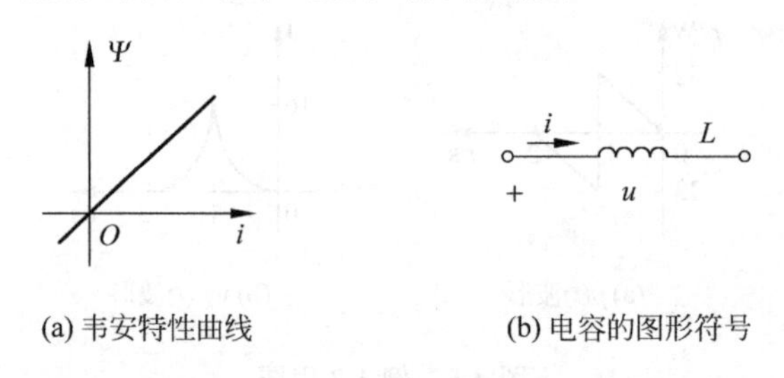

(a) 韦安特性曲线　　(b) 电容的图形符号

图 4-8 线性电容元件的韦安特性曲线及电路模型

2. 电感元件的电压电流关系

下面讨论电感元件的电压电流关系。如果电感的电压、电流取关联参考方向，则有

$$u(t)=\frac{\mathrm{d}\Psi(t)}{\mathrm{d}t}=L\frac{\mathrm{d}i(t)}{\mathrm{d}t} \tag{4-8}$$

由式(4-8)可以看出，电感元件具有以下特点。

(1) 电感和电容一样,也是一种动态元件。任一时刻,电感电压取决于电容两端电压变化率,而与该时刻电容两端电压的数值无关。

(2) 只有流过电感的电流发生变化时,才会有电感电压产生,且电流变化越快,电感电压就越大。即使某时刻流过电感的电流为0,也可能有电压存在。

(3) 若电感电流为不随时间变化的直流电压,即电流的变化率为0,则电感电压为0,电感元件等效为短路。

(4) 当电感电压为有限值时,$\mathrm{d}i/\mathrm{d}t$ 也为有限值,故电流一定是时间 t 的连续函数,即电感电流是处处连续的,不会发生跃变。

电感的电压 $u(t)$ 和电流 $i(t)$ 之间的关系也可用积分形式表示。当电压与电流取关联参考方向时,有

$$i(t)=\frac{1}{L}\int_{-\infty}^{t}u(\xi)\mathrm{d}\xi \tag{4-9}$$

记 $t=t_0$ 为初始观察时刻,式(4-9)可改写为

$$\begin{aligned}i(t)&=\frac{1}{L}\int_{-\infty}^{t}u(\xi)\mathrm{d}\xi\\&=\frac{1}{L}\int_{-\infty}^{t_0}u(\xi)\mathrm{d}\xi+\frac{1}{L}\int_{t_0}^{t}u(\xi)\mathrm{d}\xi\\&=i(t_0)+\frac{1}{L}\int_{t_0}^{t}u(\xi)\mathrm{d}\xi\end{aligned} \tag{4-10}$$

式(4-10)指出,在任何时刻 t_0,电感元件中的电流 $i(t)$ 与初始值 $i(t_0)$ 以及从 t_0 到 t 的所有电压值有关,所以电感也是一种记忆元件。

式(4-10)所示关系也可以用等效电路来表示。设电感的初始电流 $i(t_0)=I_0$,如图4-9(a)所示,则

$$i(t)=i(t_0)+\frac{1}{L}\int_{t_0}^{t}u(\xi)\mathrm{d}\xi=i(t_0)+i_1(t)=I_0+i_1(t)\quad t\geqslant t_0$$

由此可知,一个具有初始电流的电感,若已知 $i(t_0)=I_0$,则在 $t\geqslant t_0$ 时可等效为一个初始电流为零的电感与电流源并联的电路。其中,电流源的电流值即为 t_0 时刻电感的初始电流 I_0,如图4-9(b)所示。

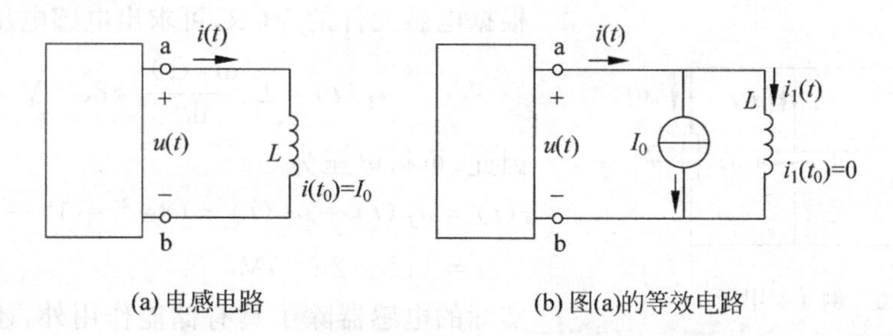

图4-9 具有初始电流 I_0 的电感及其等效电路

3. 电感元件的功率和储能

电压、电流取关联参考方向时,电感元件吸收的瞬时功率为

$$p(t)=u(t)i(t)=Li(t)\frac{\mathrm{d}i(t)}{\mathrm{d}t} \tag{4-11}$$

约定 $i(-\infty)=0$，电感元件无磁场能量。因此，$t=-\infty\sim t$ 时刻的时间段内电感吸收的磁场能量为

$$W_L(t)=\int_{-\infty}^{t}p(\xi)\mathrm{d}\xi=\int_{-\infty}^{t}Li(\xi)\frac{\mathrm{d}i(\xi)}{\mathrm{d}\xi}\mathrm{d}\xi=\int_{i(-\infty)}^{i(t)}Li(\xi)\mathrm{d}i(\xi)=\frac{1}{2}Li^2(t) \tag{4-12}$$

在时间 $t_1\sim t_2$ 内，电感吸收的磁场能量为

$$W_L(t)=L\int_{i(t_1)}^{i(t_2)}i\,\mathrm{d}i=\frac{1}{2}Li^2(t_2)-\frac{1}{2}Li^2(t_1)=W_L(t_2)-W_L(t_1)$$

当电流 $|i(t)|$ 增加时，$|i(t_2)|>|i(t_1)|$，$W_L(t_2)>W_L(t_1)$，$W_L(t)>0$，元件吸收能量；当电流 $|i(t)|$ 减小时，$|i(t_2)|<|i(t_1)|$，$W_L(t_2)<W_L(t_1)$，$W_L(t)<0$，元件释放能量。与电容类似，电感并不把吸收的能量消耗掉，而是以磁场能量的形式储存起来，所以电感是一种储能元件。同时，它也不会释放出多于它吸收或储存的能量，所以它又是一种无源元件。

例 4-4 如图 4-10 所示，已知 $i_C(t)=\mathrm{e}^{-2t}\mathrm{A}(t\geqslant 0)$，$t=0$ 时刻电容储能为 2V，求 $t\geqslant 0$ 时的电压 $u(t)$。

解 已知 $t=0$ 时刻电容储能为 2V，即 $u_C(0)=2\mathrm{V}$。

根据电容元件的 VCR，可求得电容电压为

$$\begin{aligned}u_C(t)&=u_C(0)+\frac{1}{C}\int_0^t i_C(\xi)\mathrm{d}\xi=2+\frac{1}{0.05}\int_0^t \mathrm{e}^{-2\xi}\mathrm{d}\xi\\&=2+20\times\left(-\frac{1}{2}\right)\mathrm{e}^{-2\xi}\Big|_0^t=[2-10(\mathrm{e}^{-2t}-1)]\mathrm{V}\\&=(12-10\mathrm{e}^{-2t})\mathrm{V}\end{aligned}$$

由欧姆定律，电阻电流为

$$i_R(t)=\frac{u_C(t)}{R}=\frac{12-10\mathrm{e}^{-2t}}{2}\mathrm{A}=(6-5\mathrm{e}^{-2t})\mathrm{A}$$

根据 KCL，可求得电感电流为

$$i_L(t)=i_C(t)+i_R(t)=(\mathrm{e}^{-2t}+6-5\mathrm{e}^{-2t})\mathrm{A}=(6-4\mathrm{e}^{-2t})\mathrm{A}$$

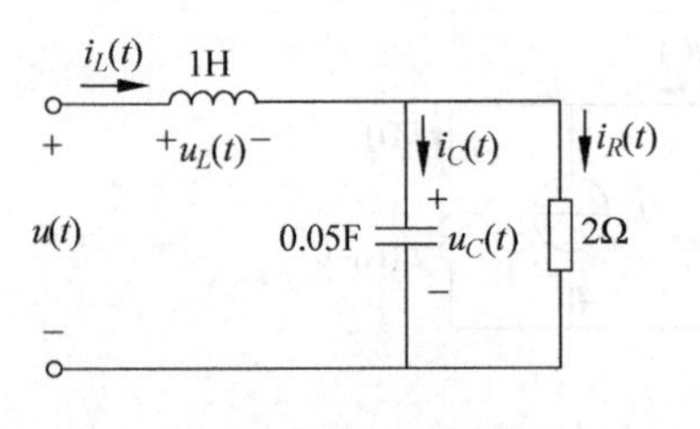

图 4-10 例 4-4 用图

根据电感元件的 VCR，可求出电感电压为

$$u_L(t)=L\frac{\mathrm{d}i_L(t)}{\mathrm{d}t}=8\mathrm{e}^{-2t}\mathrm{V}$$

因此，可得电压为

$$\begin{aligned}u(t)&=u_L(t)+u_C(t)=(8\mathrm{e}^{-2t}+12-10\mathrm{e}^{-2t})\mathrm{V}\\&=(12-2\mathrm{e}^{-2t})\mathrm{V}\end{aligned}$$

实际的电感器除了具有储能作用外，还会消耗一部分电能，这主要是由于构成电感的线圈导线多少存在一些电阻。由于电感器消耗的功率与流过电感器的电流直接相关，因此低频时可用电感与电阻串联的电路模型来表示实际电感器。

4.1.3 电容、电感元件的串联与并联

1. 电容的串联与并联

n 个电容串联，如图 4-11(a)所示，则对于每一个电容，具有相同的电流 i。设各电容的电压分别为 $u_1, u_2, \cdots, u_n$，它们的初始电压分别为 $u_1(0), u_2(0), \cdots, u_n(0)$，电压与电流取关联参考方向。电容的 VCR

$$u_k = u_k(0) + \frac{1}{C_k}\int_0^t i(\xi)\mathrm{d}\xi \quad k = 1, 2, \cdots, n \tag{4-13}$$

对串联电容电路应用 KVL，则

$$u = u_1 + u_2 + \cdots + u_n$$

将式(4-13)代入，有

$$\begin{aligned} u &= u_1(0) + u_2(0) + \cdots + u_n(0) + \left(\frac{1}{C_1} + \frac{1}{C_2} + \cdots + \frac{1}{C_n}\right)\int_0^t i(\xi)\mathrm{d}\xi \\ &= u(0) + \frac{1}{C_{\mathrm{eq}}}\int_0^t i(\xi)\mathrm{d}\xi \end{aligned} \tag{4-14}$$

其中，$u(0)$为 n 个串联电容的等效初始条件，C_{eq} 为等效电容，其值为

$$\begin{cases} u(0) = u_1(0) + u_2(0) + \cdots + u_n(0) \\ \dfrac{1}{C_{\mathrm{eq}}} = \dfrac{1}{C_1} + \dfrac{1}{C_2} + \cdots + \dfrac{1}{C_n} \end{cases} \tag{4-15}$$

即，电容串联时，等效电容的倒数等于所有串联电容的倒数之和，等效电容的等效初始电压等于所有串联电容初始电压的代数和。相应等效电路如图 4-11(b)所示。

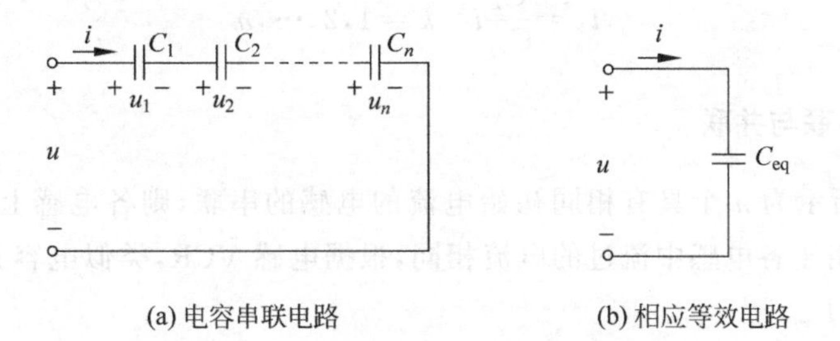

(a) 电容串联电路　　(b) 相应等效电路

图 4-11　电容串联电路及等效电路

下面分析串联时各电容电压与端口电压之间的关系。由式(4-14)可将端口电压写为

$$u = \frac{1}{C_{\mathrm{eq}}}\int_{-\infty}^t i(\xi)\mathrm{d}\xi \tag{4-16}$$

又由

$$u_k = \frac{1}{C_k}\int_{-\infty}^t i(\xi)\mathrm{d}\xi \quad k = 1, 2, \cdots, n \tag{4-17}$$

与式(4-16)做除法，可得各电容电压与端口电压的关系为

$$u_k = \frac{C_{\mathrm{eq}}}{C_k}u \quad k = 1, 2, \cdots, n \tag{4-18}$$

图 4-12(a)所示为 n 个电容并联，则各电容端电压相同，且各电容的初始电压均相等，

设为 $u(0)$。将电容 VCR 写成微分形式，有

$$i_k = C_k \frac{\mathrm{d}u}{\mathrm{d}t} \quad k=1,2,\cdots,n \tag{4-19}$$

则根据 KCL，有

$$i = i_1 + i_2 + \cdots + i_n = C_1 \frac{\mathrm{d}u}{\mathrm{d}t} + C_2 \frac{\mathrm{d}u}{\mathrm{d}t} + \cdots + C_n \frac{\mathrm{d}u}{\mathrm{d}t} = C_{\mathrm{eq}} \frac{\mathrm{d}u}{\mathrm{d}t} \tag{4-20}$$

其中，C_{eq} 为等效电容，其值为

$$C_{\mathrm{eq}} = C_1 + C_2 + \cdots + C_n \tag{4-21}$$

即，电容并联时，等效电容等于 n 个并联电容的总和，且具有初始电压 $u(0)$。其相应的等效电路如图 4-12(b)所示。需要说明的是，如果各个并联电容的初始电压不等，则并联的瞬间电荷将重新分配，达到一致的初始电压值。下面的电感串联也有类似的情况。

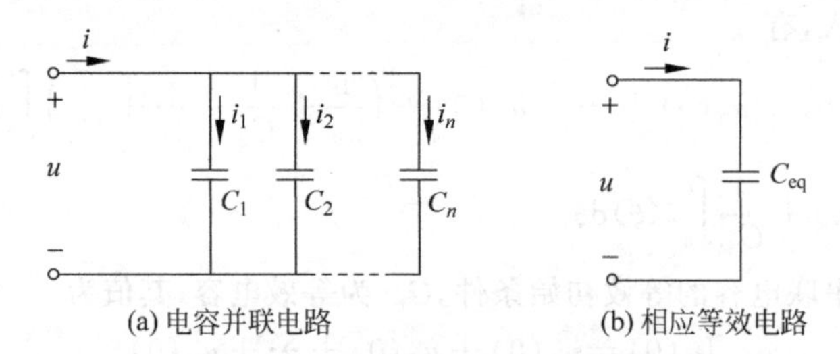

图 4-12 电容并联电路及等效电路

类似地，分析并联时各电容电流与端口电流之间的关系。由式(4-19)和式(4-20)可求得各电容电流与端口电流的关系为

$$i_k = \frac{C_k}{C_{\mathrm{eq}}} i \quad k=1,2,\cdots,n \tag{4-22}$$

2. 电感的串联与并联

图 4-13(a)所示为 n 个具有相同初始电流的电感的串联，则各电感上的初始电流均相同，设为 $i(0)$。由于各电感中流过的电流相同，根据电感 VCR，类似电容并联推导过程，不难得到等效电感 L_{eq} 为

$$L_{\mathrm{eq}} = L_1 + L_2 + \cdots + L_n \tag{4-23}$$

即，电感串联时，等效电感等于所有串联电感的总和，且具有初始电流 $i(0)$。其相应的等效电路如图 4-13(b)所示。如果串联电感的初始电流不等，则在串联的瞬间磁通将重新分配，达到一致的初始电流。

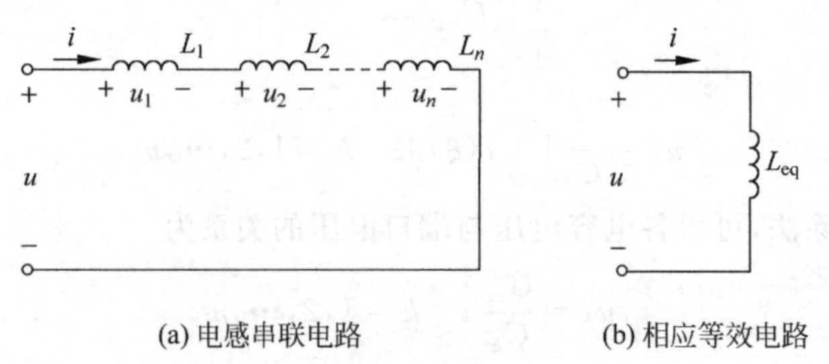

图 4-13 电感串联电路及等效电路

各电感上电压与端口电压的关系为

$$u_k=\frac{L_k}{L_{\mathrm{eq}}}u \quad k=1,2,\cdots,n \tag{4-24}$$

图 4-14(a)所示为 n 个电感并联的电路，各电感的端电压为同一电压 u，初始电流分别为 $i_1(0),i_2(0),\cdots,i_n(0)$。根据电感 VCR，类似电容串联推导过程，不难得到初始电流和等效电感分别为

$$\begin{cases}i(0)=i_1(0)+i_2(0)+\cdots+i_n(0)\\ \dfrac{1}{L_{\mathrm{eq}}}=\dfrac{1}{L_1}+\dfrac{1}{L_2}+\cdots+\dfrac{1}{L_n}\end{cases} \tag{4-25}$$

即，电感并联时，等效电感的倒数等于所有并联电感的倒数之和，且等效电感电流初始值等于所有并联电感初始值的代数和。

各电感电流与端口电流的关系为

$$i_k=\frac{L_{\mathrm{eq}}}{L_k}i \quad k=1,2,\cdots,n \tag{4-26}$$

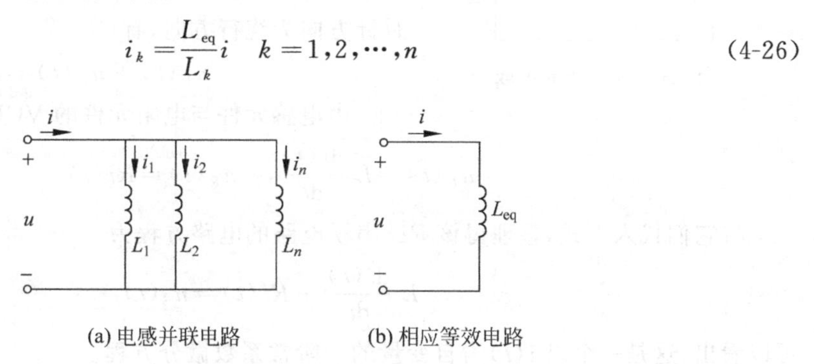

图 4-14 电感并联电路及等效电路

4.2 动态方程的列写

4.2.1 动态电路方程

无论是电阻电路还是动态电路，电路中各支路的电压、电流都要满足基尔霍夫定律与元件约束。从前 3 章的学习可以得知，电阻电路中所有元件的约束都是代数关系，因此可用一个或一组代数方程描述。而动态电路中，由于存在储能元件——电容、电感，其元件约束是微积分形式，因此，要对动态电路进行描述，就必须使用一个或一组微分方程。如果电路中的电容、电感元件是线性时不变的，那么描述此电路的方程就是一个或一组常系数微分方程。用方程法对动态电路进行分析时，第一步就是列写出该电路的微分方程(组)。

例 4-5 以 $u_S(t)$为激励、$u_C(t)$为响应，写出图 4-15 所示 RC 串联电路的电路方程。

解 图 4-15 中为包含一个动态元件的串联电路。根据串联电路的特性可知，电路中处处电流相等，均为 $i(t)$。对整个回路应用 KVL，取顺时针方向为绕行方向，有

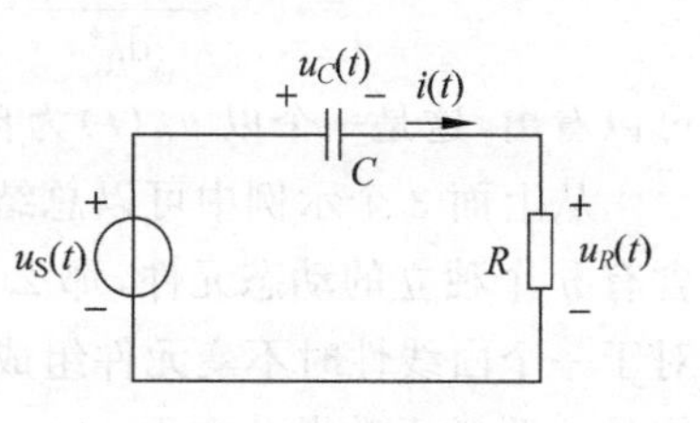

图 4-15 RC 串联电路

$$u_C(t)+u_R(t)=u_S(t)$$

由电容元件和电阻元件的 VCR，有

$$i(t)=C\frac{\mathrm{d}u_C(t)}{\mathrm{d}t},\quad u_R(t)=Ri(t)=RC\frac{\mathrm{d}u_C(t)}{\mathrm{d}t}$$

将它们代入上式，整理得该 RC 串联电路的方程为

$$RC\frac{\mathrm{d}u_C(t)}{\mathrm{d}t}+u_C(t)=u_S(t) \tag{4-27}$$

可以看出，这是一个以 $u_C(t)$ 为自变量的一阶常系数微分方程。

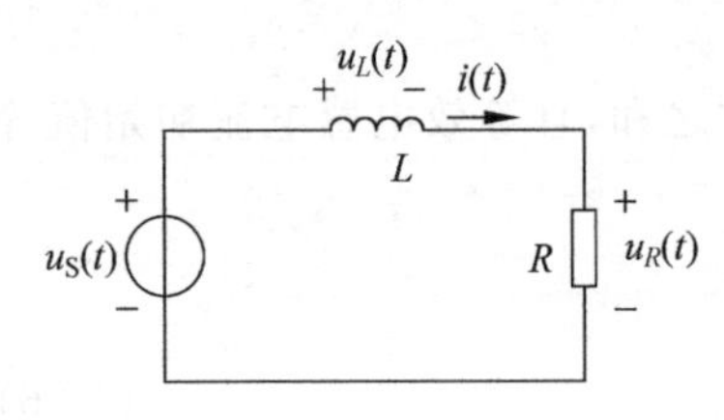

图 4-16　RL 串联电路

例 4-6　以 $u_S(t)$ 为激励、$u_C(t)$ 为响应，写出图 4-16 所示 RL 串联电路的方程。

解　这是一个 RL 串联电路，包含一个动态元件 L。流过 R、L 的电流均为 $i(t)$，对整个回路应用 KVL，取顺时针方向为绕行方向，有

$$u_L(t)+u_R(t)=u_S(t)$$

由电感元件与电阻元件的 VCR，有

$$u_L(t)=L\frac{\mathrm{d}i(t)}{\mathrm{d}t},\quad u_R(t)=Ri(t)$$

将它们代入上式，整理得该 RL 串联电路的电路方程为

$$L\frac{\mathrm{d}i(t)}{\mathrm{d}t}+Ri(t)=u_S(t) \tag{4-28}$$

可以看出，这是一个以 $i(t)$ 为自变量的一阶常系数微分方程。

例 4-7　以 $u_S(t)$ 为激励、$u_C(t)$ 为响应，写出图 4-17 所示 RLC 串联电路的电路方程。

解　本例中电路含有两个动态元件。根据 KVL 列写回路方程，绕行方向为顺时针，有

$$u_L(t)+u_R(t)+u_C(t)=u_S(t)$$

根据元件的 VCR，有

$$i(t)=C\frac{\mathrm{d}u_C(t)}{\mathrm{d}t}$$

$$u_R(t)=Ri(t)=RC\frac{\mathrm{d}u_C(t)}{\mathrm{d}t}$$

$$u_L(t)=L\frac{\mathrm{d}i(t)}{\mathrm{d}t}=LC\frac{\mathrm{d}^2u_C(t)}{\mathrm{d}t^2}$$

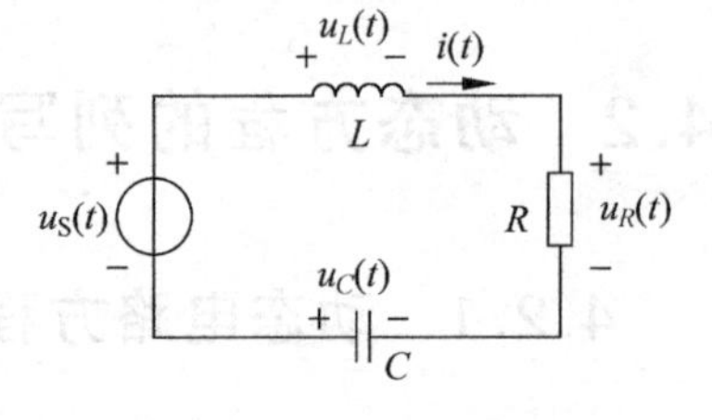

图 4-17　RLC 串联电路

将它们代入到 KVL 方程，该 RLC 串联电路的方程为

$$\frac{\mathrm{d}^2u_C(t)}{\mathrm{d}t^2}+\frac{R}{L}\frac{\mathrm{d}u_C(t)}{\mathrm{d}t}+\frac{1}{LC}u_C(t)=\frac{1}{LC}u_S(t) \tag{4-29}$$

可以看出，这是一个以 $u_C(t)$ 为自变量的二阶线性常系数微分方程。

从上面 3 个示例中可以总结出一些动态电路方程的一般规律。一般来说，如果电路中含有 n 个独立的动态元件，那么该电路就被称为 n 阶电路，可用一个 n 阶微分方程描述。对于一个由线性时不变元件组成的 n 阶动态电路，其在任何处的响应与激励间的电路方程均是 n 阶常系数微分方程。

4.2.2 动态电路的初始条件

4.2.1节讨论了动态电路微分方程的列写。为了分析动态电路,还要对微分方程进行求解。在用数学方法直接求解常系数微分方程时,必须根据电路中的初始条件来确定其通解中的待定系数。在许多问题中初始条件并不已知,需要根据电路的基本概念求得。

电路并不总是稳定的,有时会遇到如电路中某条支路的突然断开或接入、信号的突然注入等电路结构或元件参数发生变化的情况,此时电路的工作状态就可能发生改变。电阻电路的工作状态改变是在瞬间完成的,不会经过过渡过程。动态电路因为具有"储能"的特点,工作状态的改变则会持续一段时间。

动态电路中电路结构或参数变化引起的电路变化称为换路。假设动态电路在 $t=0$ 时刻发生换路。为方便分析,把换路的前一瞬间记为 0_-,换路的后一瞬间记为 0_+。对于一个 n 阶动态电路,其初始条件即是动态电路在发生换路后瞬间(即 0_+ 时刻)响应的各阶导数值。设所求响应为 $y(t)$,它可以是电压响应或是电流响应,则电路的初始条件即指 $y(0_+)$,$y'(0_+)$,…,$y^{(n-1)}(0_+)$。

在任意时刻 t,电容电压与电感电流分别为

$$\begin{cases} u_C(t)=u_C(t_0)+\dfrac{1}{C}\displaystyle\int_{t_0}^{t} i_C(\xi)\mathrm{d}\xi \\ i_L(t)=i_L(t_0)+\dfrac{1}{L}\displaystyle\int_{t_0}^{t} u_L(\xi)\mathrm{d}\xi \end{cases} \tag{4-30}$$

令 $t_0=0_-$、$t=0_+$,则在 0_+ 时刻,有

$$\begin{cases} u_C(0_+)=u_C(0_-)+\dfrac{1}{C}\displaystyle\int_{0_-}^{0_+} i_C(\xi)\mathrm{d}\xi \\ i_L(0_+)=i_L(0_-)+\dfrac{1}{L}\displaystyle\int_{0_-}^{0_+} u_L(\xi)\mathrm{d}\xi \end{cases} \tag{4-31}$$

如果电容电压 u_C 和电感电流 i_L 在无穷小区间 $[0_-,0_+]$ 内为有限值,则式(4-31)右端积分项的值为零,从而有

$$\begin{cases} u_C(0_+)=u_C(0_-) \\ i_L(0_+)=i_L(0_-) \end{cases} \tag{4-32}$$

式(4-32)说明,若在换路瞬间电容电压 u_C 和电感电流 i_L 为有限值,那么电容电压和电感电流在换路前后保持不变,这一特性常被称为换路定律(law of switching)。需要说明的是,除电容电压和电感电流外,电路中其余各处的电压、电流值在换路前后是可以发生跃变的。

可见,电路中电压和电流的初始条件可分为两类,即电容电压 $u_C(0_+)$ 和电感电流 $i_L(0_+)$,它们的值取决于换路之前($t\leqslant 0_-$)电路中的原有储能(即 $u_C(0_-)$ 和 $i_L(0_-)$),与换路之后($t\geqslant 0_+$)所加的激励无关,换言之,$u_C(0_+)$ 与 $i_L(0_+)$ 相对 $t\geqslant 0_+$ 所加激励源是独立的,故称为独立的初始条件。根据理想独立源的特点,电压源的 $u_S(0_+)$、电流源的 $i_S(0_+)$ 也是独立的初始条件。其余变量的初始条件可以跃变,称为非独立初始条件,它们是由 $t=0_+$ 时所加激励及 $u_C(0_+)$、$i_L(0_+)$ 共同决定的。

例 4-8 图 4-18 所示电路已处于稳态。已知 $U_S=30V, R_1=10\Omega, R_2=20\Omega, L=0.1H$, $C=20\mu F$。设 $t=0$ 时刻开关打开，试求 $u_C(0_+)$、$i_C(0_+)$、$u_L(0_+)$、$i_L(0_+)$、$u_2(0_+)$。

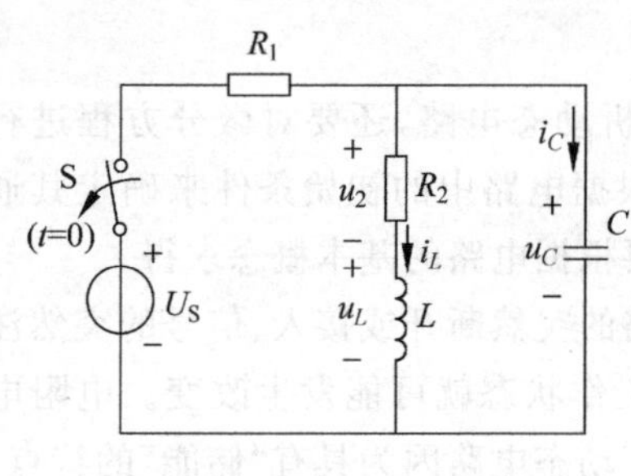

图 4-18 例 4-8 用图

解 对于电路初始条件的求解，首先需要从独立初始条件入手。由换路定律可知，如果已知电容电压 $u_C(0_-)$、电感电流 $i_L(0_-)$ 的值，则很容易得到 $u_C(0_+)$、$i_L(0_+)$。因此，问题的关键转化为求解 $u_C(0_-)$、$i_L(0_-)$。

分析开关 S 动作前的电路。根据题意，在 $t=0_-$ 时，开关闭合，且电路处于稳定状态。对于激励为直流源的电路来说，稳态时电路中的电压和电流均保持不变，即有

$$\left.\frac{du_C(t)}{dt}\right|_{0_-}=0,\quad \left.\frac{di_L(t)}{dt}\right|_{0_-}=0$$

又根据 VCR，电容电流 $i_C(t)=C\dfrac{du_C(t)}{dt}$，电感电压 $u_L(t)=L\dfrac{di_L(t)}{dt}$。因此，$i_C(0_-)=0$，$u_L(0_-)=0$，亦即在直流稳态电路中，电容相当于开路，电感相当于短路，$t=0_-$ 时刻等效电路如图 4-19(a)所示，于是有

$$i_L(0_-)=\frac{U_S}{R_1+R_2}=\frac{30}{10+20}A=1A$$

$$u_C(0_-)=\frac{R_2}{R_1+R_2}U_S=\frac{20}{10+20}\times 30V=20V$$

根据换路定律，得

$$i_L(0_+)=i_L(0_-)=1A$$
$$u_C(0_+)=u_C(0_-)=20V$$

接下来开始求解其余非独立初始条件。由于它们是由 $t=0_+$ 时刻所加激励及 $u_C(0_+)$、$i_L(0_+)$ 共同决定，因此，在 $t=0_+$ 时刻，可用 $u_C(0_+)$ 的电压源代替电容，$i_L(0_+)$ 的电流源代替电感，得到 0_+ 时刻等效电路，如图 4-19(b)所示。显然，等效后的电路是一个纯电阻电路，有

$$i_C(0_+)=-i_L(0_+)=-1A$$
$$u_2=R_2 i_L(0_+)=20\times 1V=20V$$
$$u_L(0_+)=u_C(0_+)-u_2(0_+)=(20-20)V=0V$$

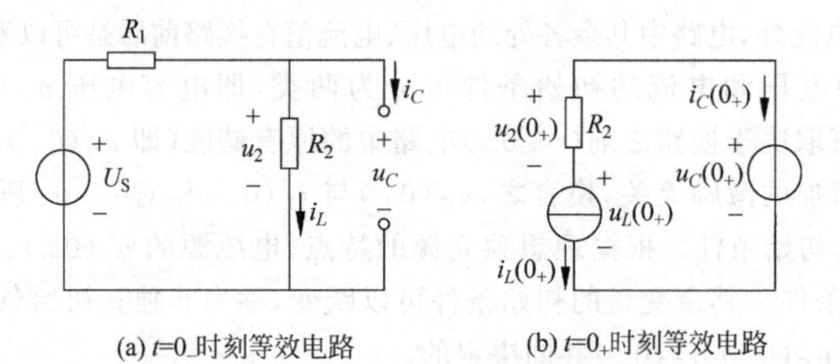

(a) $t=0_-$ 时刻等效电路　(b) $t=0_+$ 时刻等效电路

图 4-19 例 4-8 开关闭合前后等效电路

例 4-9 图 4-20 所示电路已处于稳态，$t=0$ 时开关 S 闭合，试求 $i(0_+)$。

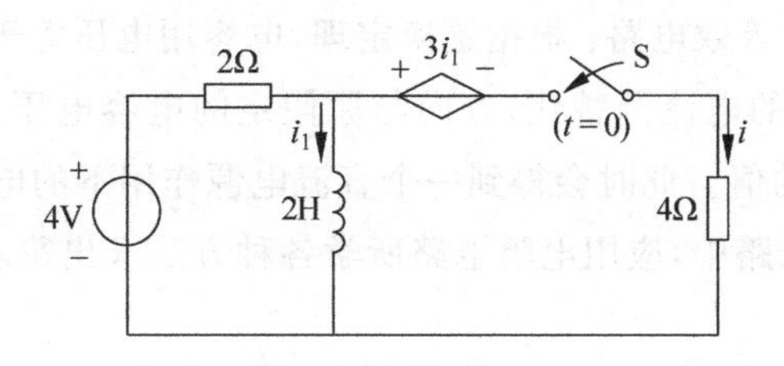

图 4-20 例 4-9 用图

解 本题中要求 $i(0_+)$ 为非独立初始条件，但也必须由独立初始条件求出。由于 $t<0$ 时开关 S 断开，电路已达稳态，所以 $t=0_-$ 时刻电感可视为短路，等效电路如图 4-21(a)所示。有

$$i_1(0_-)=\frac{4}{2}=2\text{A}$$

注意 i_1 是电感上电流，故根据换路定律，$i_1(0_+)=i_1(0_-)=2\text{A}$。则换路后受控电压源的电压为 $3i_1(0_+)=6\text{V}$。

画出 $t=0_+$ 时刻的等效电路，注意电感用 2A 电流源代替，受控电压源用 6V 电压源代替，如图 4-21(b)所示。让电流源和电压源分别作用，电路如图 4-21(c)和图 4-21(d)所示，根据叠加定理，可得

$$i(0_+)=i'(0_+)+i''(0_+)=\left(-\frac{2}{2+4}\times 2+\frac{4-6}{2+4}\right)\text{A}=-1\text{A}$$

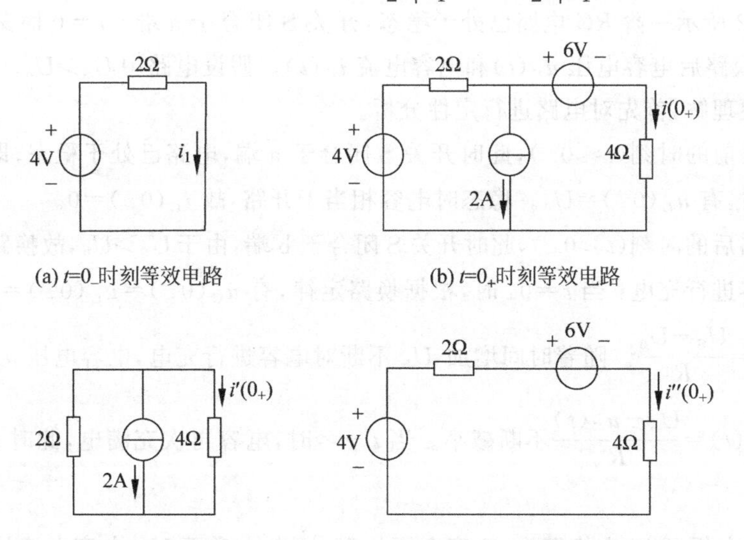

图 4-21 例 4-9 开关闭合前后等效电路

通过以上例题，可归纳出求解动态电路初始条件的步骤如下。

(1) 在 $t=0_-$ 时刻，若激励为直流源，并且电路已处于稳态，则将电容视为开路，电感视为短路，按电阻电路所学方法，求得 $u_C(0_-)$ 和 $i_L(0_-)$。

(2) 由换路定律求得 $u_C(0_+)$和 $i_L(0_+)$。

(3) 画 $t=0_+$ 时刻的等效电路：根据置换定理，电容用电压等于 $u_C(0_+)$的电压源替代，电感用电流等于 $i_L(0_+)$的电流源替代，方向与原假定的电容电压、电感电流方向相同；独立电源均取 $t=0_+$ 时刻的值。此时会得到一个直流电源作用下的电阻电路。

(4) 在 $t=0_+$ 等效电路中，应用电阻电路所学各种方法求出待求的非独立初始值。

4.3 一阶电路分析

用一阶常微分方程描述的电路称为一阶动态电路，简称一阶电路(first order circuit)。本书只针对线性时不变动态电路进行讨论，故本书中提到的一阶常微分方程均指一阶常系数微分方程。

一阶电路中通常只含有一个动态元件，故可以把动态元件以外的电阻电路利用戴维南定理等效成电压源与电阻串联形式，或利用诺顿定理等效成电流源与电阻并联形式，即可把原电路变换为简单的 *RC* 电路或 *RL* 电路。

4.3.1 一阶电路的经典解法

利用经典法求解一阶电路，首先要根据 KCL、KVL 及元件 VCR 建立描述电路的微分方程，然后对方程进行求解，得到所求的电路响应。

设图 4-22 所示一阶 *RC* 电路已处于稳态，开关 S 闭合于 a 端。$t=0$ 时刻，开关 S 由 a 切换至 b，求换路后电容电压 $u_C(t)$和电容电流 $i_C(t)$。假设电路中 $U_S>U_0$。

为了方便理解，首先对电路进行定性分析。

考虑换路前的时刻($t\leqslant 0_-$)，此时开关 S 闭合于 a 端，电路已处于稳态，即电容 C 已经充满电。此时，有 $u_C(0_-)=U_0$。稳态时电容相当于开路，故 $i_C(0_-)=0$。

考虑换路后的时刻($t\geqslant 0_+$)，此时开关 S 闭合于 b 端，由于 $U_S>U_0$，故换路后电压源 U_S 将继续对电容进行充电：当 $t=0_+$ 时，根据换路定律，有 $u_C(0_+)=u_C(0_-)=U_0$，因此可得电流 $i_C(0_+)=\dfrac{U_S-U_0}{R}$。随着时间增加，$U_S$ 不断对电容进行充电，电容电压 $u_C(t)$也不断升高，故电流 $i_C(t)=\dfrac{U_S-u_C(t)}{R}$不断减小。当 $t\to\infty$时，电容再次充满电，此时 $u_C(\infty)=U_S$，$i_C(\infty)=0$。

根据定性分析可知，在换路后，电容电压从 U_0 不断上升至 U_S，电容电流从$(U_S-U_0)/R$ 不断减小至零。那么如何求得电压上升和电流下降的具体规律呢？显然，这就要利用定量方法进行分析。

换路后电路如图 4-23 所示，其中根据定量分析已知初始条件 $u_C(0_+)=U_0$。首先，建立描述电路的一阶微分方程，即

$$\frac{\mathrm{d}u_C(t)}{\mathrm{d}t}+\frac{1}{RC}u_C(t)=\frac{1}{RC}U_S \tag{4-33}$$

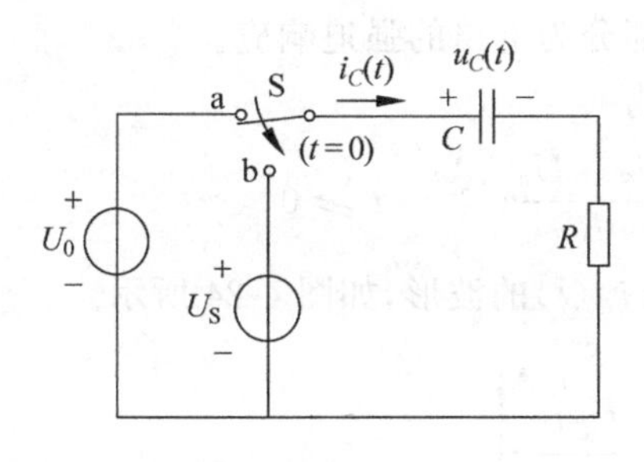

图 4-22　一阶 RC 电路

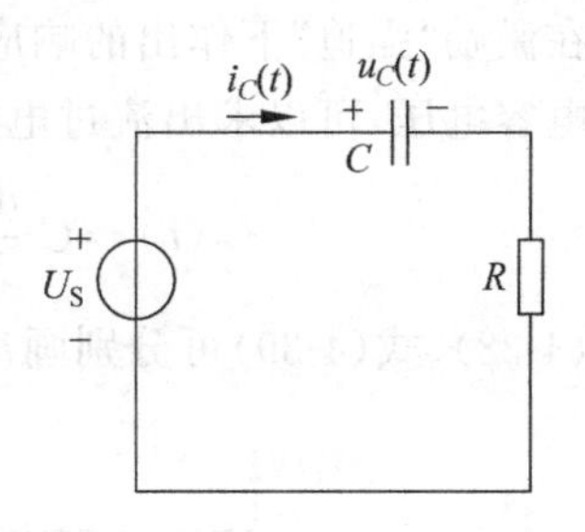

图 4-23　$t\geqslant 0_+$ 时刻的电路

这是一个一阶非齐次常系数微分方程，由数学知识可知，它的解由两部分构成，即

$$u_C(t)=u_{Ch}(t)+u_{Cp}(t) \tag{4-34}$$

式中，$u_{Ch}(t)$为式(4-33)的齐次解；$u_{Cp}(t)$为式(4-33)的特解①。

先求解齐次解 $u_{Ch}(t)$。写出对应式(4-33)的特征方程，即

$$\lambda+\frac{1}{RC}=0$$

解得特征根为

$$\lambda=-\frac{1}{RC}$$

因此，式(4-33)的齐次解为

$$u_{Ch}(t)=A\mathrm{e}^{\lambda t}=A\mathrm{e}^{-\frac{1}{RC}t}\quad t\geqslant 0 \tag{4-35}$$

由数学中可知，微分方程的特解与输入函数具有相同的形式。因激励源 U_S 为常数，所以设特解 $u_{Ch}(t)$为未知数 B。将 $u_{Ch}(t)=B$ 代入式(4-33)中，有

$$\frac{\mathrm{d}B}{\mathrm{d}t}+\frac{1}{RC}B=\frac{1}{RC}U_S$$

解得 $B=U_S$，即

$$u_{Cp}(t)=U_S \tag{4-36}$$

因此，式(4-33)的解为

$$u_C(t)=u_{Ch}(t)+u_{Cp}(t)=A\mathrm{e}^{-\frac{1}{RC}t}+U_S\quad t\geqslant 0 \tag{4-37}$$

将初始条件 $u_C(0_+)=U_0$ 代入式(4-37)，可确定式(4-37)中的待定系数 A，有

$$u_C(0_+)=A+U_S$$

$$A=u_C(0_+)-U_S$$

所以电容电压为

$$u_C(t)=\underbrace{(U_0-U_S)\mathrm{e}^{-\frac{1}{RC}t}}_{u_{Ch}(t)}+\underbrace{U_S}_{u_{Cp}(t)}\quad t\geqslant 0 \tag{4-38}$$

式(4-38)就是电容电压的全响应。其中，齐次解对应的函数形式取决于电路元件固有参数(R、C)的指数函数形式，故称这部分为电路的固有响应，又因为这部分响应不受激励约束，所以也称为自由响应；特解对应的函数形式受限于电路激励的函数形式，或者说这部

① 下标 h 是齐次解(homogeneous solution)的首字母，下标 p 是特解(particular solution)的首字母。

分响应是在激励“强迫”下作出的响应，故称这部分为电路的强迫响应。

根据电容电压，可以求出流过电容的电流为

$$i_C(t)=C\frac{\mathrm{d}u_C(t)}{\mathrm{d}t}=\frac{U_S-U_0}{R}\mathrm{e}^{-\frac{1}{RC}t}\quad t\geqslant 0 \tag{4-39}$$

由式(4-38)、式(4-39)可分别画出 $u_C(t)$ 和 $i_C(t)$ 的波形，如图 4-24 所示。

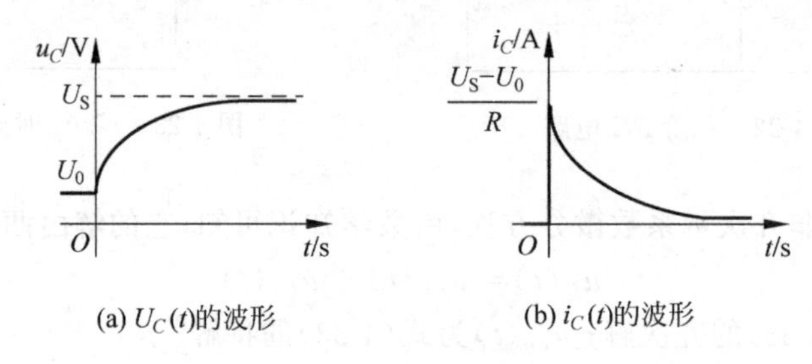

(a) $U_C(t)$的波形　(b) $i_C(t)$的波形

图 4-24　图 4-23 所示电路中电容电压和电流的波形

由式(4-38)、式(4-39)和图 4-24 可以看出，$u_C(t)$随时间按指数规律从初始值 U_0 上升至 U_S，$i_C(t)$随时间按指数规律从初始值$(U_S-U_0)/R$ 下降至零；二者的变化规律相同，均取决于指数中 RC 乘积的大小，而这个乘积仅取决于电路结构和电路中元件参数。当电阻单位取 Ω、电容单位取 F 时，有

$$1\Omega\times 1\mathrm{F}=\frac{1\mathrm{V}}{\mathrm{A}}\times\frac{1\mathrm{C}}{\mathrm{V}}=1\mathrm{s}$$

可见，RC 具有时间的量纲，因此称为 RC 电路的时间常数(time constant)，用 τ 表示，它是反映电路从一个稳态过渡到另一个稳态的速度快慢的物理量。

在电路的过渡过程中，响应波形随时间 t 而不断上升或衰减，故过渡过程习惯被称为暂态过程；当电路处于稳态时，响应波形 t 不再随时间变化，而是稳定在一定的数值上(对于直流电源作用的电路)，或是稳定为有界的时间函数(如以正弦函数为激励的电路)，则称这样的响应为稳态响应。理论上，$t\to\infty$时暂态过程才结束，但在实际工程中，当 $t\geqslant(3\sim5)\tau$ 时就近似地认为暂态过程结束，电路达到了一个新的稳定状态。

同理，可对一阶 RL 电路进行分析。设图 4-25(a)所示电路中电感电流初始值 $i_L(0_-)=I_0$，$t=0$ 时刻开关 S 由 a 切换至 b，求换路后电感电流 $i_L(t)$和电压 $u_L(t)$。

换路后，电路如图 4-25(b)所示。由换路定律可知初始条件 $i_L(0_+)=i_L(0_-)=I_0$。依旧先建立描述电路的一阶微分方程，有

$$\frac{\mathrm{d}i_L(t)}{\mathrm{d}t}+\frac{R}{L}i_L(t)=\frac{1}{L}U_S \tag{4-40}$$

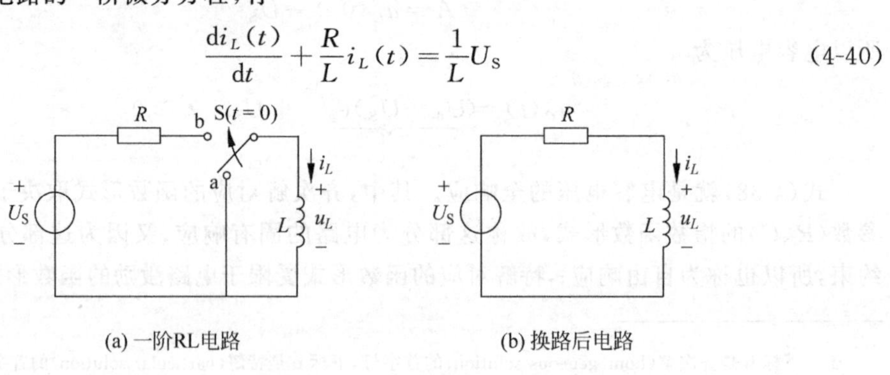

(a) 一阶RL电路　(b) 换路后电路

图 4-25　RL 电路

式(4-40)也是一个一阶非齐次常系数微分方程,可求出它的解为

$$i_L(t)=i_{Lh}(t)+i_{Lp}(t)=A\mathrm{e}^{-\frac{R}{L}t}+\frac{U_S}{R}\quad t\geqslant 0 \tag{4-41}$$

将初始条件 $i_L(0_+)=I_0$ 代入式(4-41),可求得待定系数 $A=I_0-\frac{U_S}{R}$。因此,电感电流为

$$i_L(t)=\frac{U_S}{R}+\left(I_0-\frac{U_S}{R}\right)\mathrm{e}^{-\frac{R}{L}t}\quad t\geqslant 0 \tag{4-42}$$

电感电压为

$$u_L(t)=L\frac{\mathrm{d}i_L(t)}{\mathrm{d}t}=(U_S-RI_0)\mathrm{e}^{-\frac{R}{L}t}\quad t\geqslant 0 \tag{4-43}$$

由式(4-42)、式(4-43)可分别画出 $i_L(t)$和 $u_L(t)$的波形,如图 4-26 所示。可以看出,电感电流和电感电压也是按照相同的指数规律变化,变化的快慢取决于指数中 L/R 的大小。当电阻单位取 Ω、电感单位取 H 时,有

$$\frac{1\mathrm{H}}{\Omega}=\frac{1\mathrm{Wb}}{\mathrm{A}}\times\frac{1\mathrm{A}}{\mathrm{V}}=1(\mathrm{s})$$

可见,L/R 也具有时间的量纲,因此称为 RL 电路的时间常数,也用 τ 表示。

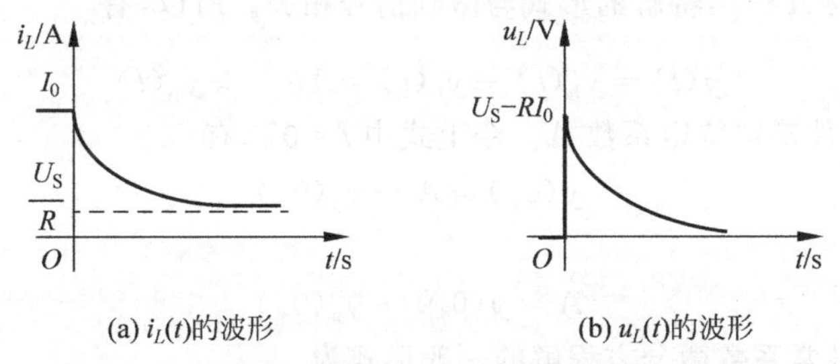

图 4-26　图 4-25 示电路中电感电流和电感电压的波形

总结上述求解过程,可得经典法求解电路的一般步骤如下。

(1) 建立描述电路的微分方程,确定电路初始条件。

(2) 分别求解微分方程的齐次解和特解。

(3) 将微分方程的齐次解和特解相加,得到微分方程的通解。再利用初始条件求得通解中的待定系数。

4.3.2 求解一阶电路的简便方法——三要素法

4.3.1 节阐述了经典法求解电路的一般方法。原则上,经典法可适用于任何形式的输入,但缺点是解题过程比较麻烦。依旧讨论一阶 RC 和一阶 RL 动态电路,设激励源为直流电源,则可从动态元件两端作戴维南(诺顿)等效,如图 4-27 所示。其中,U_{OC}、R_0 分别为含源电阻网络 N_1 的开路电压和戴维南等效电阻。对图 4-27(a)(b)分别应用 KVL 列写方程,有

$$\frac{\mathrm{d}u_C(t)}{\mathrm{d}t}+\frac{1}{\tau_C}u_C(t)=\frac{1}{\tau_C}U_{OC}\quad \tau_C=RC \tag{4-44}$$

$$\frac{\mathrm{d}i_L(t)}{\mathrm{d}t}+\frac{1}{\tau_L}i_L(t)=\frac{1}{L}U_{OC}\quad \tau_L=\frac{L}{R} \tag{4-45}$$

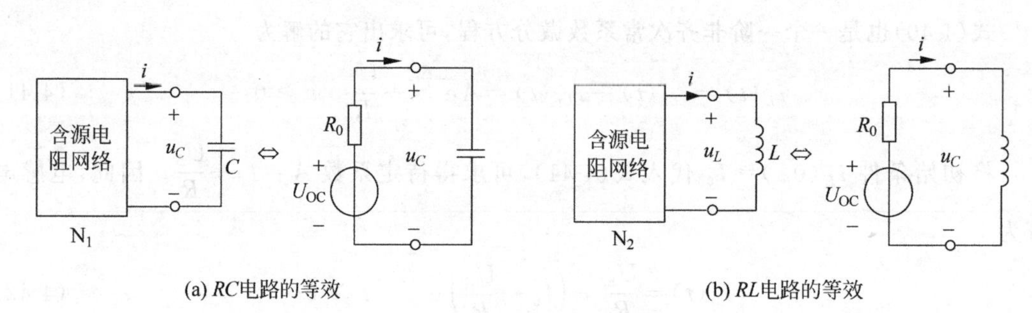

图 4-27 一阶 RC、RL 电路的戴维南等效

对比式(4-44)与式(4-45)发现，虽然二者描述的电路并不相同，但却具有相似的方程形式。若抽去它们各自具体元件参数代表的物理意义，则可将其概括为更一般的数学形式。若电路激励为 $x(t)$、响应为 $y(t)$，那么方程可表示为

$$\frac{\mathrm{d}y(t)}{\mathrm{d}t}+\frac{1}{\tau}y(t)=bx(t) \tag{4-46}$$

式中，b 为常数；τ 为电路的时间常数。

从经典法求解微分方程可知，方程的解可分为齐次解 $y_{\mathrm{h}}(t)$ 和特解 $y_{\mathrm{p}}(t)$ 两部分。其中，齐次解的形式为 $A\mathrm{e}^{-\frac{t}{\tau}}$，特解的形式与激励信号相关。所以，有

$$y(t)=y_{\mathrm{h}}(t)+y_{\mathrm{p}}(t)=A\mathrm{e}^{-\frac{t}{\tau}}+y_{\mathrm{p}}(t)$$

可通过初始条件确定待定系数 A。令上式中 $t=0_+$，有

$$y(0_+)=A+y_{\mathrm{p}}(0_+)$$

即

$$A=y(0_+)-y_{\mathrm{p}}(0_+)$$

因此，一阶线性常系数微分方程解的一般形式为

$$y(t)=[y(0_+)-y_{\mathrm{p}}(0_+)]\mathrm{e}^{-\frac{t}{\tau}}+y_{\mathrm{p}}(t) \tag{4-47}$$

当电路激励 $x(t)$ 为直流源时，特解 $y_{\mathrm{p}}(t)=B$（B 为常数），故

$$y_{\mathrm{p}}(0_+)=y_{\mathrm{p}}(\infty)=y_{\mathrm{p}}(t)=B$$

将 $t=\infty$ 代入式(4-47)，得

$$y(\infty)=y_{\mathrm{p}}(\infty)$$

所以，当电路的激励源为直流源时，可用 $y(\infty)$ 替代 $y_{\mathrm{p}}(\infty)$，故也可替代 $y_{\mathrm{p}}(0_+)$ 和 $y_{\mathrm{p}}(t)$。因此，式(4-47)可改写为

$$y(t)=y(\infty)+[y(0_+)-y(\infty)]\mathrm{e}^{-\frac{t}{\tau}} \tag{4-48}$$

式(4-48)就是直流源作用下一阶动态电路求响应的三要素公式。可以看出，只要求出以下 3 个要素，就可以写出待求的电压或电流响应。这 3 个要素分别如下。

$y(0_+)$——响应的初始条件，在 4.2.2 节中已经讨论过。

$y(\infty)$——响应的稳态分量。在直流激励下，当电路达到新的稳态时，电容相当于开路，电感相当于短路，故响应的稳态分量也是一个直流量，是个常数。

τ——电路的时间常数。对于 RC 电路，$\tau=RC$；对于 RL 电路，$\tau=L/R$。R 是从电路储能元件两端看进去的戴维南(诺顿)等效电阻。

例 4-10 利用三要素法重新求解图 4-22 所示电路的电容电压和电容电流。

解 电容电压三要素为

$$u_C(0_+)=U_0,\quad u_C(\infty)=U_S,\quad \tau=RC$$

代入式(4-48),得

$$u_C(t)=u_C(\infty)+[u_C(0_+)-u_C(\infty)]e^{-\frac{1}{\tau}t}=U_S+[U_0-U_S]e^{-\frac{1}{RC}t}\quad t\geqslant 0$$

与式(4-38)完全一致。

电容电流的三要素为

$$i_C(0_+)=\frac{U_S-U_0}{R},\quad i_C(\infty)=0,\quad \tau=RC$$

同样代入式(4-48),得

$$i_C(t)=i_C(\infty)+[i_C(0_+)-i_C(\infty)]e^{-\frac{1}{\tau}t}=\frac{U_S-U_0}{R}e^{-\frac{1}{RC}t}\quad t\geqslant 0$$

与式(4-39)完全一致。

例 4-11 图 4-28 所示电路已处于稳定,$t=0$ 时刻开关 S 闭合,试求 $t\geqslant 0$ 时电路中的电流 $i_L(t)$、$i(t)$。已知 $U_S=10\text{V}, I_S=2\text{A}, R=2\Omega, L=4\text{H}$。

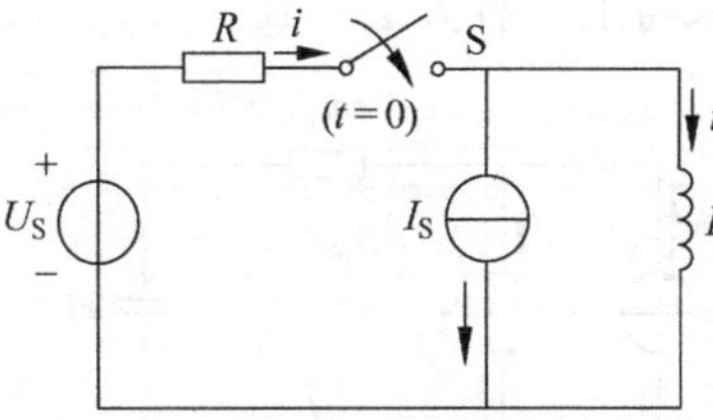

图 4-28 例 4-11 电路

解 $t=0_-$ 时刻,开关闭合,电路处于直流稳态,电感相当于短路。所以

$$i_L(0_-)=-I_S=-2\text{A}$$

由换路定律,得

$$i_L(0_+)=i_L(0_-)=-I_S$$

换路后,将电感 L 以外的电路变换为戴维南等效电路,如图 4-29 所示,其中

$$U_{OC}=U_S-RI_S=(10-2\times 2)\text{V}=6\text{V}$$
$$R_0=R=2\Omega$$

当 $t=\infty$ 时电路再次达到稳定状态时,电感电流为

$$i_L(\infty)=\frac{U_{OC}}{R_0}=\frac{6}{2}\text{A}=3\text{A}$$

时间常数为

$$\tau=\frac{L}{R_0}=\frac{4}{2}\text{s}=2\text{s}$$

代入三要素公式,得

$$i_L(t)=(3+(-2-3)e^{-\frac{t}{2}})\text{A}=(3-5e^{-0.5t})\text{A}$$

要求解电流 $i(t)$,可回到图 4-28,根据 KCL 求得

$$i(t)=I_S+i_L(t)=(5-5e^{-0.5t})\text{A}$$

电流 $i(t)$ 也可由三要素法直接求出,由图 4-30 所示的 $t=0_+$ 时刻等效电路,由 KCL 求得

$$i(0_+)=I_S+i_L(0_+)=0$$

电路达到稳态时,电感 L 相当于短路,所以

$$i(\infty)=\frac{U_S}{R}=\frac{10}{2}\text{A}=5\text{A}$$

时间常数与前面一致,为 2s。

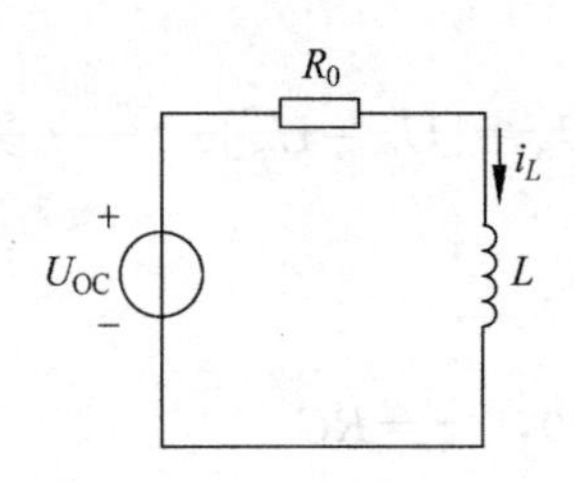

图 4-29 戴维南等效电路

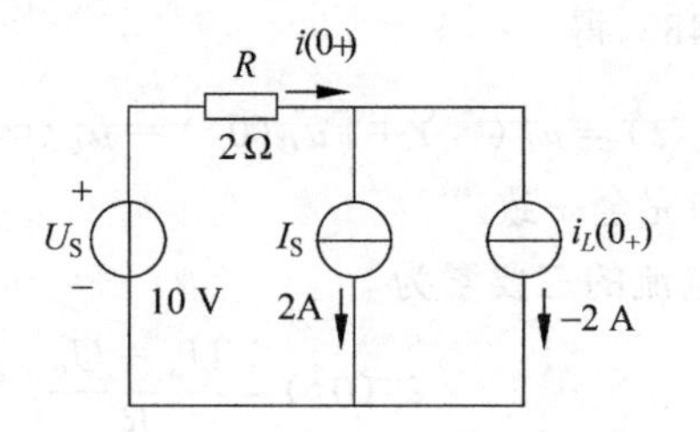

图 4-30 $t=0_+$ 时刻等效电路

代入三要素公式,得

$$i(t)=(5+(0-5)\text{e}^{-\frac{t}{2}})\text{A}=(5-5\text{e}^{-0.5t})\text{A}$$

结果与上一种方法一致。

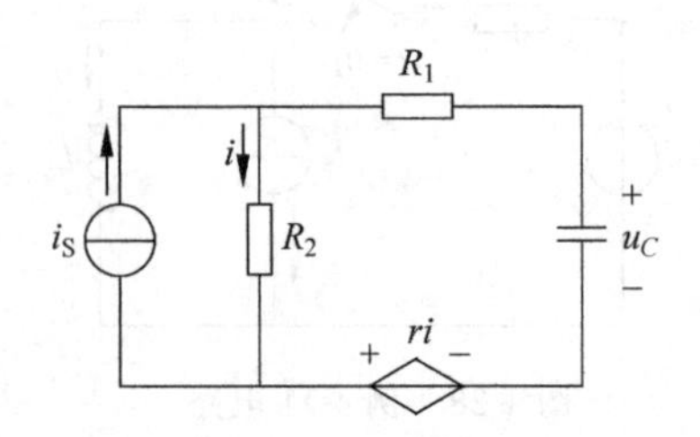

图 4-31 例 4-12 电路

例 4-12 电路如图 4-31 所示,已知 $i_S=\begin{cases}2\text{A}, & t\geqslant 0\\ 0 & t<0\end{cases}$,$R_1=R_2=4\Omega, C=0.01\text{F}, r=2\Omega$。求 $t\geqslant 0$ 时电阻 R_2 上的电流 $i(t)$,并画出波形。

解 先求初始值 $i(0_+)$。$t<0$ 时,$i_S=0$,因此

$$u_C(0_+)=u_C(0_-)=0$$

作 $t=0_+$ 时刻等效电路,因为电容两端压降为 0,因此 $t=0_+$ 时刻电容可用短路代替,如图 4-32 所示。根据 KCL,有

$$i_1(0_+)=i_S-i(0_+)=2-i(0_+)$$

按图 4-32 所示绕行方向列 KVL 方程,得

$$R_1i_1(0_+)-ri(0_+)-R_2i(0_+)=0$$

解得

$$i(0_+)=0.8\text{A}$$

再求稳态值 $i(\infty)$。作 $t=\infty$ 时刻等效电路,如图 4-33 所示。此时电容已充满电,可视为开路,因此

$$i(\infty)=i_S=2\text{A}$$

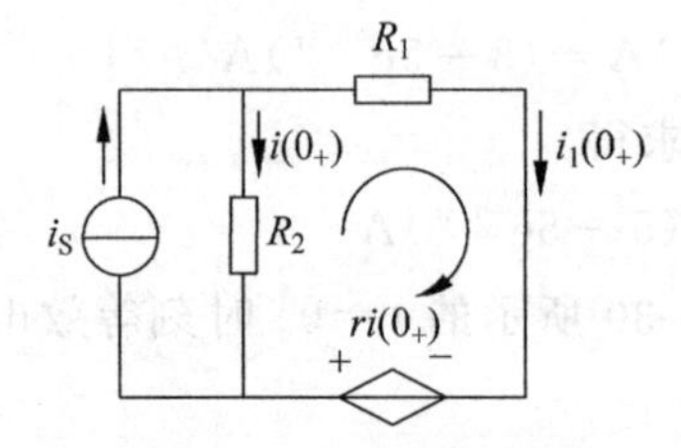

图 4-32 $t=0_+$ 时刻等效电路

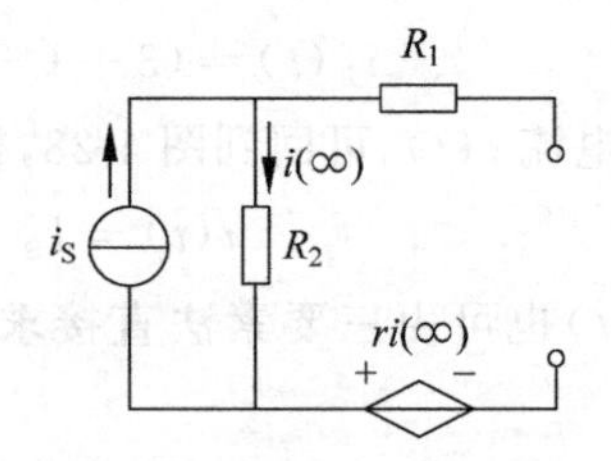

图 4-33 $t=\infty$ 时刻等效电路

接下来求时间常数 τ。首先应求得对电容而言的戴维南等效电阻 R_0。由于电路中包含受控源，因此可采用外施电压源 u_2 的方法进行求解，如图 4-34 所示。由 KVL 可得

$$u_2=(R_1+R_2)i_2+ri_2=10i_2$$

故

$$R_0=\frac{u_2}{i_2}=10\Omega$$

因此时间常数 $\tau=R_0C=10\times0.01=0.1\text{s}$。

由于 $i(\infty)>i(0_+)$，可知电流 i 按指数规律上升，波形如图 4-35 所示。利用三要素公式，可得

$$\begin{aligned}i(t)&=i(\infty)+[i(0_+)-i(\infty)]\mathrm{e}^{-\frac{1}{\tau}t}=[2+(0.8-2)\mathrm{e}^{-\frac{1}{0.1}t}]\text{A}\\&=(2-1.2\mathrm{e}^{-10t})\text{A}\quad t\geqslant0\end{aligned}$$

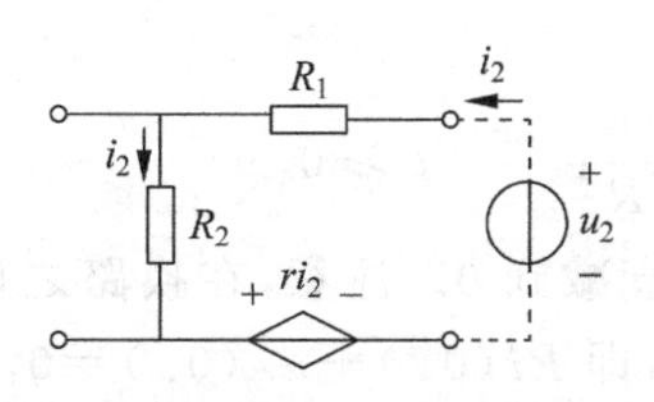

图 4-34 用外施电源法求解戴维南等效电阻

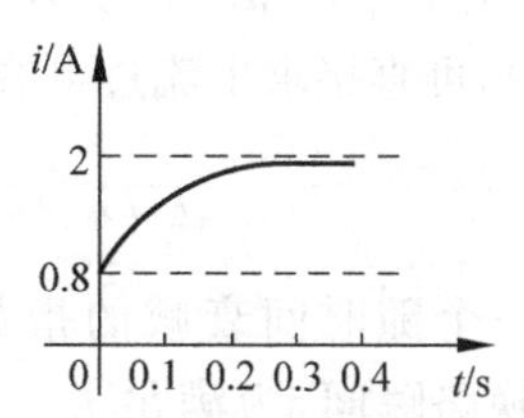

图 4-35 $i(t)$波形

4.3.3 零输入响应

换路后，激励在电路中任一处引起的电路变量的变化均称为电路的响应。动态电路的响应来源于两部分：一是外加激励（输入）；二是电路中动态元件的初始储能，可视为内部激励。对于线性电路来说，动态电路的全响应是两种激励的叠加。当电路外加激励为零时，电路的响应仅由初始储能作用产生，称为零输入响应（zero input response）。而当电路无初始储能时，电路的响应仅由外加激励作用产生，称为零状态响应（zero state response）。本节主要讨论直流作用下一阶电路的零输入响应。

1. 一阶 *RC* 电路的零输入响应

一阶 RC 电路如图 4-36(a)所示，电路已处于稳态。$t=0$ 时刻，开关 S 由 a 切换至 b，电容和电阻组成放电回路。

求解一阶电路的零输入响应既可以用经典法，也可以直接使用三要素法，具体求解过程与 4.3.2 节一致。

$t=0_-$ 时刻，电路处于直流稳态，故电容已充满电，$u_C(0_-)=U_0$。根据换路定律，电容初始电压 $u_C(0_+)=u_C(0_-)=U_0$。

开关切换到 b 后，电路如图 4-36(b)所示。可见电路中无任何外加激励，电路中的所有响应都是由电容 C 上原有的有限储能产生，由于电路中有耗能元件 R 存在，故 $u_C(\infty)=0$。又时间常数 $\tau=RC$，直接利用三要素公式，有

$$u_C(t)=u_C(\infty)+[u_C(0_+)-u_C(\infty)]\mathrm{e}^{-\frac{t}{\tau}}=U_0\mathrm{e}^{-\frac{1}{RC}t}\quad t\geqslant0\tag{4-49}$$

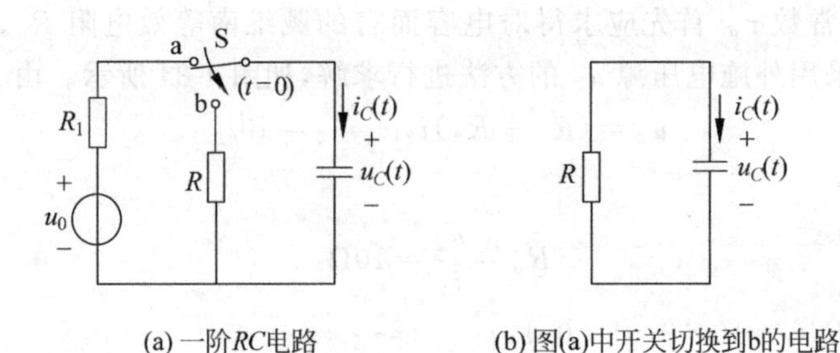

图 4-36　一阶 RC 电路的零输入响应

可以看出，换路后电容电压 $u_C(t)$ 是一个随时间衰减的指数函数，当 $t\to\infty$ 时，电容电压最终衰减到 0。注意在 $t=0$ 时刻电容电压应该是连续的。虽然并不关心 $t<0$ 时 $u_C(t)$ 的值，但应保持 $u_C(0_+)=u_C(0_-)$，不能跃变。

由 $u_C(t)$，可直接求出流过电容的电流为

$$i(t)=C\frac{\mathrm{d}u_C(t)}{\mathrm{d}t}=-\frac{U_0}{R}\mathrm{e}^{-\frac{1}{RC}t}\quad t\geqslant 0 \tag{4-50}$$

它也是一个随时间衰减的指数函数，最终衰减到 0。注意，在换路之前，电路开路，$i(0_-)=0$。换路瞬间，为满足 $t=0_+$ 时刻 KVL，即 $Ri(0_+)+u_C(0_+)=0$，$i(0_+)$ 必须为 $-U_0/R$，即电流可以跃变。$u_C(t)$ 与 $i(t)$ 的波形如图 4-37 所示。RC 电路的零输入响应，实质上就是电场能量逐渐衰减的过程，即电容中原先储存的电场能量逐渐被电阻所消耗而转化为热能的过程。

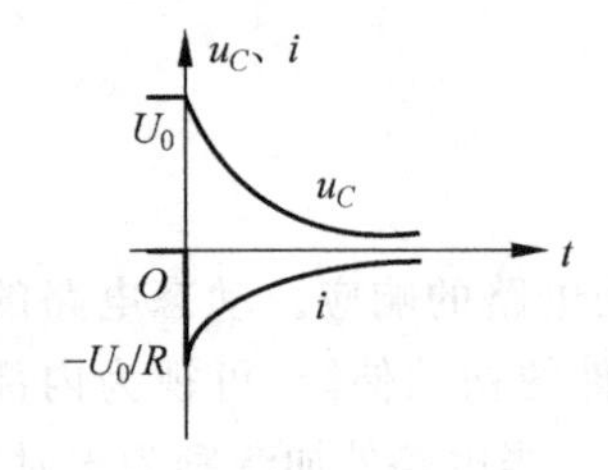

图 4-37　$u_C(t)$ 与 $i(t)$ 的波形

由式(4-49)和式(4-50)可见，电容电压和电流的零输入响应都与初始条件呈正比。这一结论可以推广到任一零输入电路。在二阶或高阶电路中，若电路的所有初始条件都同比例增大或减小，则零输入响应也增大或减小相同的比例。这一性质被称为零输入线性。

2．一阶 RL 电路的零输入响应

图 4-38(a)所示电路已达到稳态，$t=0$ 时刻，开关 S 打开，电感 L 将通过电阻 R 释放换路前存储的能量，直至储能消耗为零。

在 $t=0_-$ 时刻，电路处于直流稳态，电感可视为短路，故电流 $i_L(0_-)=I_0$。根据换路定理，有 $i_L(0_+)=i_L(0_-)=I_0$。

开关打开后，电路如图 4-38(b)所示，可见电路中无任何外加激励，电路中的所有响应都是由电感 L 上原有的有限储能产生的，由于电路中有耗能元件 R 的存在，故 $i_L(\infty)=0$。又时间常数 $\tau=L/R$，直接利用三要素公式，有

$$i_L(t)=i_L(\infty)+[i_L(0_+)-i_L(\infty)]\mathrm{e}^{-\frac{1}{\tau}t}=I_0\mathrm{e}^{-\frac{R}{L}t}\quad t\geqslant 0 \tag{4-51}$$

由电感上电压与电流的微分关系，可得电感电压为

$$u_L(t)=L\frac{\mathrm{d}i(t)}{\mathrm{d}t}=-RI_0\mathrm{e}^{-\frac{R}{L}t}\quad t\geqslant 0 \tag{4-52}$$

$i_L(t)$ 与 $u_L(t)$ 的波形如图 4-39 所示，电感电流不能跃变，换路后从 I_0 开始按指数规律

衰减到零；而电感电压则在换路瞬间从零跃变到$-RI_0$，然后按同样的指数规律衰减到零。因此，RL 电路的零输入响应，实质上就是磁场能量逐渐衰减的过程，即电感中原先储存的磁场能量逐渐被电阻所消耗而转化为热能的过程。

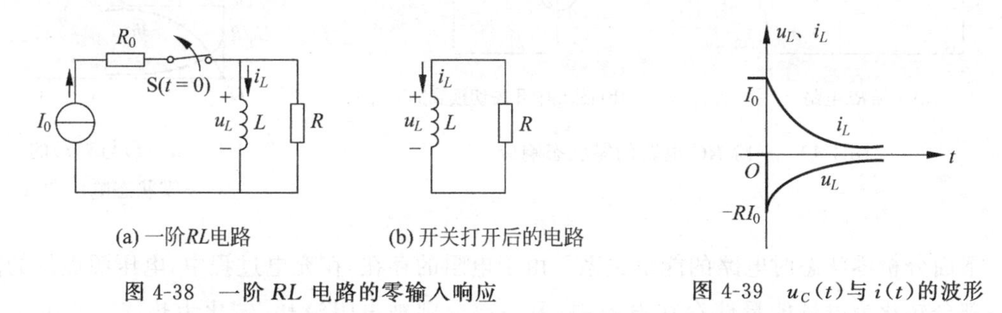

图 4-38　一阶 RL 电路的零输入响应　　　图 4-39　$u_C(t)$与$i(t)$的波形

4.3.4　零状态响应

若换路前电路中动态元件的初始状态为零，即储能为零，则称电路处于零初始状态。零状态响应就是电路在零初始状态下仅由外加激励引起的响应。本节主要讨论直流作用下一阶电路的零状态响应。

1．一阶 RC 电路的零状态响应

图 4-40(a)所示电路已处于稳态，由于电容与电阻组成放电回路，且电路中不存在独立源，故稳态时电容中的储能一定被消耗殆尽，即电路处于零状态，$u_C(0_-)=0$。

$t=0$ 时刻，开关 S 由 a 切换至 b，如图 4-40(b)所示，此时电路变为电压源 U_S 对电容的充电电路。对换路后的电路进行分析，根据换路定律，有 $u_C(0_+)=u_C(0_-)=0$。

$t\to\infty$时，电路再次达到稳出状态，此时电容已经充满电，$u_C(\infty)=U_S$。时间常数 $\tau=RC$。利用三要素公式和电容 VCR，可以求出，当 $t\geqslant 0$ 时，电容电压与电流为

$$u_C(t)=u_C(\infty)+[u_C(0_+)-u_C(\infty)]\mathrm{e}^{-\frac{1}{\tau}t}=U_S(1-\mathrm{e}^{-\frac{1}{RC}t})\quad t\geqslant 0$$

$$i(t)=C\frac{\mathrm{d}u_C(t)}{\mathrm{d}t}=\frac{U_S}{R}\mathrm{e}^{-\frac{1}{RC}t}\quad t\geqslant 0$$

由此可见，在图 4-40(a)中，变量的零状态响应都与激励呈正比，这个结论也可以推广到任一零状态电路，即如果电路中所有激励都同比例增大或减小，则零状态响应也增大或减小相同的比例。这种性质称为零状态线性。

图 4-41 给出了 $u_C(t)$与 $i(t)$的波形。可以看出，电容充电的过程就是电容电压从初始值 $u_C(0_+)=0$ 逐渐增加，最终达到稳态值 $u_C(\infty)=U_S$ 的过程。在开关闭合瞬间，电流 i 从 0 跃变到最大值(U_S/R)，然后逐渐衰减到 0。这是因为开关 S 在接通到 b 的瞬间，$u_C(0_+)=0$，电源电压 U_S 全部加在电阻 R 上，故此电流最大。由于电容器极板上电荷迁移的速率和电流大小呈正比，因此开始时 u_C 增加较快；而随着 u_C 的不断增加，$i=(U_S-u_C)/R$ 不断减小，从而导致 u_C 上升速率降低，i 下降的速率也随之减小，曲线变得越来越平坦，最终 $i\to 0$，$u_C\to U_S$。

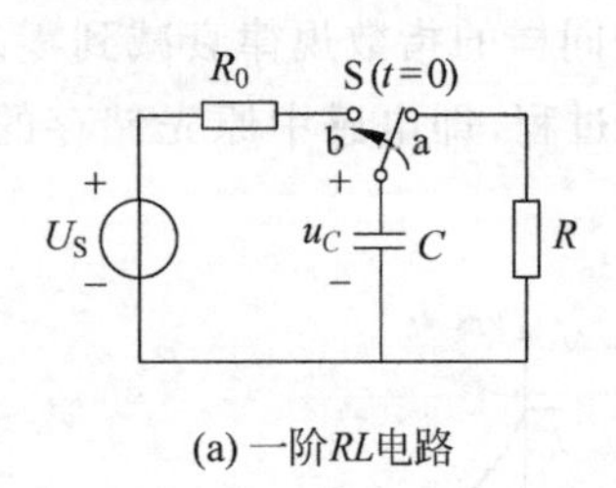

(a) 一阶RL电路

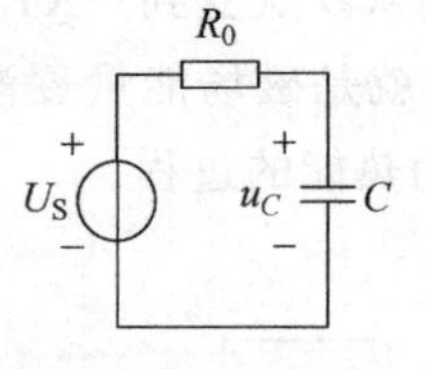

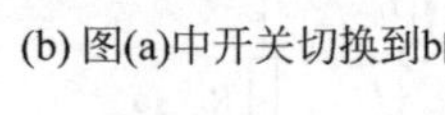

(b) 图(a)中开关切换到b的电路

图 4-40　一阶 RC 电路的零状态响应

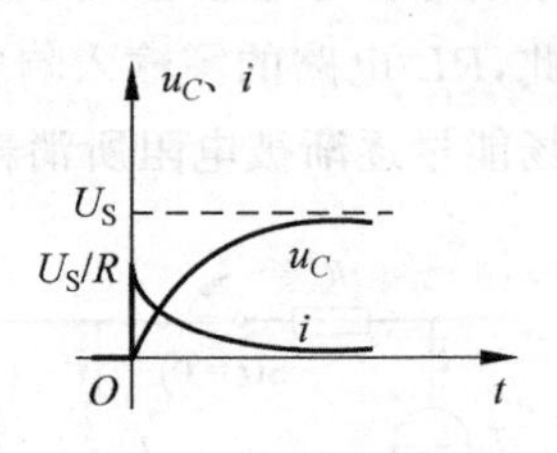

图 4-41　$u_C(t)$与 $i(t)$的零状态响应曲线

下面分析零状态时电路的能量关系。由于电阻的存在，在充电过程中，电压源提供的能量一部分转化为电场能量储存在电容中，另一部分则被电阻消耗，转化为热能。充电结束时，$u_C=U_S$，电容获得的能量为

$$w_C=\frac{1}{2}CU_S^2$$

在整个充电过程中，电阻消耗的能量为

$$W_R=\int_0^{\infty}i^2R\,\mathrm{d}t=\int_0^{\infty}\left(\frac{U_S}{R}\mathrm{e}^{-\frac{1}{RC}t}\right)^2\mathrm{d}t=\frac{1}{2}CU_S^2$$

电源提供的能量为

$$W_S=\int_0^{\infty}U_S i\,\mathrm{d}t=\int_0^{\infty}U_S\cdot\frac{U_S}{R}\mathrm{e}^{-\frac{1}{RC}t}\,\mathrm{d}t=CU_S^2$$

可见，在零状态下开始充电，电源提供的能量只有一半被转换成电场能量储存于电容中，充电效率为 50%，且与电容、电阻的数值无关。

2. 一阶 *RL* 电路的零状态响应

图 4-42(a)所示电路已处于稳态，即电感 L 中的能量已全部释放完毕，电路处于零状态，$i_L(0_-)=0$。$t=0$ 时刻，开关 S 由 a 切换至 b，如图 4-42(b)所示，电路变为电压源 U_S 给电感储能的电路。根据换路定律，有 $i_L(0_+)=i_L(0_-)=0$。$t\to\infty$时，电路再次达到稳定状态，此时电感可视为短路，$i_L(\infty)=U_S/R$。时间常数 $\tau=L/R$。

利用三要素公式和电感 VCR，可以求出，当 $t\geqslant 0$ 时电感电流和电感电压为

$$i_L(t)=i_L(\infty)+[i_L(0_+)-i_L(\infty)]\mathrm{e}^{-\frac{1}{\tau}t}=\frac{U_S}{R}(1-\mathrm{e}^{-\frac{R}{L}t})\quad t\geqslant 0 \tag{4-53}$$

$$u_L(t)=L\,\frac{\mathrm{d}i(t)}{\mathrm{d}t}=U_S\mathrm{e}^{-\frac{R}{L}t}\quad t\geqslant 0 \tag{4-54}$$

$i_L(t)$与 $u_L(t)$的波形图如图 4-43 所示。可见，电感电流由 0 按指数规律逐渐增大，最终趋于稳定值 U_S/R。电感电压在换路瞬间达到最大值，为 U_S，之后逐渐减小直至为 0。电路达到新的稳态后，电感相当于短路，其储存的能量为$\frac{1}{2}L\left(\frac{U_S}{R}\right)^2$。

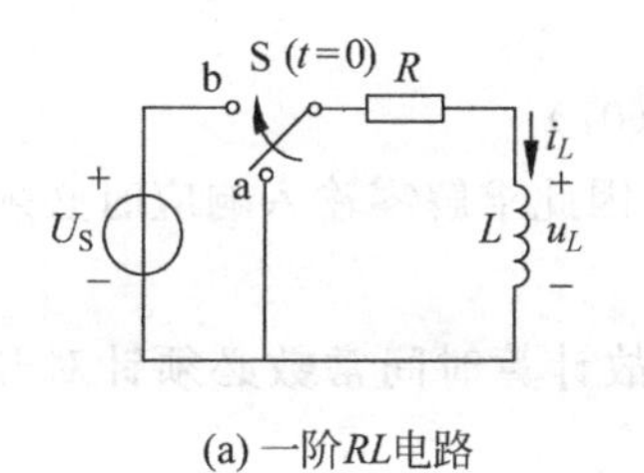

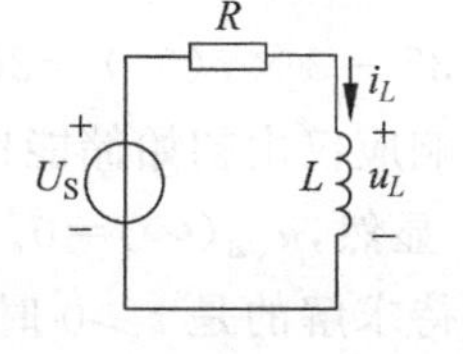

图 4-42　一阶 RL 电路的零状态响应

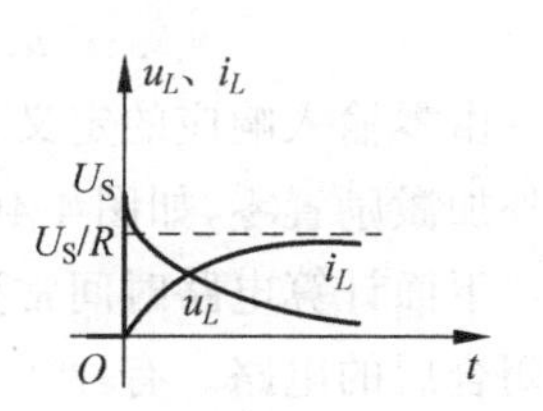

图 4-43　$i_L(t)$与$u_L(t)$的零状态响应曲线

4.3.5　电路的全响应

前面讨论了一阶电路的零输入响应和零状态响应。若电路中既存在输入又具有初始储能,即两者同时存在所引起的响应,称为全响应。显然,零输入响应和零状态响应都是全响应的一部分,即

全响应＝零输入响应＋零状态响应

这种分解方式是就产生相应的原因对全响应进行的分解,分解出的两个分量分别与输入激励和初始状态有明显的因果关系和线性关系,物理概念清晰明确,是现代电路理论中学习、研究中使用最多的一种全响应分解形式。

如果从微分方程经典法的求解过程看,全响应还可以分解为自由响应与强迫响应之和,或暂态响应与稳态响应之和,即

全响应＝自由响应＋强迫响应

全响应＝暂态响应＋稳态响应

式中,自由响应对应微分方程的齐次解;强迫响应对应微分方程的特解;暂态响应对应的是$t\to\infty$时为零的响应分量;稳态响应对应的是$t\to\infty$仍存在的响应分量。值得注意的是,如果激励是直流量或正弦量,则强迫响应也为直流量或正弦量,将长期存在,而自由响应则总是最终衰减为0,只是暂时存在。因此,在激励是直流量或正弦量的电路中,暂态响应和自由响应相等,稳态响应和强迫响应相等。

例 4-13　图 4-44 所示电路在开关闭合前已处于稳态,$t=0$时刻开关闭合,求开关闭合后电容电压$u_C(t)$,并指出$u_C(t)$中的零输入响应分量与零状态响应分量。将 8V 电压源改为 17V 电压源,再次求解$u_C(t)$。

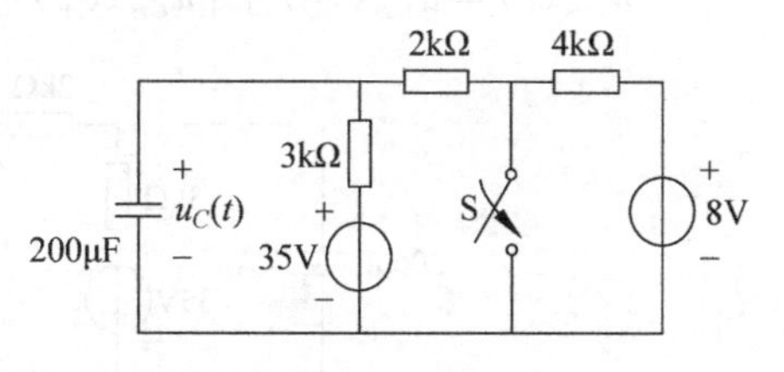

图 4-44　例 4-13 用图

解　(1) 首先求解$t\geqslant0$时的零输入响应$u_{Czi}(t)$[①]。$t\geqslant0$时,零输入响应取决于$t=0_+$时刻的初始状态,而初始状态又取决于$t<0$时的输入。分析$t=0_-$时刻,电路已稳出,电容充满电,相当于开路,得到的等效电路如图 4-45 所示。有

$$i(0_-)=\frac{35-8}{3+2+4}\text{A}=3\text{A}$$

① 本书中用下标 zi 代表零输入响应,用下标 zs 代表零状态响应。

因此，

$$u_C(0_-)=35-3\times i(0_-)=26\text{V}=u_{Czi}(0_+)$$

由零输入响应的定义，电路的响应仅由初始储能作用产生，因此求解零输入响应时必须将外加激励置零，如图 4-46 所示。显然，$u_{Czi}(\infty)=0$。

下面计算电路时间常数，注意待求解的是 $t\geqslant0$ 时的响应，故计算时间常数必须针对开关闭合后的电路。有

$$\tau=R_0C=\frac{2\times3}{2+3}\times10^3\times200\times10^{-6}\text{s}=0.24\text{s}$$

其中，R_0 为开关闭合后对电容两端的等效电阻。故得，零输入响应为

$$u_{Czi}(t)=u_{Czi}(\infty)+[u_{Czi}(0_+)-u_{Czi}(\infty)]\text{e}^{-\frac{1}{\tau}t}=26\text{e}^{-\frac{1}{0.24}t}\text{V}\quad t\geqslant0$$

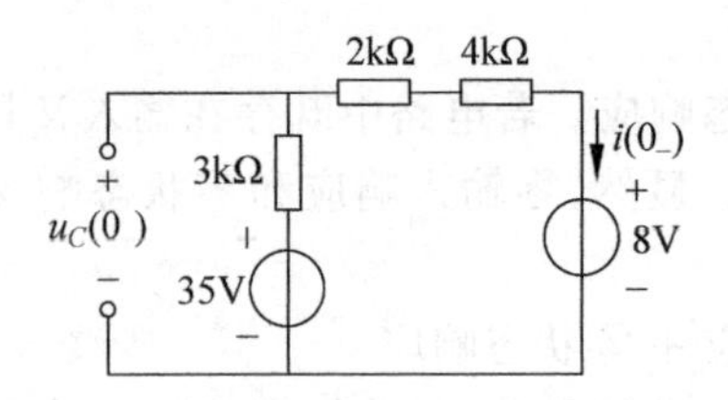

图 4-45　$t=0_-$ 时刻电路

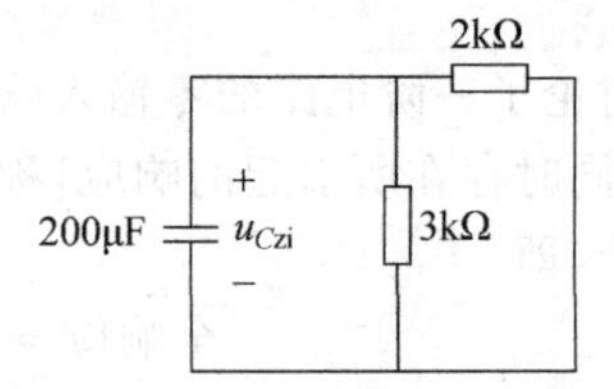

图 4-46　求零输入响应用图

(2) 求解 $t\geqslant0$ 时的零状态响应 $u_{Czs}(t)$。根据零状态定义，$u_{Czs}(0_+)=0$，零状态响应取决于 $t\geqslant0$ 时的外加激励。作出开关闭合后的电路如图 4-47(a)所示，其戴维南等效电路如图 4-47(b)所示，其中

$$R_0=\frac{2\times3}{2+3}\times10^3\Omega=1.2\times10^3\Omega,\quad u_{\text{OC}}=\frac{3}{2+3}\times35\text{V}=21\text{V}$$

因此

$$u_{Czs}(\infty)=u_{\text{OC}}=21\text{V}$$

$$\tau=R_0C=0.24\text{s}$$

故得零状态响应为

$$u_{Czs}(t)=u_{Czs}(\infty)+[u_{Czs}(0_+)-u_{Czs}(\infty)]\text{e}^{-\frac{1}{\tau}t}=21(1-\text{e}^{-\frac{1}{0.24}t})\text{V}\quad t\geqslant0$$

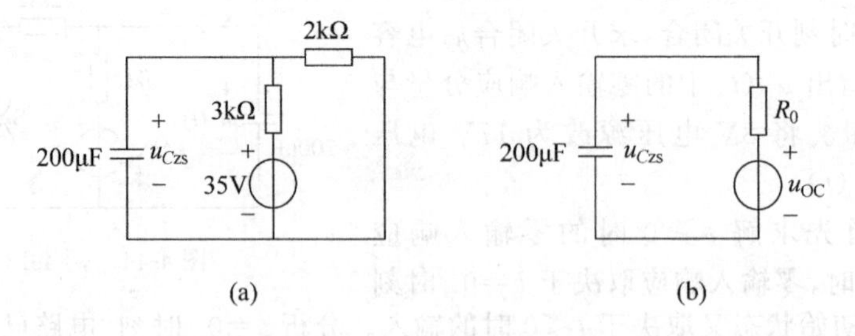

图 4-47　求零状态响应用图

(3) 根据叠加原理，求得全响应为

$$u_C(t)=u_{Czi}(t)+u_{Czs}(t)=(21+5\text{e}^{-\frac{1}{0.24}t})\text{V}\quad t\geqslant0$$

(4) 将 8V 电压源改为 17V 电压源，由于开关闭合后该电压源将被短路，故只影响零输

入响应，此时

$$u'_{Czi}(t)=\left(35-3\times\frac{35-17}{3+2+4}\right)e^{-\frac{1}{0.24}t}\ \mathrm{V}=29e^{-\frac{1}{0.24}t}\ \mathrm{V}\quad t\geqslant 0$$

零状态响应 $u'_{Czs}(t)=u_{Czs}(t)$，故得

$$u'_{C}(t)=u'_{Czi}(t)+u'_{Czs}(t)=(21+8e^{-\frac{1}{0.24}t})\ \mathrm{V}\quad t\geqslant 0$$

还需要说明的是，严格来说，对所求的响应所加的时间区间条件应为 $t\geqslant 0_+$，但通常情况下，从题目条件到所求响应加注的条件习惯上写为 $t\geqslant 0$，不必苛求书写形式的严密性。

4.4　阶跃响应与冲激响应

4.4.1　阶跃响应

1. 阶跃函数

单位阶跃函数(unit step function)用符号 $\varepsilon(t)$ 表示[①]，其定义为

$$\varepsilon(t)=\begin{cases}0, & t<0\\ 1, & t>0\end{cases}\tag{4-55}$$

其波形如图 4-48 所示，它表示在 $t=0$ 时刻波形发生了跳变。

阶跃函数可以用来描述某些情况下的开关动作。图 4-49 所示的两个电路都可表示电压源 U_S 在 $t=0$ 时刻接入二端网络 N。可见，单位阶跃函数可以作为开关的数学模型，因此 $\varepsilon(t)$ 也被称为开关函数。

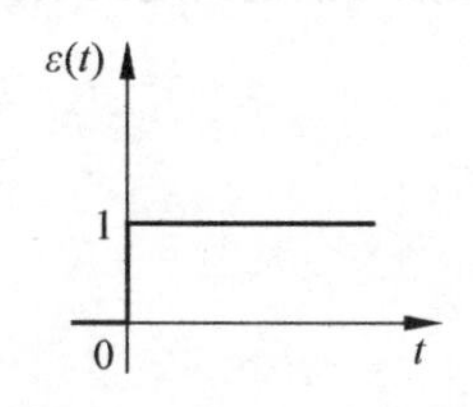

图 4-48　单位阶跃函数

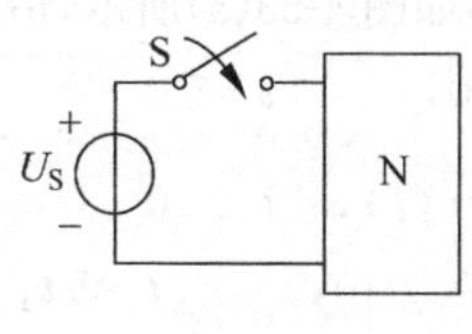

(a) 原电路

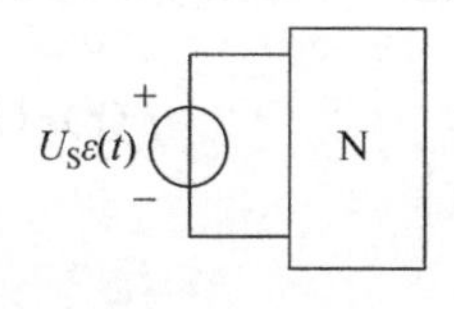

(b) 开关闭合后的电路

图 4-49　用阶跃函数描述开关动作

$\varepsilon(t)$ 乘以常数 A，所得结果 $A\varepsilon(t)$ 称为阶跃函数，其表达式为

$$A\varepsilon(t)=\begin{cases}0, & t<0\\ A, & t>0\end{cases}\tag{4-56}$$

波形如图 4-50 所示，其中常数 A 称为阶跃量。

如果开关不是在 $t=0$ 时刻，而是在 $t=t_0$ 时刻连入电路，则描述该开关动作的函数为

$$\varepsilon(t-t_0)=\begin{cases}0, & t<t_0\\ 1, & t>t_0\end{cases}\tag{4-57}$$

---

① 在国外的文献中，单位阶跃函数常用 $u(t)$ 表示，我国的一些教材也采用此表示方式。为与电压的时间函数加以区分，国标规定用 $\varepsilon(t)$ 表示单位阶跃函数，本书沿用国标规定。

其中，$\varepsilon(t-t_0)$是将$\varepsilon(t)$在时间轴上延迟了t_0的结果，波形如图4-51所示。可以看出，该函数的跃变出现在$t=t_0$时刻，故被称为延迟的单位阶跃函数。

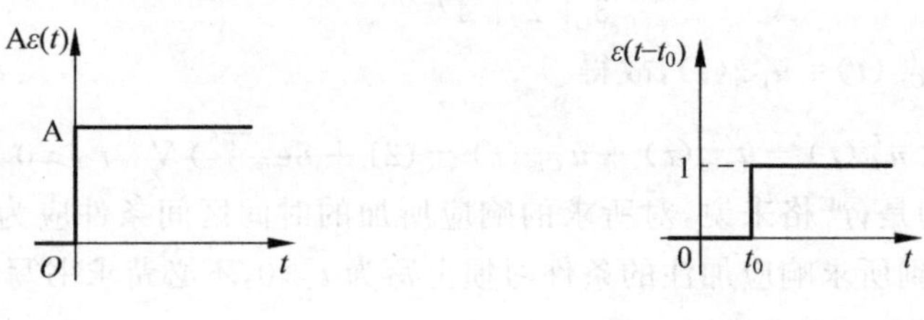

图4-50 阶跃函数　　图4-51 延迟的单位阶跃函数

用单位阶跃函数及其延迟函数可以表示很多复杂信号，如在电子电路中经常遇到的矩形脉冲，如图4-52(a)所示，就可以看成是图4-52(b)和图4-52(c)所示两个延迟阶跃函数的叠加，即

$$f(t)=f_1(t)+f_2(t)=\varepsilon(t-t_1)-\varepsilon(t-t_2)$$

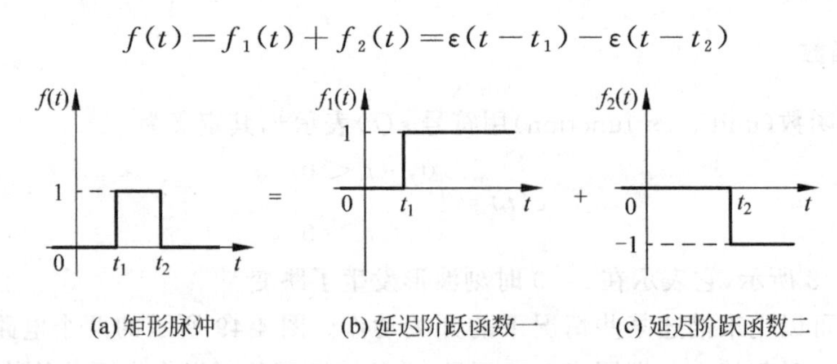

图4-52 用$\varepsilon(t)$表示矩形脉冲

任意一个函数$f(t)$，设其波形如图4-53(a)所示，借助单位阶跃函数可描述其定义域。例如

$$f(t)\varepsilon(t)=\begin{cases}0, & t<0\\ f(t), & t>0\end{cases}$$

$$f(t)\varepsilon(t-t_1)=\begin{cases}0, & t<t_1\\ f(t), & t>t_1\end{cases}$$

$$f(t)[\varepsilon(t-t_1)-\varepsilon(t-t_2)]=\begin{cases}0, & t<t_1\\ f(t), & t_1<t<t_2\\ 0, & t>t_2\end{cases}$$

各波形分别如图4-53(b)～图4-53(d)所示。应注意它们与图4-53(a)的区别。

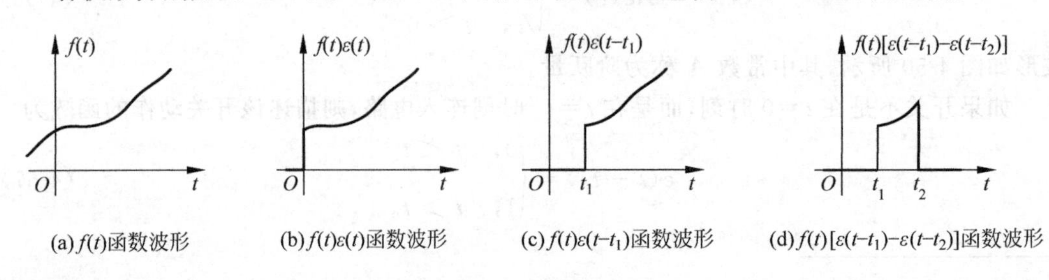

图4-53 用$\varepsilon(t)$描述函数定义域

例 4-14　试写出图 4-54 所示波形的函数式。

解　阶跃信号非常适于表示图 4-54 所示的"阶梯式"信号。快速写出表达式的方法为：沿着时间轴从负无穷向正方向走，若遇 $t=t_1$ 处是向上的跳变点，则此处就出现正阶跃函数，上跳的高度就是正阶跃函数的加权系数；若遇 $t=t_2$ 处是向下的跳变点，则此处就出现负阶跃函数，下跳的高度就是负阶跃函数的加权系数。用此方式，可快速写出图 4-54 所示信号的表达式为

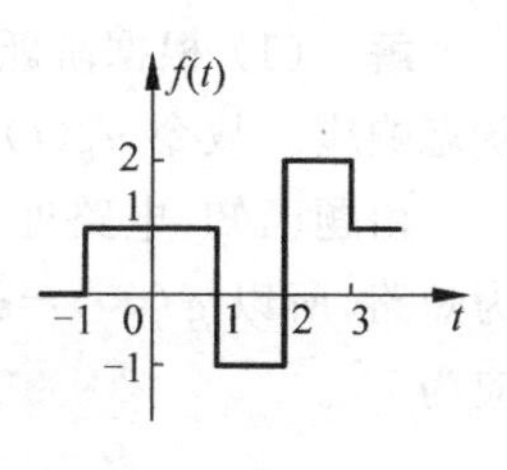

图 4-54　例 4-14 用图

$$f(t)=\varepsilon(t+1)-2\varepsilon(t-1)+3\varepsilon(t-2)-\varepsilon(t-3)$$

2. 阶跃响应

电路在单位阶跃函数作用下产生的零状态响应称为单位阶跃响应（unit step response），简称阶跃响应。当电路的激励为 $\varepsilon(t)$V 或 $\varepsilon(t)$A 时，相当于 $t=0$ 时刻将 1V 电压源或 1A 电流源接入电路。因此，单位阶跃响应与直流激励下的零状态响应形式相同，仍可用三要素法求解。

如果电路结构和元件参数均不随时间变化，则称为时不变电路。对于线性时不变电路来说，零状态响应的函数形式与激励接入电路时间无关，且零状态响应与激励之间满足齐次性与叠加性。一般用 $g(t)$ 表示单位阶跃响应，如果电路的输入是幅值为 A 的阶跃信号 $A\varepsilon(t)$，则根据齐次性，电路的零状态响应为 $Ag(t)$。如果电路的输入为延迟的阶跃信号 $A\varepsilon(t-t_0)$，则根据时不变性，电路的零状态响应为 $Ag(t-t_0)$。如果电路的输入为$[A\varepsilon(t)+B\varepsilon(t-t_0)]$，则根据叠加性，电路的零状态响应为$[Ag(t)+Bg(t-t_0)]$。上述文字所属性质可用图 4-55 简明表示。

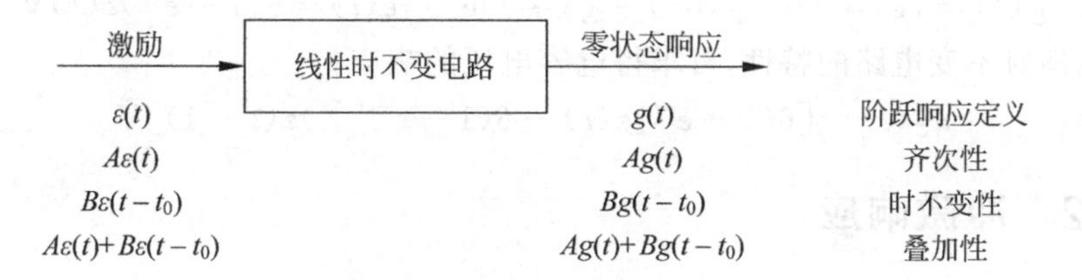

图 4-55　线性时不变电路的特性

例 4-15　已知图 4-56(a)所示的零状态 RL 电路，$R=1\Omega$，$L=1$H。

(1) 以电流 $i(t)$ 为输出，求阶跃响应 $g(t)$。

(2) 若激励源 $u_S(t)$ 的波形如图 4-56(b)所示，求此时电路中的电流 $i(t)$。

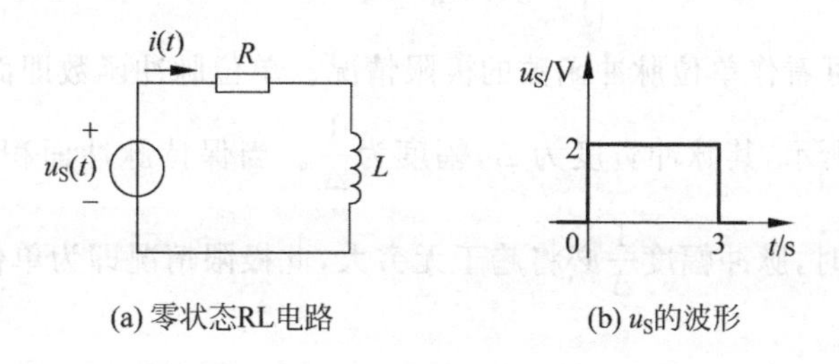

图 4-56　例 4-15 用图

解 (1) 根据阶跃响应的定义，阶跃响应是电路在单位阶跃函数 $\varepsilon(t)$ 作用下产生的零状态响应。故令 $u_S(t)=\varepsilon(t)\text{V}$，利用三要素法求解 $g(t)$。

由题已知，电路处于零状态（$i_L(0_+)=i_L(0_-)=0$），因此 $g(0_+)=0$。$t=\infty$ 时，电感视为短路，所以 $g(\infty)=\varepsilon(\infty)/R=1\text{A}$。时间常数 $\tau=L/R=1\text{s}$。利用三要素公式，得阶跃响应为

$$g(t)=\{g(\infty)+[g(0_+)-g(\infty)]\text{e}^{-\frac{1}{\tau}t}\}\varepsilon(t)=(1-\text{e}^{-t})\varepsilon(t)\text{A}$$

其中，解答式中的因子 $\varepsilon(t)$ 表明该式实际上仅适用于 $t\geqslant0$ 的情况。

(2) 分析发现，图 4-56(b)所示信号可用阶跃函数表示，即

$$u_S(t)=2\varepsilon(t)-2\varepsilon(t-3)$$

根据线性时不变电路的特性(图 4-55)，显然有

$$i(t)=2g(t)-2g(t-3)=[2(1-\text{e}^{-t})\varepsilon(t)-2(1-\text{e}^{-(t-3)})\varepsilon(t-3)]\text{A}$$

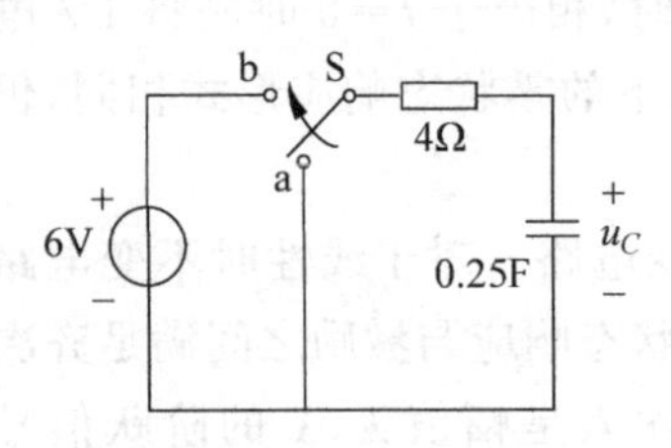

图 4-57 例 4-16 用图

例 4-16 在图 4-57 所示电路中，开关 S 位于 a 时已处于稳态。$t=0$ 时刻将开关由 a 拨向 b，$t=1\text{s}$ 时又将开关 S 从 b 拨向 a。试求电容电压 $u_C(t)(t\geqslant0)$。

解 用单位阶跃函数及其延迟函数描述开关动作。由题可知，作用在 RC 串联电路上的激励可表示为

$$u_S(t)=6[\varepsilon(t)-\varepsilon(t-1)]\text{V}$$

首先求解 RC 串联电路的阶跃响应 $g(t)$。$t=0_-$ 时刻，开关 S 位于 a 且电路处于稳态，因此电容初始电压为 0，即 $g(0_+)=0$。$t=\infty$ 时，电容充满电，所以 $g(\infty)=6\text{V}$。时间常数 $\tau=RC=1\text{s}$。利用三要素公式，得阶跃响应为

$$g(t)=\{g(\infty)+[g(0_+)-g(\infty)]\text{e}^{-\frac{1}{\tau}t}\}\varepsilon(t)=6(1-\text{e}^{-t})\varepsilon(t)\text{V}$$

根据线性时不变电路的特性，可求得电容电压的响应为

$$u_C(t)=[6(1-\text{e}^{-t})\varepsilon(t)-6(1-\text{e}^{-(t-1)})\varepsilon(t-1)]\text{V}$$

4.4.2 冲激响应

1. 冲激函数

单位冲激函数(unit impulse function)又称狄拉克 δ 函数，其定义为

$$\begin{cases}\delta(t)=0 & t\neq0\\ \int_{-\infty}^{\infty}\delta(t)\text{d}t=1\end{cases}\tag{4-58}$$

单位冲激函数可看作单位脉冲函数的极限情况。单位脉冲函数即面积为 1 的矩形脉冲函数，如图 4-58(a)所示，其脉冲宽度为 Δ，幅度为 $\frac{1}{\Delta}$。当保持脉冲面积 $\Delta\cdot\frac{1}{\Delta}=1$ 不变，而使脉宽 Δ 趋近于零时，脉冲幅度 $\frac{1}{\Delta}$ 必将趋于无穷大，此极限情况即为单位脉冲函数 $\delta(t)$，如图 4-58(b)所示。

冲激函数用箭头表示，它表明 $\delta(t)$ 只在 $t=0$ 处有一“冲激”，而在 $t=0$ 以外的各处函数值都为 0。冲激函数所含的面积称为冲激函数的强度。单位冲激函数即意为强度为 1 单位

的冲激函数。如果矩形脉冲的面积不是固定为 1，而是为 K，则可用 $K\delta(t)$表示一个强度为 K 的冲激函数，如图 4-58(c)所示。

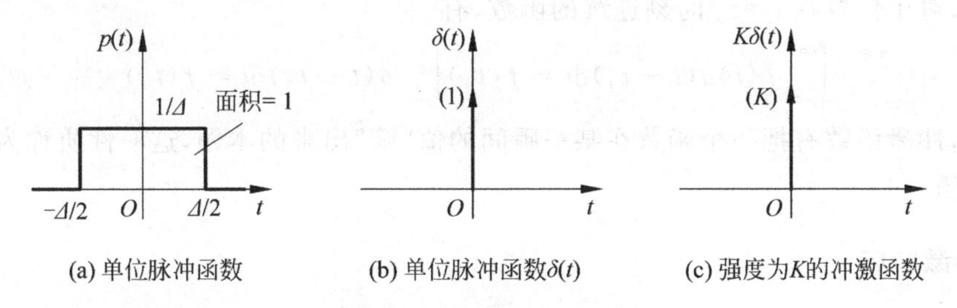

(a) 单位脉冲函数　(b) 单位脉冲函数δ(t)　(c) 强度为K的冲激函数

图 4-58　冲激函数的形成

与单位阶跃函数的延迟类似，延迟的单位冲激函数定义为

$$\begin{cases}\delta(t-t_0)=0 & t\neq t_0 \\ \int_{-\infty}^{\infty}\delta(t-t_0)\mathrm{d}t=1\end{cases}\tag{4-59}$$

波形如图 4-59(a)所示。还可以用 $K\delta(t-t_0)$表示一个强度为 K、发生在 t_0 时刻的冲激函数，如图 4-59(b)所示。

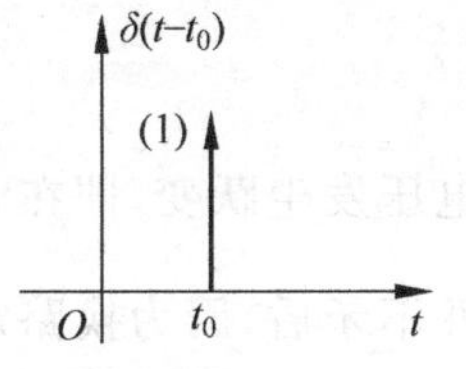

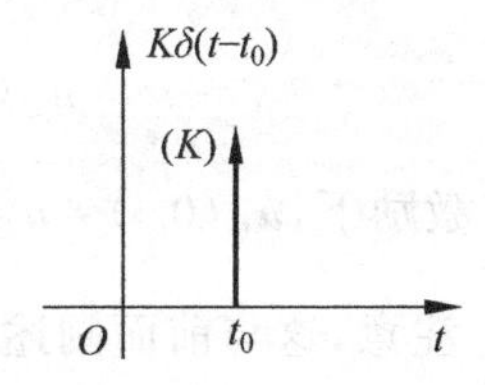

(a) 延迟的单位冲激函数　(b) 强度为K、发生在t0时刻的冲激函数

图 4-59　延迟的冲激函数

冲激函数具有以下两个重要性质。

(1) 单位冲激函数 $\delta(t)$对时间的积分等于单位阶跃函数 $\varepsilon(t)$。

根据单位冲激函数的定义，有

$$\int_{-\infty}^{t}\delta(\xi)\mathrm{d}\xi=\begin{cases}0, & t<0 \\ 1, & t>0\end{cases}$$

即

$$\int_{-\infty}^{t}\delta(\xi)\mathrm{d}\xi=\varepsilon(t)\tag{4-60}$$

反之，单位阶跃函数 $\varepsilon(t)$对时间的一阶导数等于单位冲激函数 $\delta(t)$，即

$$\frac{\mathrm{d}\varepsilon(t)}{\mathrm{d}t}=\delta(t)\tag{4-61}$$

(2) 冲激函数的筛分性质。

由于当 $t\neq0$ 时，$\delta(t)=0$，所以对任意在 $t=0$ 时刻连续的函数 $f(t)$，有

$$f(t)\delta(t)=f(0)\delta(t)$$

因此，

$$\int_{-\infty}^{\infty} f(t)\delta(t)\mathrm{d}t = f(0)\int_{-\infty}^{\infty}\delta(t)\mathrm{d}t = f(0) \tag{4-62}$$

同理,对于任意在 $t=t_0$ 时刻连续的函数,有

$$\int_{-\infty}^{\infty} f(t)\delta(t-t_0)\mathrm{d}t = f(t_0)\int_{-\infty}^{\infty}\delta(t-t_0)\mathrm{d}t = f(t_0) \tag{4-63}$$

可见,冲激函数有把一个函数在某一瞬间的值"筛"出来的本领,这一性质称为冲激函数的筛分性质。

2. 冲激响应

电路在单位冲激函数作用下产生的零状态响应称为单位冲激响应,简称冲激响应,记为 $h(t)$。

首先分析单位冲激函数作为激励时对动态元件的影响。设 $t=0_-$ 时刻电容储能为 0,即 $u_C(0_-)=0$。当单位冲激电流 $\delta_i(t)$ 作用到该电容上时,根据式(4-4)并设 $t_0=0_-$, $t=0_+$,可得 $t=0_+$ 时刻的电容电压为

$$u_C(0_+) = u_C(0_-) + \frac{1}{C}\int_{0_-}^{0_+}\delta_i(t)\mathrm{d}t \tag{4-64}$$

根据 $\delta(t)$ 函数定义,则有

$$u_C(0_+) = \frac{1}{C} \tag{4-65}$$

可见,在冲激电流激励下,$u_C(0_-)\neq u_C(0_+)$,电容电压发生跃变,即在 $t=0$ 瞬间,电容电压从 0 跃变到 $\frac{1}{C}$V。注意,这与前面阐述的换路定律并不矛盾,因为换路定律成立的前提条件是"在换路过程中流过电容的电流为有限值",显然这一条件在冲激电流流过电容时并不满足。

类似地,设 $t=0_-$ 时刻电感储能为 0,即 $i_L(0_-)=0$。当单位冲激电压 $\delta_u(t)$ 作用到该电感上时,根据式(4-10)并设 $t_0=0_-$、$t=0_+$,可得 0_+ 时刻的电感电流为

$$i_L(0_+) = i_L(0_-) + \frac{1}{L}\int_{0_-}^{0_+}\delta_u(t)\mathrm{d}t = \frac{1}{L} \tag{4-66}$$

可见,在冲激电压激励下,$i_L(0_-)\neq i_L(0_+)$,电感电流发生跃变,即在 $t=0$ 瞬间,电感电流从 0 跃变到 $\frac{1}{L}$A。

从以上分析可知,求解冲激响应时,可分为以下两步进行。

(1) 在 $t=0_-\sim 0_+$ 区间内,由于单位冲激函数 $\delta(t)$ 的作用,使得电容电压 u_C 或电感电流 i_L 发生跃变,亦即使动态元件获得储能。因此,求解冲激响应的关键是求得 $\delta(t)$ 引入的储能 $u_C(0_+)$ 或 $i_L(0_+)$。

(2) $t>0_+$ 时,$\delta(t)=0$,电路中的响应相当于电路储能引起的零输入响应。此时可使用三要素法求解。

3. 冲激响应与阶跃响应的关系

电路的冲激响应还可以通过阶跃响应求解。如前所述,单位冲激函数是单位阶跃函数

的一阶导数，即 $\delta(t)=\frac{\mathrm{d}}{\mathrm{d}t}\varepsilon(t)$。因此，在线性电路中，冲激响应也是阶跃响应的一阶导数，即

$$h(t)=\frac{\mathrm{d}}{\mathrm{d}t}g(t) \tag{4-67}$$

例 4-17　图 4-60 所示为一 RC 并联电路，试求该电路在单位冲激电流激励下的冲激响应 $u_C(t)$ 和 $i_C(t)$。

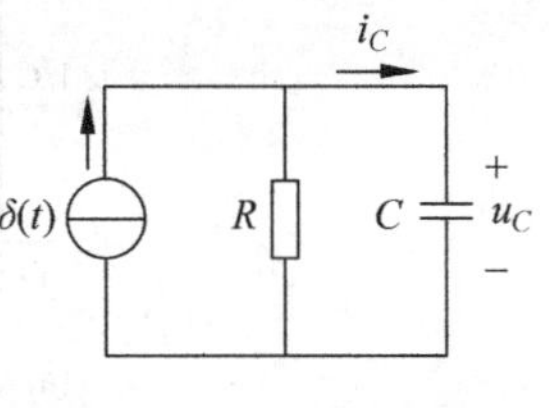

图 4-60　例 4-17 用图

解法 1　首先建立描述电路的微分方程。$t=0$ 时，根据 KCL，有

$$C\frac{\mathrm{d}u_C}{\mathrm{d}t}+\frac{1}{R}u_C=\delta(t) \tag{4-68}$$

将 0_- 时刻之后的电路分为两个时间段考虑。

(1) 在 $t=0_-\sim 0_+$ 区间内，冲激电流作用于电路。为求解 $u_C(0_+)$，可将式(4-68)在 $0_-\sim 0_+$ 区间内进行积分，有

$$\int_{0_-}^{0_+}C\frac{\mathrm{d}u_C}{\mathrm{d}t}\mathrm{d}t+\int_{0_-}^{0_+}\frac{u_C}{R}\mathrm{d}t=\int_{0_-}^{0_+}\delta(t)\mathrm{d}t \tag{4-69}$$

式(4-69)左侧第二项积分只有在 u_C 为冲激函数时才不为 0。但是，如果 u_C 为冲激函数，则式(4-68)等号左侧将出现冲激函数的导数，方程左右两边一定不相等。因此 u_C 不为冲激函数，$\int_{0_-}^{0_+}\frac{u_C}{R}\mathrm{d}t=0$。再根据冲激函数定义，有 $\int_{0_-}^{0_+}\delta(t)\mathrm{d}t=1$。因此，式(4-69)可写为

$$\int_{0_-}^{0_+}C\frac{\mathrm{d}u_C}{\mathrm{d}t}\mathrm{d}t=1$$

又

$$\int_{0_-}^{0_+}C\frac{\mathrm{d}u_C}{\mathrm{d}t}\mathrm{d}t=C\int_{u_C(0_-)}^{u_C(0_+)}\mathrm{d}u_C$$

所以

$$C[u_C(0_+)-u_C(0_-)]=1$$

$$u_C(0_+)=\frac{1}{C}$$

(2) 在 $t>0_+$ 时，由于 $\delta(t)=0$，故此时电路冲激响应相当于由 $u_C(0_+)=\frac{1}{C}$ 引起的零输入响应。可求得电路中 $u_C(\infty)=0$，时间常数 $\tau=RC$。利用三要素公式，得冲激响应为

$$u_C(t)=\{u_C(\infty)+[u_C(0_+)-u_C(\infty)]\mathrm{e}^{-\frac{1}{\tau}t}\}\varepsilon(t)=\frac{1}{C}\mathrm{e}^{-\frac{1}{RC}t}\varepsilon(t)$$

其中，单位阶跃函数 $\varepsilon(t)$ 表示电容电压在 $t=0$ 时刻发生跳变。

进一步可求得电容电流为

$$\begin{aligned}i_C(t)&=C\frac{\mathrm{d}u_C}{\mathrm{d}t}=\mathrm{e}^{-\frac{1}{RC}t}\delta(t)-\frac{1}{RC}\mathrm{e}^{-\frac{1}{RC}t}\varepsilon(t)\\&=\delta(t)-\frac{1}{RC}\mathrm{e}^{-\frac{1}{RC}t}\varepsilon(t)\end{aligned}$$

上式演算过程中用到了单位冲激函数 $f(t)\delta(t)=f(0)\delta(t)$ 的性质。

$u_C(t)$和$i_C(t)$随时间变化的曲线如图4-61所示。可见，在$t=0$瞬间，有一冲激电流$\delta(t)$流过电容，使电容充电到$\frac{1}{C}$。之后，电容逐渐放电，电流的实际方向与参考方向相反。

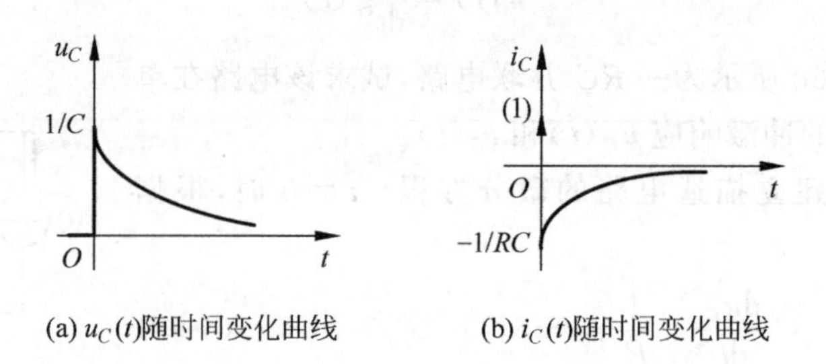

(a) $u_C(t)$随时间变化曲线　　(b) $i_C(t)$随时间变化曲线

图4-61　冲激响应随时间变化的曲线

解法2　由单位阶跃响应求单位冲激响应。根据4.4.1节讲述的方法，可求得图4-60所示电路中u_C的阶跃响应为

$$g(t)=R(1-e^{-\frac{1}{RC}t})\varepsilon(t)$$

则u_C的冲激响应为

$$h(t)=\frac{dg(t)}{dt}=R(1-e^{-\frac{1}{RC}t})\delta(t)+R\times\frac{1}{RC}e^{-\frac{1}{RC}t}\varepsilon(t)=\frac{1}{C}e^{-\frac{1}{RC}t}\varepsilon(t)$$

与解法1所得结果完全一致。

4.5　正弦激励下一阶电路的响应

除直流源外，在实际电路中，正弦电源也是十分常见的。下面以正弦激励下的一阶RC电路为例，讨论在正弦激励下的完全响应。图4-62(a)所示RC电路与一正弦电压源u_S接通，$t=0$时开关闭合，设电容电压初始值为U_0，正弦电压源为

$$u_S(t)=U_{Sm}\cos(\omega t+\psi_S) \tag{4-70}$$

其波形如图4-62(b)所示，其中U_{Sm}为正弦电压的振幅；ψ_m为初相位，其大小取决于开关闭合瞬间u_S的大小与方向。

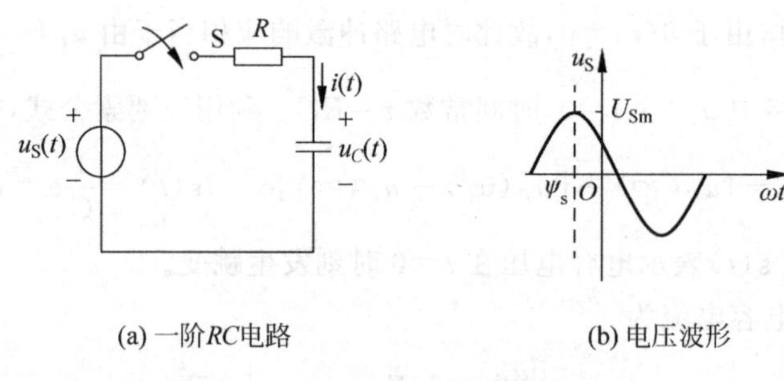

(a) 一阶RC电路　　(b) 电压波形

图4-62　正弦激励下的一阶RC电路

讨论开关闭合后的电容电压$u_C(t)$。根据KVL和元件VCR，描述电路的微分方程为

$$RC\frac{du_C(t)}{dt}+u_C(t)=U_{Sm}\cos(\omega t+\psi_S) \tag{4-71}$$

微分方程的解由齐次解 $u_{Ch}(t)$ 和特解 $u_{Cp}(t)$ 组成。齐次解的形式已如(4-35)所示,即

$$u_{Ch}=Ae^{-\frac{1}{RC}t}\quad t\geqslant 0 \tag{4-72}$$

式中,A 为待定系数。当激励为正弦函数时,特解可设为同一频率的正弦函数[①],即

$$u_{Cp}=U_{Cm}\cos(\omega t+\psi_C) \tag{4-73}$$

式中,U_{Cm} 和 ψ_C 为待定系数。由数学知识可知,特解应满足原始方程,故将其代入式(4-71)中,有

$$-RCU_{Cm}\omega\sin(\omega t+\psi_C)+U_{Cm}\cos(\omega t+\psi_C)=U_{Sm}\cos(\omega t+\psi_S) \tag{4-74}$$

对等号左边运用三角变换,得

$$\sqrt{1+\omega^2R^2C^2}\,U_{Cm}\cos(\omega t+\psi_C+\psi)=U_{Sm}\cos(\omega t+\psi_S) \tag{4-75}$$

其中,$\psi=\arctan(\omega RC)$,称为电路中的阻抗角。

比较式(4-74)中等号左右两边的对应项,可求得待定系数 U_{Cm}、ψ_C 分别为

$$U_{Cm}=\frac{U_{Sm}}{\sqrt{1+\omega^2R^2C^2}},\quad \psi_C=\psi_S-\psi=\varphi_S-\arctan(\omega RC)$$

因此,式(4-71)的一个特解为

$$u_{Cp}=\frac{U_{Sm}}{\sqrt{1+\omega^2R^2C^2}}\cos[\omega t+\psi_S-\arctan(\omega RC)]\quad t\geqslant 0$$

电容电压的全响应为

$$u_C(t)=u_{Ch}(t)+u_{Cp}(t)=Ae^{-\frac{1}{RC}t}+\frac{U_{Sm}}{\sqrt{1+\omega^2R^2C^2}}\cos[\omega t+\psi_S-\arctan(\omega RC)]$$

将初始条件 $u_C(0_+)=U_0$ 代入,解得

$$A=U_0-\frac{U_{Sm}}{\sqrt{1+\omega^2R^2C^2}}\cos[\psi_S-\arctan(\omega RC)]$$

因此,电容电压为

$$u_C(t)=\left\{U_0-\frac{U_{Sm}}{\sqrt{1+\omega^2R^2C^2}}\cos[\psi_S-\arctan(\omega RC)]\right\}e^{-\frac{1}{RC}t}+$$
$$\frac{U_{Sm}}{\sqrt{1+\omega^2R^2C^2}}\cos[\omega t+\psi_S-\arctan(\omega RC)]\quad t\geqslant 0 \tag{4-76}$$

从式(4-76)可以看出,电容电压的自由分量(齐次解)按指数规律逐衰减,最终趋于零,属于暂态响应。而强迫分量(特解)则是一个与激励频率相同的正弦函数,属于稳态响应。显然,这一电路存在两个工作阶段,其一为过渡状态,在此期间暂态响应分量尚未消失,响应由暂态响应和稳态响应共同构成,显然,在此期间响应不是按正弦方式变化的。另一为稳定状态,在此期间瞬态响应分量已可忽略不计,因而响应全部由稳态响应分量确定。此时,响应是按正弦方式变化的,且与外施正弦激励同频率,被称为正弦交流稳态或正弦稳态。

对实际电路来说,暂态响应非常短暂,人们更关注的是正弦稳态响应的求解。许多电子设备都工作在正弦稳态,如正弦波振荡器、电力系统的交流发电机等。同时,正弦稳态分析

---

① 由于 RC 电路的特征根只可能为实数,即 $j\omega$ 不是特征方程的根,因此特解可设为与输入同频率的正弦函数 $U_m\cos(\omega t+\psi_S)$。在这种情况下,特解也可设为 $K_1\cos(\omega t)+K_2\sin(\omega t)$ 的形式。

也是线性时不变电路频域分析的基础，因此讨论电路的正弦稳态响应具有非常重要的意义。

本节分析了简单一阶 *RC* 电路在正弦函数激励下的求解过程。显然，这种求解方式比较繁琐。可以想象，如果是正弦函数激励下的高阶电路，求解过程会更加复杂，因此必须寻求更简单的求解方法。第 5 章学习的相量法将是解决该问题的好方法。

4.6 小结

1. 电容元件与电感元件

电容、电感是无源元件，也是储能元件。它们不消耗能量，只是与外界进行能量交换。电容储存电场能量，电感储存磁场能量。它们的 VCR 是微分与积分的关系，因此也被称为动态元件。当电容两端电压发生变化时，电容中才有电流流过，故在直流稳态电路中，电容相当于开路；当电感中的电流变化时，电感两端才有电压，故在直流激励的稳态电路中，电感相当于短路。电容、电感的性能对照归纳于表 4-1 中。

表 4-1 电感、电容性能对照表

元件符号	电容 *C*	电感 *L*
电路模型	i → C；+ u −	i → L；+ u −
定义式	$C=\frac{q}{u}$	$L=\frac{\Psi}{i}$
电压、电流关系	$i(t)=C\frac{\mathrm{d}u(t)}{\mathrm{d}t}$ $u(t)=\frac{1}{C}\int_{-\infty}^{t}i(\xi)\mathrm{d}\xi$	$u(t)=L\frac{\mathrm{d}i(t)}{\mathrm{d}t}$ $i(t)=\frac{1}{L}\int_{-\infty}^{t}u(\xi)\mathrm{d}\xi$
储能	$W_C(t)=\frac{1}{2}Cu^2(t)$	$W_L(t)=\frac{1}{2}Li^2(t)$
串联等效	$u(0)=u_1(0)+u_2(0)+\cdots+u_n(0)$ $\frac{1}{C_{\mathrm{eq}}}=\frac{1}{C_1}+\frac{1}{C_2}+\cdots+\frac{1}{C_n}$	$i(0)=i_1(0)=i_2(0)=\cdots=i_n(0)$ $L_{\mathrm{eq}}=L_1+L_2+\cdots+L_n$
并联等效	$u(0)=u_1(0)=u_2(0)=\cdots=u_n(0)$ $C_{\mathrm{eq}}=C_1+C_2+\cdots+C_n$	$i(0)=i_1(0)+i_2(0)+\cdots+i_n(0)$ $\frac{1}{L_{\mathrm{eq}}}=\frac{1}{L_1}+\frac{1}{L_2}+\cdots+\frac{1}{L_n}$
记忆性	电流记忆电压	电压记忆电流

2. 换路、换路定律与初始值的计算

1）换路

动态电路中某条支路的突然断开或接入、信号的突然注入等电路结构或元件参数变化称为换路。

2）换路定律

换路定律用来表述动态电路在换路瞬间所呈现的规律。假设动态电路在 $t=0$ 时刻发生换路。把换路的前一瞬间记为 0_-，换路的后一瞬间记为 0_+，则有

电容元件： $u_C(0_+)=u_C(0_-)$ （i_C 为有限值时）

电感元件： $i_L(0_+)=i_L(0_-)$ （u_L 为有限值时）

即，若在换路瞬间电容电压 u_C 和电感电流 i_L 为有限值，那么电容电压和电感电流在换路前后保持不变。

3）初始条件的计算

初始条件即求解动态电路微分方程需要的初始条件。电路响应 $y(t)$ 及其各阶导数在 $t=0_+$ 时刻的数值称为电路的初始条件。对一阶电路来说，电路的初始条件即 $y(0_+)$。其中，电容电压 $u_C(0_+)$ 和电感电流 $i_L(0_+)$ 的值相对 $t\geqslant 0_+$ 所加激励源是独立的，故称为独立的初始条件。其余变量在 0_+ 时刻的值与 $t\geqslant 0_+$ 所加激励有关，故称为非独立初始条件。

求解电路初始条件的步骤如下。

① 在 $t=0_-$ 时刻，若激励为直流源，并且电路已处于稳态，则将电容视为开路，电感视为短路，按电阻电路所学方法，求得 $u_C(0_-)$ 和 $i_L(0_-)$。

② 由换路定律求得 $u_C(0_+)$ 和 $i_L(0_+)$。

③ 画 $t=0_+$ 时刻的等效电路：根据置换定理，电容用电压等于 $u_C(0_+)$ 的电压源替代，电感用电流等于 $i_L(0_+)$ 的电流源替代，方向与原假定的电容电压、电感电流方向相同；独立电源均取 $t=0_+$ 时的值。此时会得到一个直流电源作用下的电阻电路。

④ 在 $t=0_+$ 等效电路中，应用电阻电路所学各种方法求出待求的非独立初始条件。

3. 直流激励下一阶电路的三要素法分析

对于直流电源作用的一阶电路，其响应的一般形式为

$$y(t)=y(\infty)+[y(0_+)-y(\infty)]\mathrm{e}^{-\frac{t}{\tau}} \tag{4-77}$$

式中，$y(0_+)$ 为响应的初始条件，其求法见本节第 2 条；$y(\infty)$ 为响应的稳态分量，将换路后的电路中电容等效为开路，电感等效为短路，即可求解出稳态下的 $y(\infty)$；τ 为电路的时间常数，对于 RC 电路，$\tau=RC$，对于 RL 电路，$\tau=L/R$，其中，R 是从电路储能元件两端看进去的戴维南（诺顿）等效电阻。

可见，直流激励下一阶电路的响应是由初始条件 $y(0_+)$、稳态分量 $y(\infty)$ 及时间常数 τ 等 3 个要素决定的，将它们代入式(4-77)即可求得所求电路响应 $y(t)$。这种求解电路的方法称为三要素法，该方法可用于求解一阶电路的零输入响应、零状态响应、全响应及阶跃响应、冲激响应。

4. 电路全响应的 3 种分解形式

由电路的初始储能与换路后外加激励共同作用产生的响应称为全响应。对于讨论的线性时不变电路，其全响应有以下 3 种分解方式。

1）按系统特性分类

$$全响应=自由响应+强迫响应$$

自由响应对应电路微分方程的齐次解。从响应意义上看，齐次解对应的函数形式仅取决于电路元件固有参数的指数函数形式，而不受激励约束，所以称它为自由响应；特解对应的函数形式受限于电路激励的函数形式，或者说这部分响应是在激励"强迫"下作出的响应，故称这部分为电路的强迫响应。

2) 按时间特性分类

$$\text{全响应} = \text{暂态响应} + \text{稳态响应}$$

暂态响应对应的是 $t \to \infty$ 时为零的响应分量，稳态响应对应的是 $t \to \infty$ 仍存在的响应分量。这种分解方式能更明显地反映出电路的工作状态，便于描述电路的过渡过程。

3) 按因果关系分类

$$\text{全响应} = \text{零输入响应} + \text{零状态响应}$$

当电路外加激励为零时，电路的响应仅由初始储能作用产生，称为零输入响应。而当电路无初始储能时，电路的响应仅由外加激励作用产生，称为零状态响应。这种分解形式因果关系明确，物理概念清晰，是现代电路理论学习和研究中使用最多的一种全响应分解形式。

5. 阶跃函数 $\varepsilon(t)$ 与阶跃响应 $g(t)$

单位阶跃函数 $\varepsilon(t)$ 定义为

$$\varepsilon(t) = \begin{cases} 0, & t < 0 \\ 1, & t > 0 \end{cases}$$

它表示在 $t=0$ 时刻，波形发生了跳变，常用于描述电路某些情况下的开关动作。

用单位阶跃函数及其延迟函数可以表示很多复杂信号，如矩形脉冲信号、"阶梯式"信号等。借助单位阶跃函数还可描述任意一个函数 $f(t)$ 的定义域。

电路在单位阶跃函数作用下产生的零状态响应称为单位阶跃响应，简称阶跃响应，记为 $g(t)$。阶跃响应的求法与直流激励下的零状态响应本质上是相同的，因此阶跃响应可根据三要素公式直接写出。

当"阶梯式"的复杂信号作用于线性时不变电路时，可利用阶跃响应方便地求解出该电路的零状态响应：首先利用三要素法求得电路的阶跃响应 $g(t)$，再将"阶梯式"用阶跃函数及其延迟函数表示出来，最后利用线性时不变电路的齐次性、叠加性、时不变性可快速求得待求信号的零状态响应。

6. 冲激函数 $\delta(t)$ 与冲激响应 $h(t)$

单位冲激函数 $\delta(t)$ 定义为

$$\begin{cases} \delta(t) = 0 & t \neq 0 \\ \int_{-\infty}^{\infty} \delta(t)\,\mathrm{d}t = 1 \end{cases}$$

它描述的是一种作用时间极短，而取值极大的物理现象。

冲激函数具有以下两个重要性质。

① 单位冲激函数 $\delta(t)$ 对时间的积分等于单位阶跃函数 $\varepsilon(t)$；反之，单位阶跃函数 $\varepsilon(t)$ 对时间的一阶导数等于单位冲激函数 $\delta(t)$，即

$$\int_{-\infty}^{t}\delta(\xi)\mathrm{d}\xi=\varepsilon(t),\quad \frac{\mathrm{d}}{\mathrm{d}t}\varepsilon(t)=\delta(t)$$

② 冲激函数的筛分性质

$$f(t)\delta(t)=f(0)\delta(t)\Rightarrow\int_{-\infty}^{\infty}f(t)\delta(t)\mathrm{d}t=f(0)\int_{-\infty}^{\infty}\delta(t)\mathrm{d}t=f(0)$$

电路在单位冲激函数作用下产生的零状态响应称为单位冲激响应,简称冲激响应,记为$h(t)$。冲激响应的计算有以下两种方法。

① 化为零输入响应。

由于$t>0_+$时,$\delta(t)=0$,因此求解冲激响应可分为两步进行:第一步,求解$0_-\sim0_+$区间内电路在$\delta(t)$激励下引入的储能$u_C(0_+)$或$i_L(0_+)$;第二步,$t>0_+$时电路中的响应相当于电路储能引起的零输入响应,此时可使用三要素法求解。

② 利用冲激响应与阶跃响应的关系。

对于同一电路同一变量而言,其冲激响应与阶跃响应之间满足

$$h(t)=\frac{\mathrm{d}}{\mathrm{d}t}g(t)$$

习题 4

4-1　已知1μF电容的端电压$u_C=100\cos(1000t)$V,试求$i_C(t)$。分析u_C与i_C波形是否相同?最大值、最小值是否发生在同一时刻?

4-2　0.1F电容的电流如图4-63所示,若$u_C(0)=0$,试绘出电容电压的波形。

4-3　在图4-64(a)中,$L=4$H,且$i(0)=0$,电压的波形如图4-64(b)所示。试求当$t=1$s、$t=2$s、$t=3$s和$t=4$s时电感电流i。

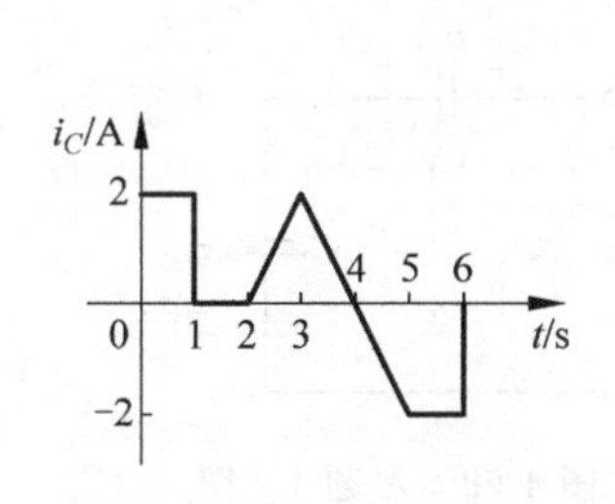

图4-63　习题4-2图

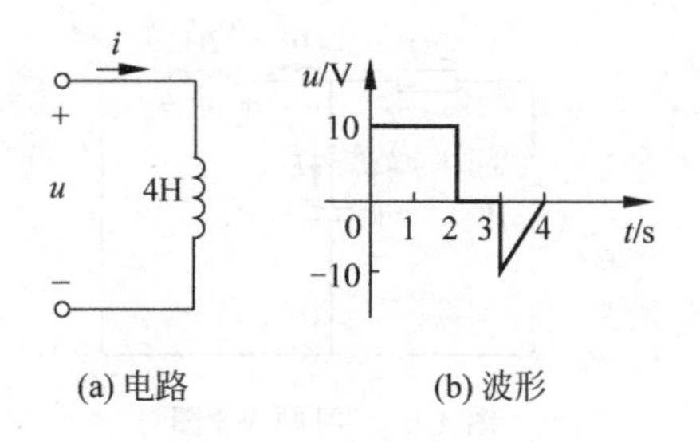

(a) 电路　(b) 波形

图4-64　习题4-3图

4-4　图4-65所示为关联参考方向下,一电容电压和电流波形。

(1) 求C。

(2) 计算电容在$0<t<1$ms期间所得到的电荷。

(3) 计算在$t=2$ms时电容吸收的功率。

(4) 计算在$t=2$ms时电容储存的能量。

4-5　图4-66(a)所示的电感$L=0.5$H,其端电压u的波形如图4-66(b)所示。

(1) 若$i(0)=0$,求电流i,并画出其波形。

(2) 计算在$t=2$ms时电感吸收的功率。

(3) 计算在 $t=2\text{ms}$ 时电感储存的能量。

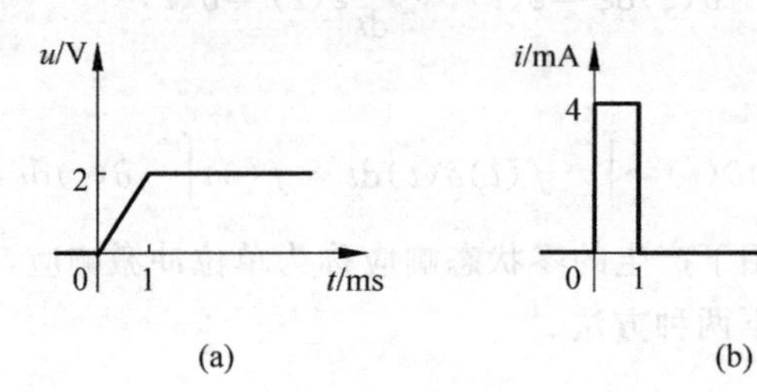

图 4-65 习题 4-4 图

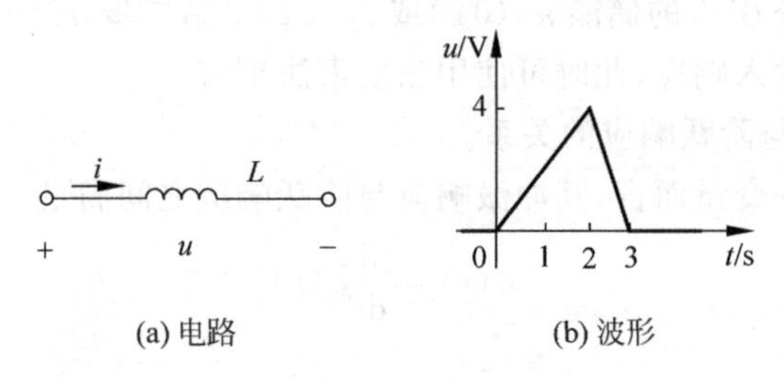

图 4-66 习题 4-5 图

4-6 图 4-67 所示电路,已知电感电流 $i_L(t)=5(1-\mathrm{e}^{-10t})\text{A}, t\geqslant 0$,求 $t\geqslant 0$ 时电容电流 $i_C(t)$和电压源电压 $u_S(t)$。

4-7 如图 4-68 中,$C_1=3\mu\text{F}, C_2=6\mu\text{F}, u_{C1}(0)=u_{C2}(0)=-3\text{V}$。已知 $i(t)=30\mathrm{e}^{-5t}\mu\text{A}$,求:

(1) 等效电容 C 及 u_C 表达式。

(2) 分别求 u_{C1} 和 u_{C2},并核对 KVL。

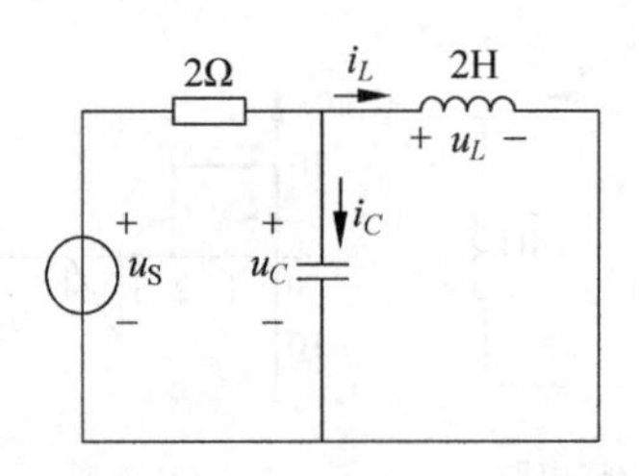

图 4-67 习题 4-6 图

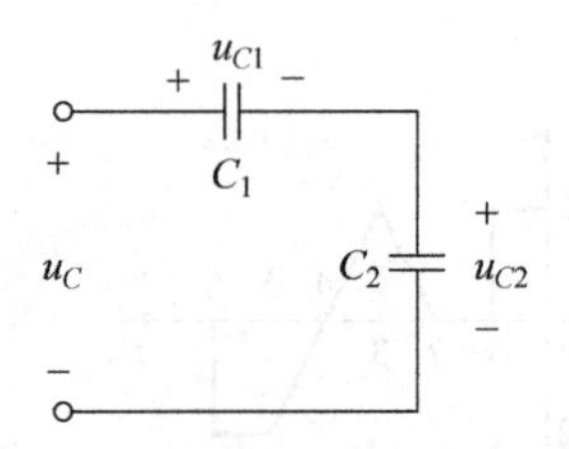

图 4-68 习题 4-7 图

4-8 在图 4-69 中,$L_1=6\text{H}, i_1(0)=2\text{A}$; $L_2=2\text{H}, i_2(0)=4\text{A}$。已知 $u(t)=15\mathrm{e}^{-t}\text{V}$,求:

(1) 等效电感 L 及 i_L 表达式。

(2) 分别求 i_1 和 i_2,并核对 KCL。

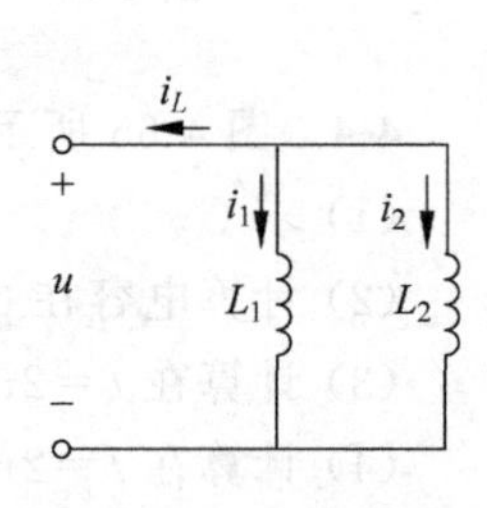

图 4-69 习题 4-8 图

4-9 电路如图 4-70 所示,求:

(1) 图 4-70(a)中 ab 端的等效电感 L_{ab}。

(2) 图 4-70(b)中 ab 端的等效电容 C_{ab}。

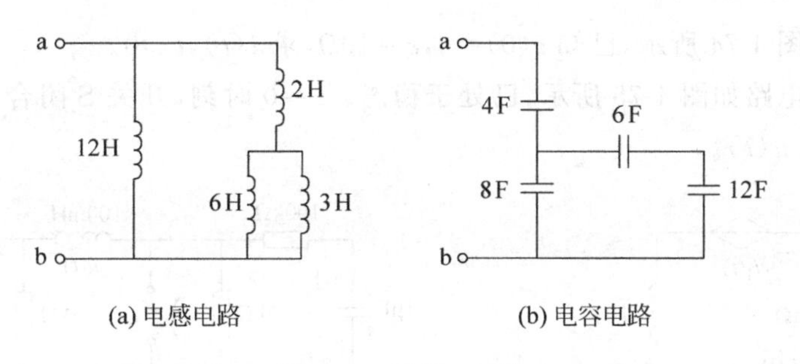

图 4-70 习题 4-9 图

4-10 试求图 4-71 所示各电路中电压(u_L 或 u_C)和电流(i_C 或 i_L)的初始值。设开关动作前,电路已处于稳定状态。

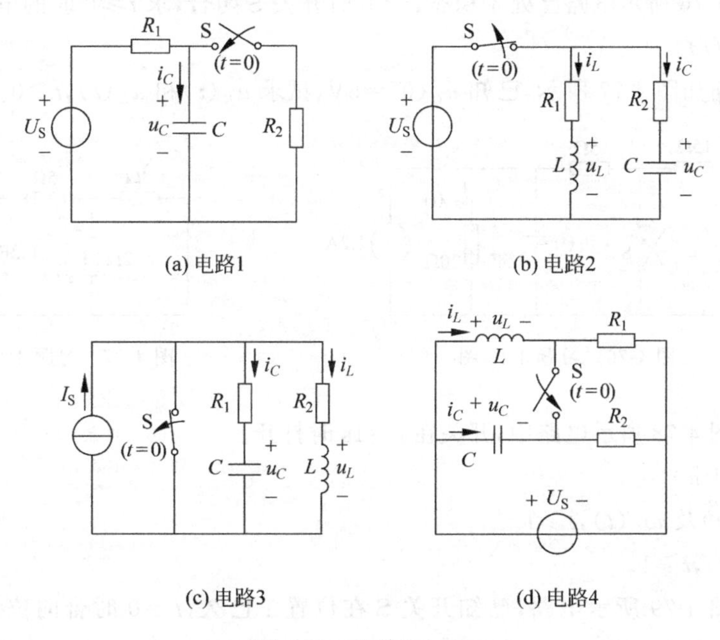

图 4-71 习题 4-10 图

4-11 图 4-72 所示电路,已知 $t<0$ 时,开关 S 位于位置 1,且电路已达到稳态。$t=0$ 时,开关 S 切换至位置 2,求初始值 $i_R(0_+)$、$i_C(0_+)$和 $u_L(0_+)$。

4-12 图 4-73 所示电路已处于稳态,$t=0$ 时开关 S 由 a 切换至 b,求 $t\geqslant 0$ 时电压 $u(t)$,并画出波形。

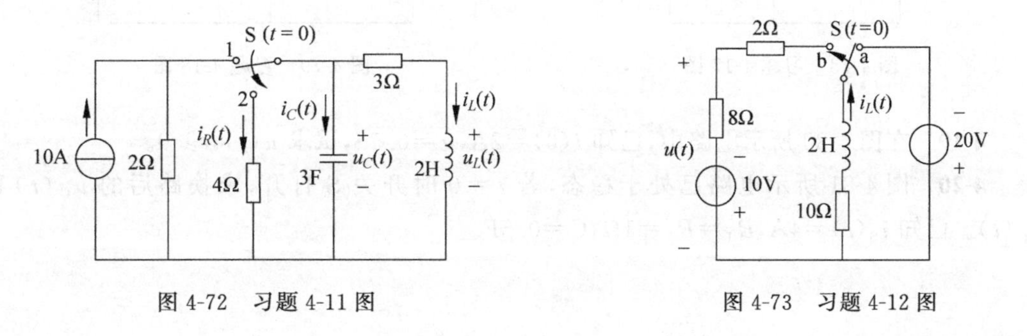

图 4-72 习题 4-11 图　　图 4-73 习题 4-12 图

4-13 电路图 4-74 所示，已知 $i(0)=0$，$r=10\Omega$，求 $i(t)$，$t\geqslant 0$。

4-14 已知电路如图 4-75 所示，已处于稳态。$t=0$ 时刻，开关 S 闭合，试求 $t\geqslant 0$ 时的电流 $i(t)$ 及电压 $u(t)$。

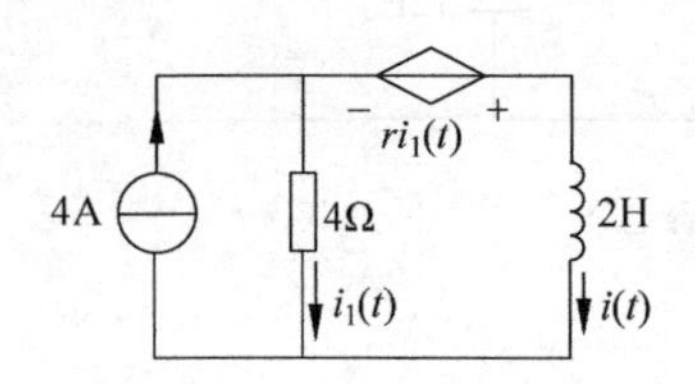

图 4-74 习题 4-13 图

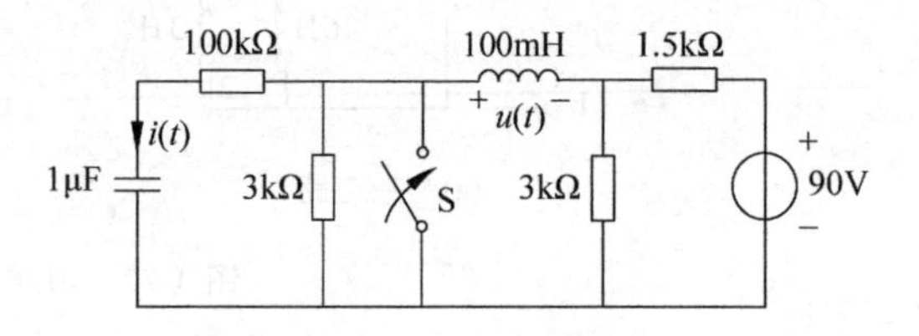

图 4-75 习题 4-14 图

4-15 图 4-76 所示电路已处于稳态，$t=0$ 时开关 S 闭合，求 $t\geqslant 0$ 时的电容电压 $u_C(t)$ 及电阻电流 $i_R(t)$。

4-16 电路如图 4-77 所示，已知 $u_C(0)=5\text{V}$，试求 $u_R(t)$ 和 $u_C(t)$，$t\geqslant 0$。

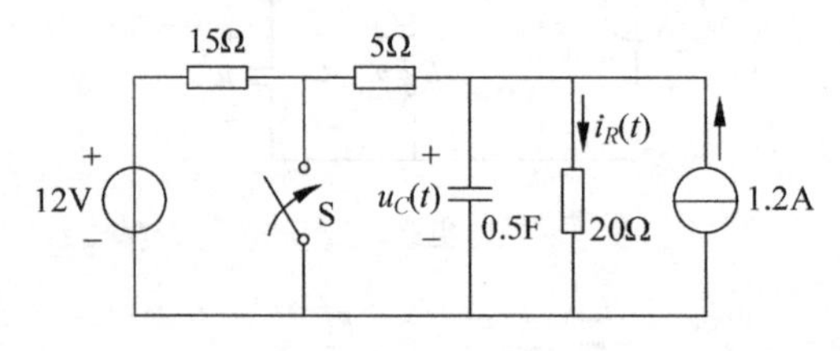

图 4-76 习题 4-15 图

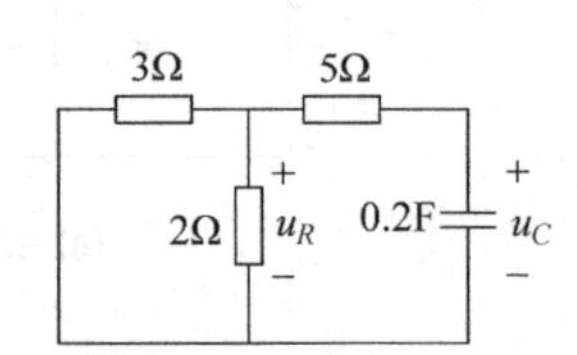

图 4-77 习题 4-16 图

4-17 在图 4-78 所示电路中，开关在 $t=1\text{s}$ 时打开。

(1) 求 $u(1+)$。

(2) 求 $u(t)$ 及 $w_C(t)$，$t\geqslant 1$。

(3) 求 $i(t)$，$t\geqslant 1$。

4-18 如图 4-79 所示电路，已知开关 S 在位置 1 已久，$t=0$ 时合向位置 2，$R_1=6\Omega$，$R_2=2\Omega$，$R_3=3\Omega$，$L=1\text{H}$，$u_S=18\text{V}$。试求换路后的 i 和 u_L。

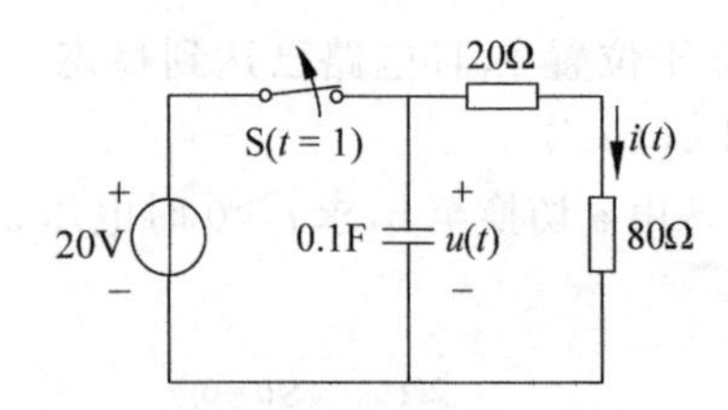

图 4-78 习题 4-17 图

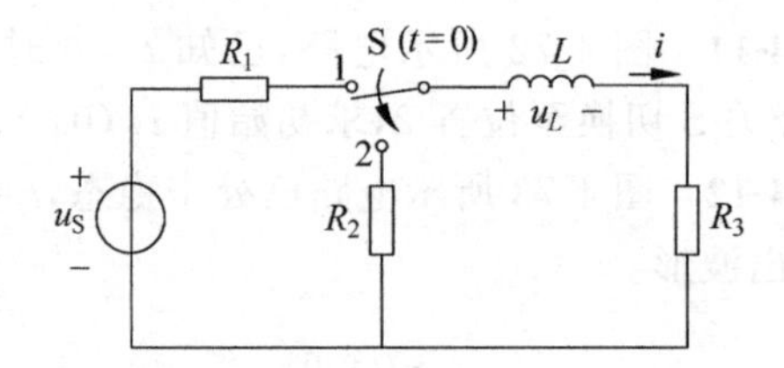

图 4-79 习题 4-18 图

4-19 在图 4-80 所示电路中，已知 $i(0)=2\text{A}$，$g=0.5\text{S}$，试求 $u(t)$，$t\geqslant 0$。

4-20 图 4-81 所示电路已处于稳态，若 $t=0$ 时开关 S 打开，求换路后的 $u_C(t)$ 和 $i_C(t)$。已知 $i_S(t)=4\text{A}$，$R_1=R_2=1\Omega$，$C=0.5\text{F}$。

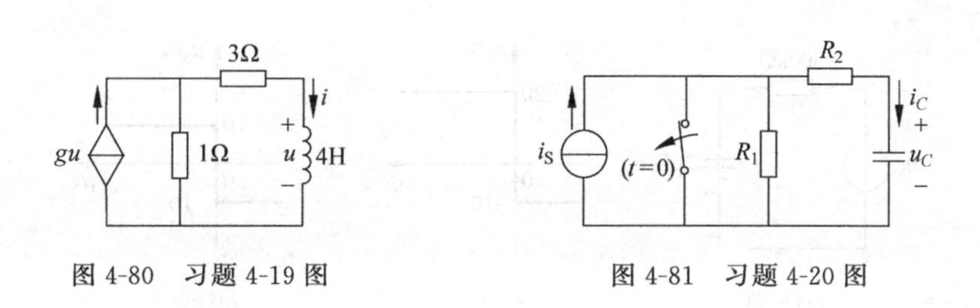

图 4-80　习题 4-19 图　　　　图 4-81　习题 4-20 图

4-21　已知图 4-82 所示电路已处于稳态。$t=0$ 时刻开关 S 闭合，试求开关闭合后的电感电流 $i_L(t)$。

4-22　在图 4-83 所示的电路中，开关 S 一直闭合在位置 a 上。一旦电路达到稳态，开关立刻拨到位置 b，设开关拨到位置 b 的时间发生在 $t=0$ 时刻，试求零状态响应 i 和 u_L。

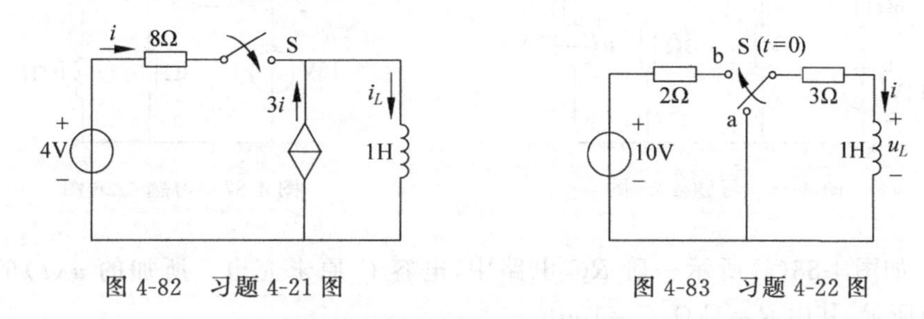

图 4-82　习题 4-21 图　　　　图 4-83　习题 4-22 图

4-23　在图 4-84(a)所示电路中，U 的波形如图 4-84(b)所示。已知 $R=1\text{k}\Omega$，$L=2\text{mH}$，$i(0)=-5\text{mA}$。

(1) 试计算 $t\geqslant 0$ 时的电流 i。

(2) 指出 i 中的零输入响应分量和零状态响应分量。

(3) 指出 i 中的暂态响应分量和稳态响应分量。

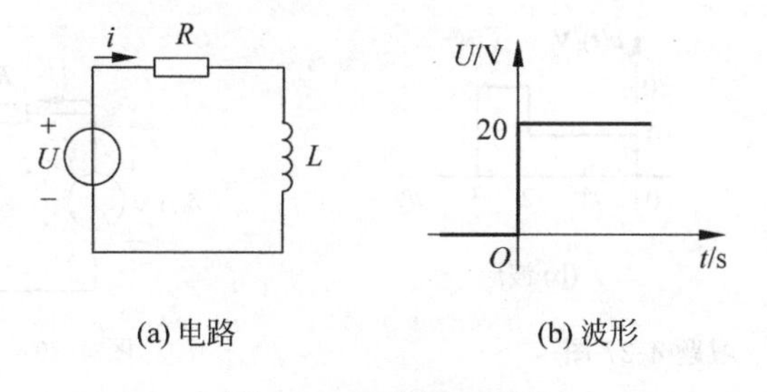

(a) 电路　　　(b) 波形

图 4-84　习题 4-23 图

4-24　*RC* 电路如图 4-85(a)所示，若对所有 t，电压源 u_S 的波形如图 4-85(b)所示，试求 $u_C(t)$、$i(t)$，$t\geqslant 0$；若对所有 t，电压源 u_S 的波形如图 4-85(c)所示，重复以上要求。

4-25　图 4-86 所示电路已处于稳态，$t=0$ 时开关 S 打开。求 $t\geqslant 0$ 时电压 $u(t)$ 的零输入响应、零状态响应及全响应，并画出三者的波形。

4-26　电路如图 4-87 所示。

(1) 试求 $i_L(t)$ 的零状态响应。

(2) 若 $i_L(0_-)=1\text{A}$，试求 $i_L(t)$ 的零输入响应。

(3) 若 $i_L(0_-)=-1\text{A}$，试求 $i_L(t)$ 的全响应。

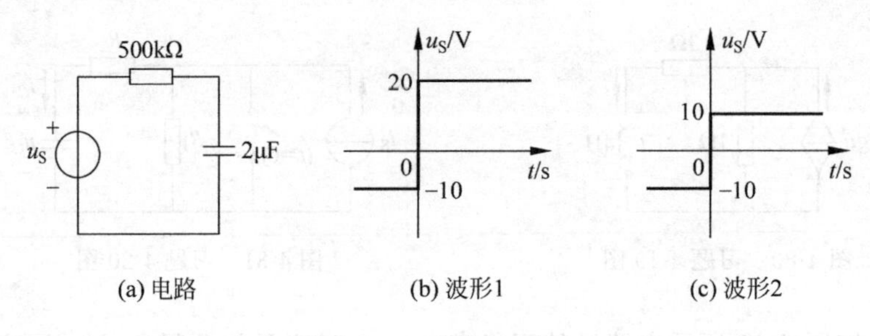

图 4-85　习题 4-24 图

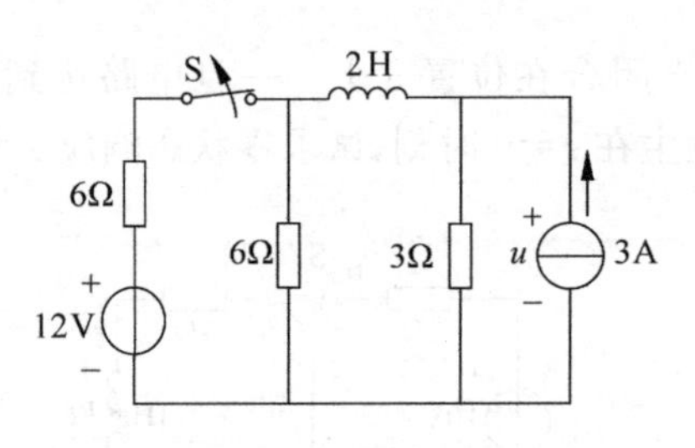

图 4-86　习题 4-25 图

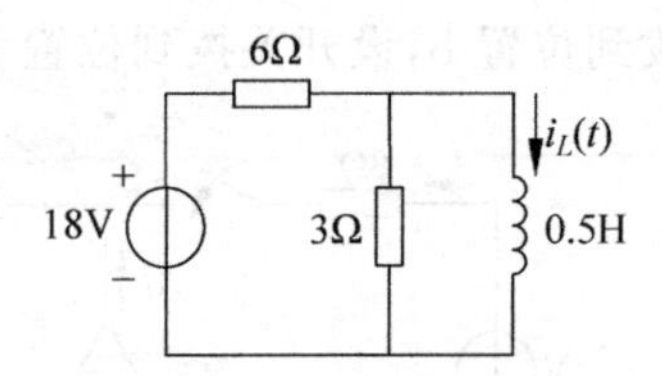

图 4-87　习题 4-26 图

4-27　如图 4-88(a)所示一阶 RC 电路中，电容 C 原未充电。所加的 $u(t)$的波形如图 4-88(b)所示，其中 $R=1\text{k}\Omega$，$C=10\mu\text{F}$。

(1) 用分段方式写出电容电压 $u_C(t)$。

(2) 用一个表达式写出电容电压 $u_C(t)$。提示，先将 $u(t)$写成用阶跃函数表示的形式，并求出阶跃响应。再利用线性时不变电路的性质直接求出 $u_C(t)$。

4-28　在图 4-89 中，$u_C(0_-)=0$，$R_1=6\text{k}\Omega$，$R_2=3\text{k}\Omega$，$C=0.05\text{F}$。试求电路的冲激响应 $i_1(t)$和 $u_C(t)$。

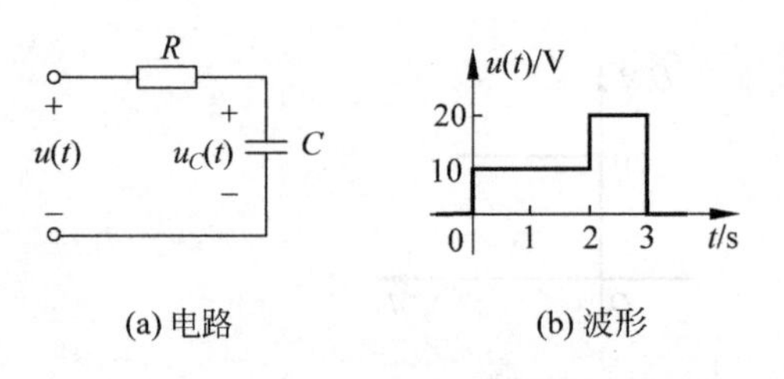

图 4-88　习题 4-27 图

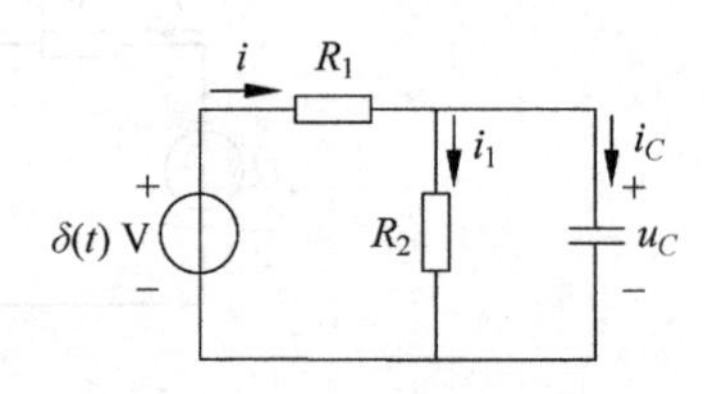

图 4-89　习题 4-28 图

第5章 正弦稳态电路分析

本章学习目标

- 掌握正弦稳态电路中的计算方法；
- 掌握基尔霍夫定律的相量形式；
- 理解正弦稳态电路的相量分析法；
- 理解并掌握正弦稳态中功率的概念和计算。

本章首先介绍正弦信号与相量的基本知识，将直流电路中介绍过的基尔霍夫定律和欧姆定律等基本电路定律引入交流电路，并介绍阻抗与导纳的概念。接着介绍如何利用节点分析法、网孔分析法、戴维南定理、诺顿定理、叠加原理等分析交流电路，最后介绍交流电路的功率分析。

5.1 正弦电压与电流

正弦电流通常称为交流电。这种电流以规则的时间间隔出现极性反转，并交替地表现出正值和负值。由正弦电流源或正弦电压源激励的电路称为交流电路。

之所以对正弦交流电路感兴趣，原因很多。首先，许多自然现象本身呈现出正弦特性。例如，钟摆的运动、琴弦的振动、海洋表面的波纹、欠阻尼二阶系统的自然响应等均呈现正弦波动的特性，而这些仅仅是自然现象的小部分实例。其次，正弦信号易于产生和传输，世界各国输送给家庭、工厂、实验室等的供电电压均呈正弦交流形式。同时，正弦信号也是通信系统和电力工业系统中主要的信号传输形式。再次，由傅里叶分析可知，任何实际的周期信号都可以表示为许多正弦信号之和，因此，在周期信号分析中，正弦信号起着重要的作用。最后，正弦信号在数学上易于处理，其导数与积分仍然是正弦信号。正是基于上述原因，我们说正弦信号是电路分析中一个极为重要的函数。

5.1.1 正弦量的三要素

周期信号就是每隔一定的时间 T，电流或电压的波形重复出现；或者说，每隔一定的时间 T，电流或电压完成一个循环。图 5-1 给出了几个周期信号的波形，周期信号的数学表达式为

$$f(t)=f(t+kT)$$

式中，k 为任何整数。周期信号完成一个循环所需要的时间 T 称为周期，单位为 s。

周期信号在单位时间内完成的循环次数称为频率，用 f 表示。显然，频率与周期 T 的

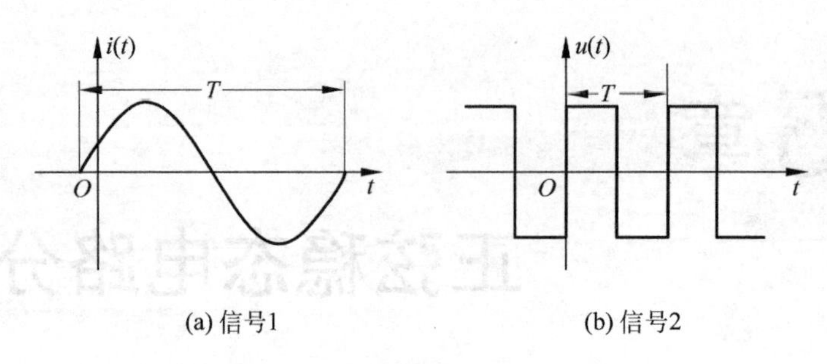

(a) 信号1　　(b) 信号2

图 5-1　周期信号

关系为

$$f=\frac{1}{T}$$

频率的单位为赫兹(Hz)。我国电力网所供给的交流电的频率是 50Hz,其周期是 0.02s。实验室用的音频信号源的频率为 20Hz～20kHz,相应的周期为 0.05ms～0.05s。

按正弦(余弦)规律变化的周期信号,称为正弦交流电,简称交流电。以电流为例,如图 5-2 所示,其瞬时表达式为

$$i(t)=I_{\mathrm{m}}\cos(\omega t+\theta_i)$$

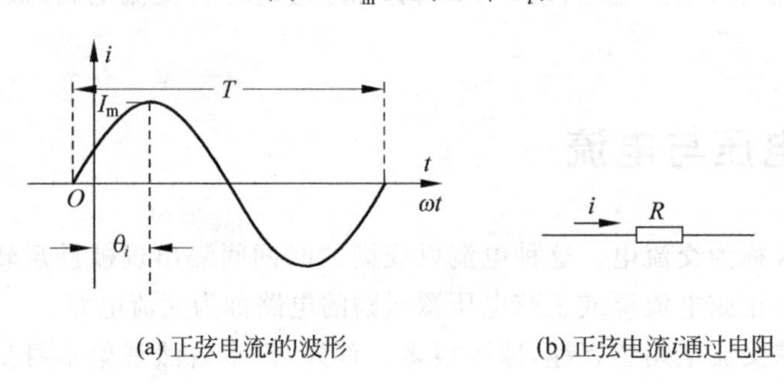

(a) 正弦电流i的波形　　(b) 正弦电流i通过电阻

图 5-2　正弦电流

由于正弦信号变化一周,其相位变化 2π 弧度,于是有

$$[\omega(t+T)+\theta_i]-(\omega t+\theta_i)=2\pi$$

$$\omega=\frac{2\pi}{T}=2\pi f$$

ω 表示单位时间正弦信号变化的弧度数,称为角频率,其单位是弧度/秒(rad/s)。当 $t=0$ 时,相位角为 θ_i,称为初相位或初相角,简称初相。工程上为了方便,初相角 θ_i 常用角度表示。

5.1.2　相位差

假设两个正弦电压分别为

$$u_1(t)=U_{1\mathrm{m}}\cos(\omega t+\theta_1)$$

$$u_2(t)=U_{2\mathrm{m}}\cos(\omega t+\theta_2)$$

它们的相位之差称为相位差,用 φ 表示,即

$$\psi=(\omega t+\theta_1)-(\omega t+\theta_2)=\theta_1-\theta_2$$

两个同频率的正弦信号的相位差等于它们的初相之差。

例 5-1 已知正弦电流 $i(t)$ 的波形如图 5-3 所示，角频率 $\omega=10^3\text{rad/s}$。试写出 $i(t)$ 的表达式，并求 $i(t)$ 达到第一个正的最大值的时间 t_1。

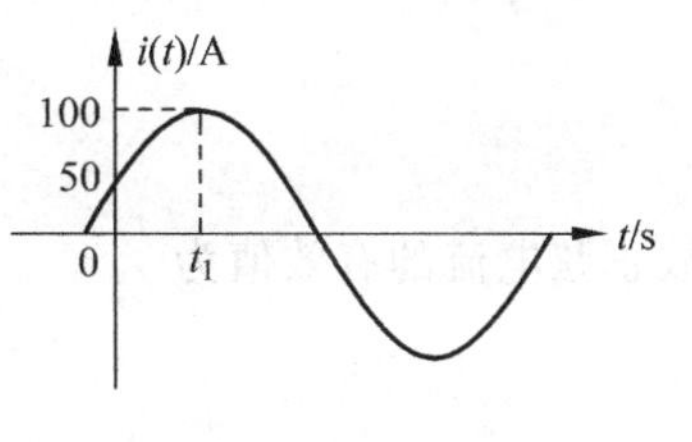

图 5-3 例 5-1 用图

解 由图 5-3 可知，$i(t)$ 的振幅为 100A，即

$$i(t)=100\cos(10^3t+\theta_i)\text{A}$$

当 $t=0$ 时，电流为 50A，将 $t=0$ 代入上式，得

$$i(0)=100\cos\theta_i=50$$

故

$$\cos\theta_i=0.5$$

由于 $i(t)$ 的正最大值发生在时间起点之后，初相角为负值，即

$$\theta_i=-\frac{\pi}{3}$$

于是

$$i(t)=100\cos\left(10^3t-\frac{\pi}{3}\right)\text{A}$$

当 $\omega t_1=\frac{\pi}{3}$ 时，电流达到正最大值，即

$$t_1=\frac{\theta_i}{\omega}=\frac{\pi}{3}\times10^{-3}\text{ms}=1.047\text{ms}$$

例 5-2 设有两频率相同的正弦电流

$$i_1(t)=5\cos(\omega t+60°)\text{A}$$
$$i_2(t)=10\sin(\omega t+40°)\text{A}$$

哪个电流滞后？滞后的角度是多少？

解 首先把 $i_2(t)$ 改写成用余弦函数表示，即

$$\begin{aligned}i_2(t)&=10\sin(\omega t+40°)\text{A}=10\sin(90°+\omega t-50°)\text{A}\\&=10\cos(\omega t-50°)\text{A}\end{aligned}$$

故相位差为

$$\varphi=\theta_1-\theta_2=60°-(-50°)=110°$$

5.1.3 有效值

正弦信号的有效值定义：让正弦信号和直流电分别通过两个阻值相等的电阻。如果在相同的时间 T 内（T 可取正弦信号的周期），两个电阻消耗的能量相等，那么，称该直流电的值为正弦信号的有效值。

当直流电流 I 流过电阻 R 时，该电阻在时间 T 内消耗的电能为

$$W_{=}=I^2RT$$

当正弦电流 i 流过电阻 R 时，在相同的时间 T 内，电阻消耗的电能为

$$W_{\sim}=\int_0^T p(t)\text{d}t=\int_0^T Ri^2(t)\text{d}t$$

式中，$p(t)$表示电阻在任一瞬间消耗的功率，即 $p(t)=u(t)i(t)=Ri^2(t)$。根据有效值的定义，有

$$W_= = W_\sim$$

$$I^2RT = \int_0^T Ri^2(t)\mathrm{d}t$$

故正弦电流的有效值为

$$I = \sqrt{\frac{1}{T}\int_0^T i^2(t)\mathrm{d}t} \tag{5-1}$$

正弦电流的有效值是瞬时值的平方在一个周期内的平均值再取平方根，故有效值也称为均方根值。

类似地，可得正弦电压的有效值为

$$U = \sqrt{\frac{1}{T}\int_0^T u^2(t)\mathrm{d}t}$$

将正弦电流的表达式

$$i(t) = I_\mathrm{m}\cos(\omega t + \theta_i)$$

代入式(5-1)，得出正弦电流的有效值为

$$\begin{aligned} I &= \sqrt{\frac{1}{T}\int_0^T I_\mathrm{m}^2\cos^2(\omega t + \theta_i)\mathrm{d}t} \\ &= \sqrt{\frac{1}{T}\frac{I_\mathrm{m}^2}{2}\int_0^T [1+\cos 2(\omega t + \theta_i)]\mathrm{d}t} \\ &= \frac{1}{\sqrt{2}}I_\mathrm{m} = 0.707 I_\mathrm{m} \end{aligned}$$

同理，可得正弦电压的有效值为

$$U = \frac{1}{\sqrt{2}}U_\mathrm{m} = 0.707 U_\mathrm{m}$$

必须指出，交流测量仪表指示的电流、电压读数一般都是有效值。

引入有效值以后，正弦电流和电压的表达式也可写成

$$i(t) = I_\mathrm{m}\cos(\omega t + \theta_i) = \sqrt{2}I\cos(\omega t + \theta_i)$$

$$u(t) = U_\mathrm{m}\cos(\omega t + \theta_u) = \sqrt{2}U\cos(\omega t + \theta_u)$$

5.2 正弦量的相量表示

正弦信号可以很容易地用相量表示，相量要比正弦函数和余弦函数处理起来更为方便。

相量是一个表示正弦信号的幅度和相位的复数。

相量提供了一种分析由正弦电源激励的线性电路的简单方法；否则这类电路的求解将难以处理，利用相量求解交流电路的概念是由斯坦梅茨于 1893 年首次提出的。在完整地定义相量并将其用于电路分析之前，需要彻底地复习有关复数的知识。

一个复数 A 既能表示成代数型，也能表示成指数型或极坐标型。

$$A = a_1 + \mathrm{j}a_2 = a\mathrm{e}^{\mathrm{j}\phi} = a\underline{/\phi}$$

代数型　指数型 极坐标型

式中，$\mathrm{j}=\sqrt{-1}$为虚单位；a_1 为复数 A 的实部；a_2 为复数 A 的虚部；a 为复数 A 的模；$\underline{/\phi}$ 为复数 A 的辐角。复数 A 在复平面上是一个坐标点，常用原点至该点的向量表示，如图 5-4 所示。其中，

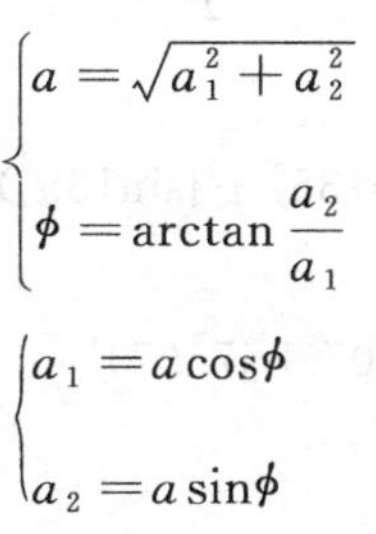

$$\begin{cases} a = \sqrt{a_1^2 + a_2^2} \\ \phi = \arctan \dfrac{a_2}{a_1} \end{cases}$$

$$\begin{cases} a_1 = a\cos\phi \\ a_2 = a\sin\phi \end{cases}$$

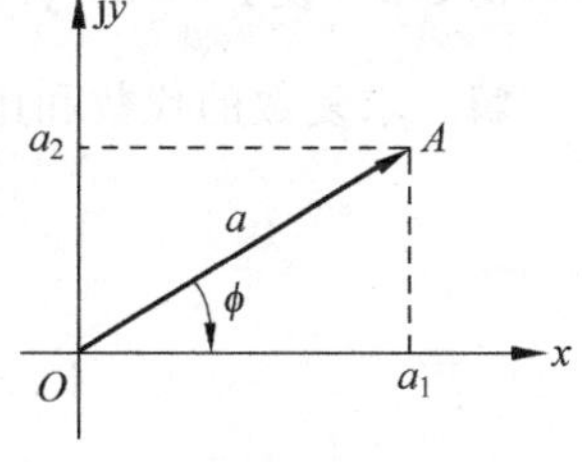

图 5-4　复数的图示

实部 a_1 和虚部 a_2 也表示为

$$a_1 = \mathrm{Re}[A],\quad a_2 = \mathrm{Im}[A]$$

$$A = a\underline{/\phi}$$

复数的加减运算利用直角坐标表示更为方便，而乘除运算则用极坐标表示更好。例如，设

$$A = a_1 + \mathrm{j}a_2 = a\underline{/\phi_1},\quad B = b_1 + \mathrm{j}b_2 = b\underline{/\phi_2}$$

则有以下运算公式。

对加法，有

$$A + B = (a_1 + b_1) + \mathrm{j}(a_2 + b_2)$$

对减法，有

$$A - B = (a_1 - b_1) + \mathrm{j}(a_2 - b_2)$$

复数的加减运算也可以按平行四边形法在复平面上用向量的加减求得，如图 5-5 所示。

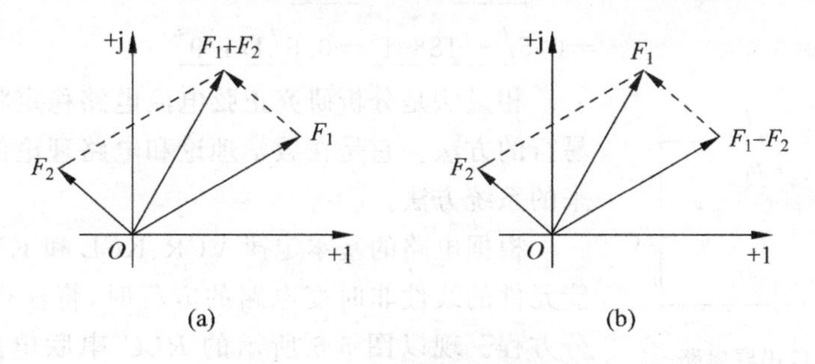

图 5-5　复数代数和的图解法

对乘法，有

$$AB = ab\underline{/\phi_1 + \phi_2}$$

对除法，有

$$\frac{A}{B} = \frac{a}{b}\underline{/\phi_1 - \phi_2}$$

复数运算中常有两个复数相等的运算。两个复数相等必须满足条件，如 $F_1=F_2$ 必须有

$$\text{Re}[F_1]=\text{Re}[F_2] \quad \text{Im}[F_1]=\text{Im}[F_2]$$

或者有

$$|F_1|=|F_2| \quad \arg(F_1)=\arg(F_2)$$

例 5-3 设 $F_1=3-\text{j}4$，$F_2=10\underline{/135^\circ}$。求 F_1+F_2 和$\dfrac{F_1}{F_2}$。

解 求复数的代数和用代数形式，即

$$\begin{aligned}F_2&=10\underline{/135^\circ}=10(\cos 135^\circ+\text{j}\sin 135^\circ)\\&=-7.07+\text{j}7.07\\F_1+F_2&=(3-\text{j}4)+(-7.07+\text{j}7.07)\\&=-4.07+\text{j}3.07\end{aligned}$$

转换为指数形式，有

$$\arg(F_1+F_2)=\arctan\frac{3.07}{-4.07}=143^\circ$$

$$|F_1+F_2|=\frac{-4.07}{\cos 143^\circ}=\frac{3.07}{\sin 143^\circ}=5.1$$

即有

$$F_1+F_2=5.1\underline{/143^\circ}$$

$$\begin{aligned}\frac{F_1}{F_2}&=\frac{3-\text{j}4}{-7.07+\text{j}7.07}=\frac{(3-\text{j}4)(-7.07-\text{j}7.07)}{(-7.07+\text{j}7.07)(-7.07-\text{j}7.07)}\\&=-0.495+\text{j}0.071\end{aligned}$$

或者

$$\begin{aligned}\frac{F_1}{F_2}&=\frac{3-\text{j}4}{10\underline{/135^\circ}}=\frac{5\underline{/-53.1^\circ}}{10\underline{/135^\circ}}\\&=0.5\underline{/-188.1^\circ}=0.5\underline{/171.9^\circ}\end{aligned}$$

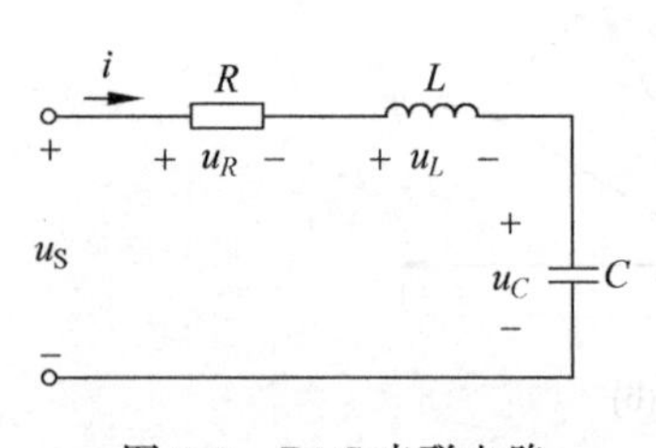

图 5-6 *RLC* 串联电路

相量法是分析研究正弦电流电路稳定状态的一种简单易行的方法。它是在数学理论和电路理论的基础上建立起来的系统方法。

根据电路的基本定律 VCR、KCL 和 KVL，编写含有储能元件的线性非时变电路的方程时，将获得一组常微（积）分方程。现以图 5-6 所示的 *RLC* 串联电路为例，电路的 KVL 方程为

$$u_R+u_L+u_C=u_S$$

其中

$$u_R=Ri, \quad u_L=L\frac{\text{d}i}{\text{d}t}, \quad u_C=\frac{1}{C}\int i\,\text{d}t$$

将上述元件的 VCR 代入 KVL 方程有

$$Ri+L\frac{\text{d}i}{\text{d}t}+\frac{1}{C}\int i\,\text{d}t=u_S \tag{5-2}$$

由数学理论可知，当 u_S（激励）为正弦量时，上述微分方程中的电流变量 i 的特解（响应的强制分量）也一定是与 u_S 同一频率的正弦量；反之亦然。这一重要结论具有普遍意义，即线性非时变电路在正弦电源激励下，各支路电压、电流的特解都是与激励同频率的正弦量，当电路中存在有多个同频率的正弦激励时，该结论也成立。工程上将电路的这一特解状态称为正弦电路的稳定状态，简称正弦稳态。电路处于正弦稳态时，同频率的各正弦量之间，仅在有效值（或振幅）、初相上存在"差异和联系"，这种"差异和联系"正是正弦稳态分析求解中的关键问题。现以式(5-2)的求解为例，从理论上说明相量法的基础。

若已知式(5-2)中的正弦电源 u_S 为

$$u_S=\sqrt{2}U_S\cos(\omega t+\phi_u)$$

则电流 i 的特解将是与 u_S 同一频率的正弦量，因此，可设为

$$i=\sqrt{2}I\cos(\omega t+\phi_i)$$

式中 I、ϕ_i 为待求量。将上述正弦量代入式(5-2)后，可将微分方程式(5-2)变为

$$R\sqrt{2}I\cos(\omega t+\phi_i)-\omega L\sqrt{2}I\sin(\omega t+\phi_i)+\frac{1}{\omega C}\sqrt{2}I\sin(\omega t+\phi_i)=\sqrt{2}U_S\cos(\omega t+\phi_u) \tag{5-3}$$

上述方程说明，正弦稳态电路方程是一组同频率正弦函数描述的代数方程，电路基本定律所涉及的正弦电流、电压的运算，不会改变电压、电流同频正弦量的性质，即正弦量乘常数(Ri)、正弦量的微分(u_L)、正弦量的积分(u_C)和同频正弦量的代数和(KCL、KVL)等运算，其结果仍是同频的正弦量，这就验证了前述的结论。可以看出，各同频正弦电压、电流之间，在有效值(振幅)、初相上的"差异和联系"寓于正弦函数描述的电压、电流表达式及电路方程中。无疑，求解和分析同频正弦函数所描述的电路方程，能获得正确的结果或结论，但这一方法对于复杂电路显得非常繁琐，使分析求解相当困难。根据欧拉公式，可将正弦函数用复指数函数表示，如前述的正弦量 u_S 和 i 可分别表示为

$$u_S=\frac{1}{2}[U_{sm}e^{j(\omega t+\phi_u)}+U_{sm}e^{-j(\omega t+\phi_u)}]$$

$$i=\frac{1}{2}[I_m e^{j(\omega t+\phi_i)}+I_m e^{-j(\omega t+\phi_i)}]$$

上述变化表明，一个正弦量可以分解为一对共轭的复指数函数。根据叠加定理等，只要对其中一个分量进行分析求解，就能写出全部结果。如取分量 $U_{sm}e^{j(\omega t+\phi_u)}$（激励），则对应的响应分量为 $I_m e^{j(\omega t+\phi_i)}$，代入式(5-1)，注意到 $I_m=\sqrt{2}I$ 和 $U_{sm}=\sqrt{2}U_s$，整理后有

$$RIe^{j\phi_i}+j\omega LIe^{j\phi_i}-j\frac{1}{\omega C}Ie^{j\phi_i}=U_S e^{j\phi_u} \tag{5-4}$$

由上述代数方程求得

$$Ie^{j\phi_i}=\frac{U_S e^{j\phi_u}}{R+j\omega L-j\dfrac{1}{\omega C}}$$

该结果用复数形式表述了正弦量 i 除频率 ω 外的另两个要素，即 I（有效值）和 ϕ_i（初相角），因此，根据正弦量的3个要素就可以直接写出正弦量 i 的表达式。这表明方程式(5-4)

在理论上和实际上已经满足正弦稳态分析的需要，不需要再求解另一分量的结果即可按欧拉公式写出正弦量 i。

上述变换知识数学形式的变化，与式(5-3)相比并无实质性的区别，但在形式上实现了非常有益的转换，它将与时间有关的同频的正弦函数的电路方程转换为与时间无关的复代数形式的电路方程。更重要的是，它将正弦稳态中全部同频的正弦电压、电流转换为由各正弦量的有效值和初相角组合成的复数表示，如 $I\mathrm{e}^{\mathrm{j}\phi_i}$、$U_{\mathrm{S}}\mathrm{e}^{\mathrm{j}\phi_u}$，使同频的各正弦量在有效值、初相角上的“差异和联系”，在电路方程中表述得更清晰、更直观和更简单，这将大大简化对正弦稳态的表述和分析求解的过程。

假设某正弦电流为

$$i(t)=I_{\mathrm{m}}\cos(\omega t+\theta_i)$$

根据欧拉公式，有

$$\mathrm{e}^{\mathrm{j}\theta}=\cos\theta+\mathrm{j}\sin\theta$$

可以把复指数函数 $I_{\mathrm{m}}\mathrm{e}^{\mathrm{j}(\omega t+\theta_i)}$ 展开成

$$I_{\mathrm{m}}\mathrm{e}^{\mathrm{j}(\omega t+\theta_i)}=I_{\mathrm{m}}\cos(\omega t+\theta_i)+\mathrm{j}I_{\mathrm{m}}\sin(\omega t+\theta_i)$$

$$i(t)=\mathrm{Re}[I_{\mathrm{m}}\mathrm{e}^{\mathrm{j}(\omega t+\theta_i)}]=I_{\mathrm{m}}\cos(\omega t+\theta_i) \tag{5-5}$$

式(5-5)可进一步写成

$$i(t)=\mathrm{Re}[I_{\mathrm{m}}\mathrm{e}^{\mathrm{j}(\omega t+\theta_i)}]=\mathrm{Re}[I_{\mathrm{m}}\mathrm{e}^{\mathrm{j}\theta_i}\mathrm{e}^{\mathrm{j}\omega t}]$$

$$=\mathrm{Re}[\dot{I}_{\mathrm{m}}\mathrm{e}^{\mathrm{j}\omega t}]$$

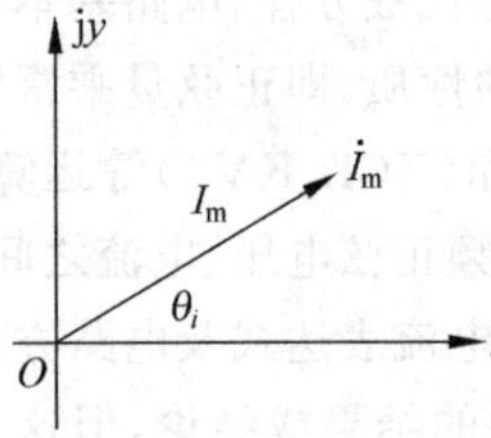

式中

$$\dot{I}_{\mathrm{m}}=I_{\mathrm{m}}\mathrm{e}^{\mathrm{j}\theta_i}=I_{\mathrm{m}}\cos(\omega t+\theta_i)$$

$$i(t)=\mathrm{Re}[\dot{I}_m\mathrm{e}^{\mathrm{j}\omega t}]$$

图 5-7 相量图

其相量图如图 5-7 所示。

例如，已知角频率为 ω 的正弦电流的相量 $\dot{I}_{\mathrm{m}}=5\mathrm{e}^{\mathrm{j}30^\circ}\mathrm{A}$，那么该电流的表达式为

$$i(t)=5\cos(\omega t+30^\circ)\mathrm{A}$$

若已知正弦电压 $u=10\cos(\omega t-45^\circ)\mathrm{V}$，则电压相量为

$$\dot{U}_{\mathrm{m}}=10\mathrm{e}^{-\mathrm{j}45^\circ}=10\underline{/-45^\circ}\mathrm{V}$$

相量也可以用有效值来定义，即

$$\begin{cases}\dot{I}=I\mathrm{e}^{\mathrm{j}\theta_i}=I\underline{/\theta_i}=\dfrac{I_{\mathrm{m}}}{\sqrt{2}}\underline{/\theta_i}\\[2ex]\dot{U}=U\mathrm{e}^{\mathrm{j}\theta_u}=U\underline{/\theta_u}=\dfrac{U_{\mathrm{m}}}{\sqrt{2}}\underline{/\theta_u}\end{cases}$$

$$\begin{cases}\dot{I}=\dfrac{\dot{I}_{\mathrm{m}}}{\sqrt{2}}\\[2ex]\dot{U}=\dfrac{\dot{U}_{\mathrm{m}}}{\sqrt{2}}\end{cases}$$

例 5-4 已知电流 i_1 和 i_2 分别为

$$i_1 = 8\cos(\omega t + 36.9°)\text{A}$$
$$i_2 = 10\cos(\omega t - 53.1°)\text{A}$$

试写出 i_1 和 i_2 的有效值相量。

解 有效值相量的模和角分别为正弦信号表达式中的有效值和初相位,则有

$$\dot{I}_1 = 4\sqrt{2}\underline{/36.9°}\text{A}$$
$$\dot{I}_2 = 5\sqrt{2}\underline{/-53.1°}\text{A}$$

5.3 3种基本电路元件VCR的相量形式

了解了正弦交流电及其相量表示法后,现在可以讨论正弦交流电路了。首先讨论最简单的交流电路,即只含有一种参数,也就是只含有一种理想无源元件的电路。

5.3.1 纯电阻电路

像白炽灯、电阻炉等实际电路元件接在交流电源上工作时,都可以看成是纯电阻交流电路。假设电阻 R 两端的电压与电流采用关联参考方向,如图5-8所示。设通过电阻的正弦电流为

$$i(t) = I_m\cos(\omega t + \theta_i)$$

对电阻元件而言,在任何瞬间,电流和电压之间满足欧姆定律,即

$$\begin{aligned} u(t) &= Ri(t) \\ &= RI_m\cos(\omega t + \theta_i) \\ &= U_m\cos(\omega t + \theta_u) \end{aligned}$$

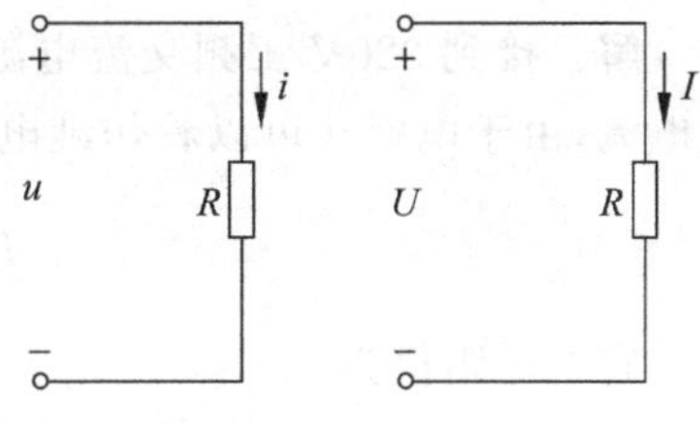

(a) 交流电阻电路 (b) 直流电阻电路

图5-8 电阻元件

可见,电流为正弦量时,电压也是正弦量;反之亦然。比较上面两式,便可知道电阻两端的电压和通过电阻的电流之间有以下关系:①电压和电流的频率相同;②电压和电流的相位相同;③电压和电流的最大值之间与有效值之间的关系分别为

$$\begin{cases} U_m = RI_m \\ U = RI \end{cases}$$

电阻上的正弦电流和电压用相量表示为

$$i(t) = I_m\cos(\omega t + \theta_i) = \text{Re}[\dot{I}_m e^{j\omega t}]$$
$$u(t) = U_m\cos(\omega t + \theta_u) = \text{Re}[\dot{U}_m e^{j\omega t}]$$

其中,$\dot{I}_m = I_m e^{j\theta_i}$,$\dot{U}_m = U_m e^{j\theta_u}$。根据欧姆定律,有

$$\text{Re}[\dot{U}_m e^{j\omega t}] = R\,\text{Re}[\dot{I}_m e^{j\omega t}]$$
$$\text{Re}[\dot{U}_m e^{j\omega t}] = \text{Re}[R\dot{I}_m e^{j\omega t}]$$
$$\dot{U}_m = R\dot{I}_m$$

$$\dot{U}=R\dot{I}$$

$$U_{\mathrm{m}}\mathrm{e}^{\mathrm{j}\theta_u}=RI_{\mathrm{m}}\mathrm{e}^{\mathrm{j}\theta_i}$$

$$U_{\mathrm{m}}=RI_{\mathrm{m}}$$

$$\theta_u=\theta_i$$

电阻上电压与电流的关系如图 5-9 所示。

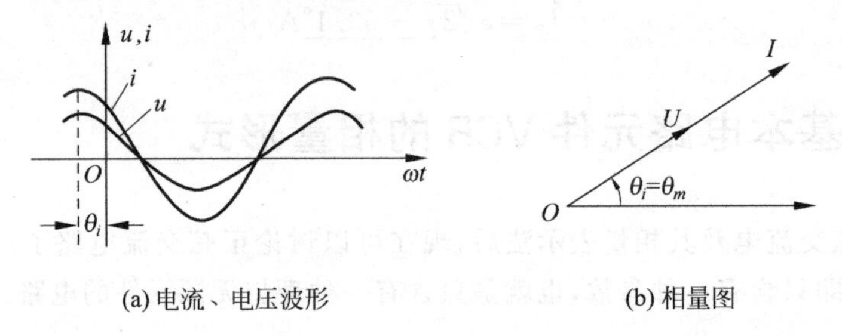

图 5-9 电阻元件上的电流、电压波形和相量图

例 5-5 一只电熨斗的额定电压 $U_{\mathrm{N}}=220\mathrm{V}$，额定功率 $P_{\mathrm{N}}=500\mathrm{W}$，把它接到 220V 的工频交流电源上工作。求电熨斗此时的电流和电阻值。如果连续使用 1h，消耗的电能是多少？

解 接到 220V 工频交流电源上工作时，电熨斗工作于额定状态，这时的电流就等于额定电流，由于电熨斗可以看作纯电阻负载，故

$$I_{\mathrm{N}}=\frac{P_{\mathrm{N}}}{U_{\mathrm{N}}}=\frac{500}{220}\mathrm{A}=2.27\mathrm{A}$$

它的电阻值为

$$R=\frac{U_{\mathrm{N}}}{I_{\mathrm{N}}}=\frac{220}{2.27}\Omega=96.9\Omega$$

工作 1h 所消耗的电能为

$$W=P_{\mathrm{N}}t=(500\times1)\mathrm{W}\cdot\mathrm{h}=0.5\mathrm{kW}\cdot\mathrm{h}$$

5.3.2 纯电感电路

设有一电感 L，其电压、电流采用关联参考方向，如图 5-10(a)所示，通过电感的电流为

$$i(t)=I_{\mathrm{m}}\cos(\omega t+\theta_i)$$

$$\begin{aligned}u(t)&=L\frac{\mathrm{d}i}{\mathrm{d}t}=-\omega LI_{\mathrm{m}}\sin(\omega t+\theta_i)\\&=\omega LI_{\mathrm{m}}\cos(\omega t+\theta_i+90^\circ)\\&=U_{\mathrm{m}}\cos(\omega t+\theta_u)\end{aligned}$$

可见，电流为正弦量时，电压也是正弦量。比较上面两式，可知电感的电压与电流之间有以下关系：①电压和电流的频率相同；②电压在相位上超前于电流 90°，即电流在相位上滞后电压 90°；③电压和电流的最大值之间和有效值之间的关系分别为

$$\begin{cases}U_{\mathrm{m}}=\omega LI_{\mathrm{m}}\\U=\omega LI\end{cases}$$

其振幅之间的关系为

$$\frac{U_m}{I_m}=\frac{U}{I}=\omega L=2\pi fL=X_L$$

$$X_L=\omega L=2\pi fL$$

式中 $X_L=\omega L=2\pi fL$ 具有电阻的量纲,称为感抗。当 L 的单位为 H、ω 的单位 rad/s 时,X_L 的单位为 Ω,感抗与频率的关系如图 5-11 所示。

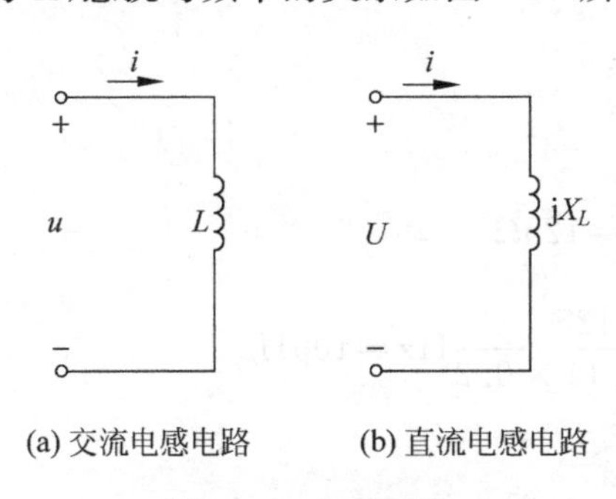

(a) 交流电感电路　(b) 直流电感电路

图 5-10　电感元件

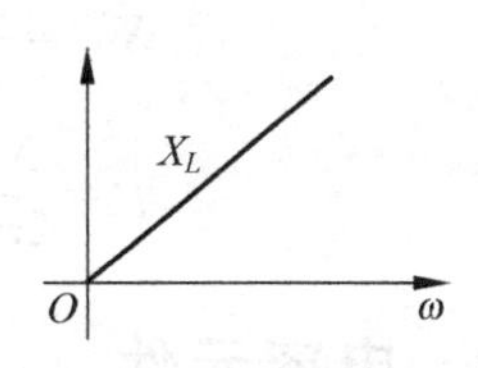

图 5-11　X_L 的频率特性曲线

对于一定的电感 L,当频率越高时,所呈现的感抗越大;反之越小。

$$i(t)=I_m\cos(\omega t+\theta_i)=\mathrm{Re}[\dot{I}_m e^{j\omega t}]$$

$$u(t)=U_m\cos(\omega t+\theta_u)=\mathrm{Re}[\dot{U}_m e^{j\omega t}]$$

式中 $\dot{I}_m=I_m e^{j\theta_i}$,$\dot{U}_m=U_m e^{j\theta_u}$。根据 $u=L\dfrac{di}{dt}$,有

$$\mathrm{Re}[\dot{U}_m e^{j\omega t}]=L\frac{d}{dt}\mathrm{Re}[\dot{I}_m e^{j\omega t}]$$

$$\mathrm{Re}[\dot{U}_m e^{j\omega t}]=\mathrm{Re}[j\omega L\dot{I}_m e^{j\omega t}]$$

$$\begin{cases}\dot{U}_m=j\omega L\dot{I}_m=jX_L\dot{I}_m\\ \dot{U}=jX_L\dot{I}\end{cases}$$

$$\frac{\dot{U}_m}{\dot{I}_m}=\frac{\dot{U}}{\dot{I}}=j\omega L$$

即

$$U_m e^{j\theta_u}=j\omega LI_m e^{j\theta_i}=\omega LI_m e^{j(\theta_i+90^\circ)}$$

$$U_m=\omega LI_m,\quad \theta_u=\theta_i+90^\circ$$

电感上电压与电流的关系如图 5-12 所示。

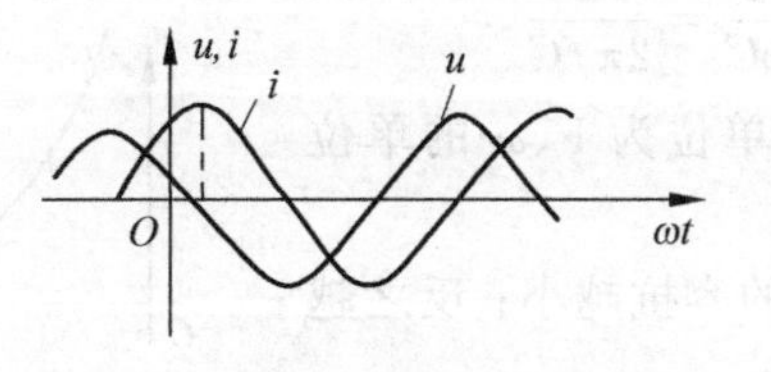

(a) 电压与电流波形

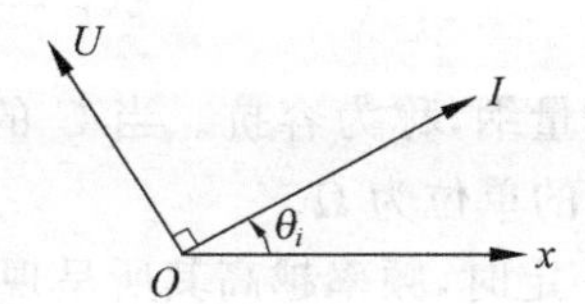

(b) 相量图

图 5-12　电感元件的电流与电压波形及相量图

例 5-6 有一电感器,电阻可忽略不计,电感 $L=0.2\text{H}$。把它接到 220V 的工频交流电源上工作,求电感器的电流。若把它改接到 100V 的另一交流电源上工作时,测得电流为 0.8A,此电源的频率是多少?

解 (1) 接 220V 工频电源时,有

$$X_L=2\pi fL=2\times3.14\times50\times0.2\Omega=62.8\Omega$$

$$I=\frac{U}{X_L}=\frac{220}{62.8}\text{A}=3.5\text{A}$$

(2) 接 100V 电源时,有

$$X_L=\frac{U}{I}=\frac{100}{0.8}\Omega=125\Omega$$

$$f=\frac{X_L}{2\pi L}=\frac{125}{2\times3.14\times0.2}\text{Hz}=100\text{Hz}$$

5.3.3 电容元件

有一电容电路如图 5-13 所示。

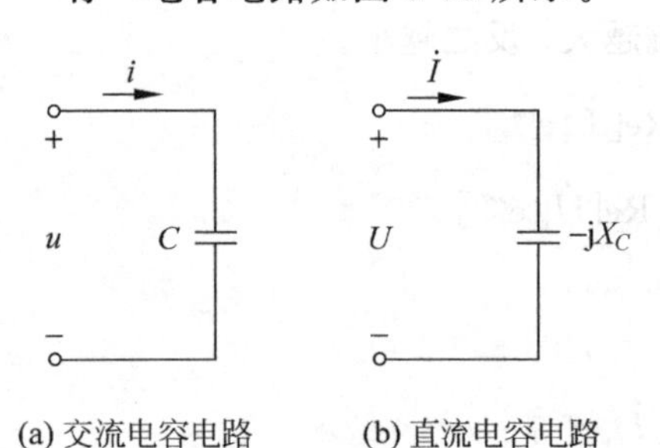

图 5-13 电容元件

当电容两端的电压为

$$u(t)=U_{\mathrm{m}}\cos(\omega t+\theta_u)$$

时,通过电容的电流为

$$\begin{aligned}i&=C\frac{\mathrm{d}u}{\mathrm{d}t}=-\omega CU_{\mathrm{m}}\sin(\omega t+\theta_u)\\&=\omega CU_{\mathrm{m}}\cos(\omega t+\theta_u+90°)\\&=I_{\mathrm{m}}\cos(\omega t+\theta_i)\end{aligned}$$

可见,电压为正弦量时,电流也是正弦量。比较上面两式,可知电容的电压和电流之间有以下关系:①电压和电流的频率相同;②电流在相位上超前于电压 90°,即电压在相位上滞后电流 90°;③电压和电流的最大值之间和有效值之间的关系分别为

$$\begin{cases}U_{\mathrm{m}}=\dfrac{1}{\omega C}I_{\mathrm{m}}\\U=\dfrac{1}{\omega C}I\end{cases}$$

其振幅之间的关系为

$$\frac{U_{\mathrm{m}}}{I_{\mathrm{m}}}=\frac{U}{I}=\frac{1}{\omega C}=X_C$$

$$X_C=\frac{1}{\omega C}=\frac{1}{2\pi fC}$$

具有电阻的量纲,称为容抗。当 C 的单位为 F、ω 的单位为 rad/s 时,X_C 的单位为 Ω。

当电容 C 一定时,频率越高其所呈现的容抗越小;反之越大。容抗随频率的变化趋势如图 5-14 所示。

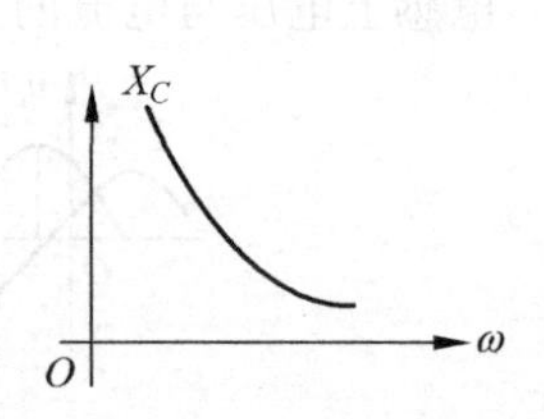

图 5-14 X_C 的频率特性曲线

电容电压和电流可用相量表示为

$$u(t)=U_{\mathrm{m}}\cos(\omega t+\theta_u)=\mathrm{Re}[\dot{U}_{\mathrm{m}}\mathrm{e}^{\mathrm{j}\omega t}]$$

$$i(t)=I_{\mathrm{m}}\cos(\omega t+\theta_i)=\mathrm{Re}[\dot{I}_{\mathrm{m}}\mathrm{e}^{\mathrm{j}\omega t}]$$

式中 $\dot{I}_{\mathrm{m}}=I_{\mathrm{m}}\mathrm{e}^{\mathrm{j}\theta_i}$，$\dot{U}_{\mathrm{m}}=U_{\mathrm{m}}\mathrm{e}^{\mathrm{j}\theta_u}$。根据 $i=C\dfrac{\mathrm{d}u}{\mathrm{d}t}$，有

$$\mathrm{Re}[\dot{I}_{\mathrm{m}}\mathrm{e}^{\mathrm{j}\omega t}]=C\frac{\mathrm{d}u}{\mathrm{d}t}\mathrm{Re}[\dot{U}_{\mathrm{m}}\mathrm{e}^{\mathrm{j}\omega t}]$$

$$\mathrm{Re}[\dot{I}_{\mathrm{m}}\mathrm{e}^{\mathrm{j}\omega t}]=\mathrm{Re}[\mathrm{j}\omega C\dot{U}_{\mathrm{m}}\mathrm{e}^{\mathrm{j}\omega t}]$$

可得

$$\dot{I}_{\mathrm{m}}=\mathrm{j}\omega C\dot{U}_{\mathrm{m}}$$

$$\begin{cases}\dot{U}_{\mathrm{m}}=-\mathrm{j}\dfrac{1}{\omega C}\dot{I}_{\mathrm{m}}=-\mathrm{j}X_C\dot{I}_{\mathrm{m}}\\[2ex]\dot{U}=-\mathrm{j}X_C\dot{I}\end{cases}$$

即

$$U_{\mathrm{m}}\mathrm{e}^{\mathrm{j}\theta_u}=-\mathrm{j}\frac{1}{\omega C}I_{\mathrm{m}}\mathrm{e}^{\mathrm{j}\theta_i}=\frac{1}{\omega C}I_{\mathrm{m}}\mathrm{e}^{\mathrm{j}(\theta_i-90^\circ)}$$

$$U_{\mathrm{m}}=\frac{1}{\omega C}I_{\mathrm{m}},\quad \theta_u=\theta_i-90^\circ$$

电容上电压与电流的关系如图 5-15 所示。

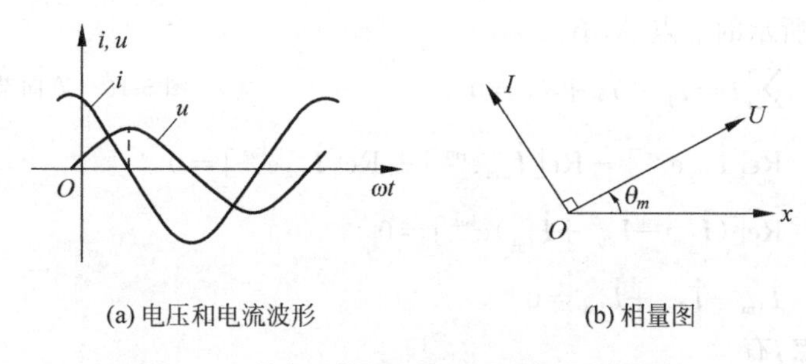

(a) 电压和电流波形　　(b) 相量图

图 5-15　电容元件的电流、电压波形及相量图

例 5-7　现有一个 47μF、额定电压为 20V 的无极性电容器。试问：(1)能否接到 20V 的交流电源上工作？(2)将两个这样的电容器串联后接于工频 20V 的交流电源上，电路的电流是多少？(3)将两个这样的电容器并联后接于 1000Hz、10V 的交流电源上，电路的电流又是多少？

解　(1) 由于交流电源电压 20V 指的是有效值，其最大值为

$$U_{\mathrm{m}}=\sqrt{2}U=1.414\times 20\mathrm{V}=28.28\mathrm{V}$$

超过了电容器的额定电压 20V，故不能接到 20V 的交流电源上。

(2) 两个这样的电容器串联接在工频 20V 的交流电源上工作时，串联等效电容及其容抗分别为

$$C=\frac{C_1C_2}{C_1+C_2}=\frac{47\times10^{-6}\times47\times10^{-6}}{(47+47)\times10^{-6}}\mathrm{F}=23.5\times10^{-6}\mathrm{F}=23.5\mu\mathrm{F}$$

$$X_C = \frac{1}{2\pi fC} = \frac{1}{2 \times 3.14 \times 50 \times 23.5 \times 10^{-6}} \Omega = 135.5\Omega$$

所以

$$I = \frac{U}{X_C} = \frac{20}{135.5} \text{A} = 0.15\text{A}$$

(3) 两个这样的电容器并联接在 1000Hz、10V 的交流电源上工作时，有

$$C = C_1 + C_2 = (47 + 47)\mu\text{F} = 94\mu\text{F}$$

$$X_C = \frac{1}{2\pi fC} = \frac{1}{2 \times 3.14 \times 1000 \times 94 \times 10^{-6}} \Omega = 1.69\Omega$$

$$I = \frac{U}{X_C} = \frac{10}{1.69} \text{A} = 5.92\text{A}$$

5.4 基尔霍夫定律的相量形式

在 5.3 节中，已经得到了 3 种不同电路元件上的电压与电流关系，本节将在此基础上，直接用相量通过复数形式的电路方程描述电路的另一基本定律——基尔霍夫定律。

在任意瞬间，KCL 的表达式为

$$\sum i = 0$$

对于图 5-16 所示的节点 A，有

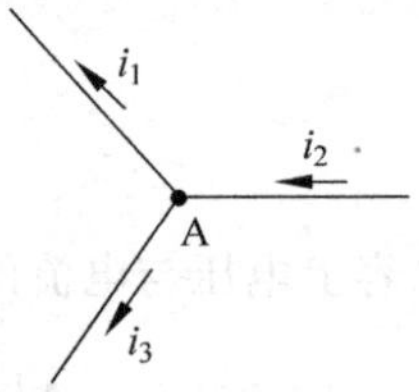

图 5-16 流向节点 A 的电流分布

$$\sum i = i_1 - i_2 + i_3 = 0$$

$$\text{Re}[\dot{I}_{1\text{m}} e^{j\omega t}] - \text{Re}[\dot{I}_{2\text{m}} e^{j\omega t}] + \text{Re}[\dot{I}_{3\text{m}} e^{j\omega t}] = 0$$

$$\text{Re}[(\dot{I}_{1\text{m}} - \dot{I}_{2\text{m}} + \dot{I}_{3\text{m}}) e^{j\omega t}] = 0$$

$$\dot{I}_{1\text{m}} - \dot{I}_{2\text{m}} + \dot{I}_{3\text{m}} = 0$$

对于任意节点，有

$$\sum \dot{I}_\text{m} = 0$$

$$\sum \dot{I} = 0$$

流出任意节点的各支路电流相量的代数和恒等于零。

同理，可得 KVL 的相量形式为

$$\sum \dot{U}_\text{m} = 0$$

$$\sum \dot{U} = 0$$

它表明，在正弦稳态电路中，沿任意闭合回路绕行一周，各支路电压相量的代数和恒等于零。

例 5-8 图 5-17(a)所示 RL 串联电路中，已知 $R = 50\Omega$，$L = 25\mu\text{H}$，$u_\text{S}(t) = 10\cos 10^6 t\,\text{V}$。求电流 $i(t)$并画出相量图。

解 激励 $u_\text{S}(t)$的相量为

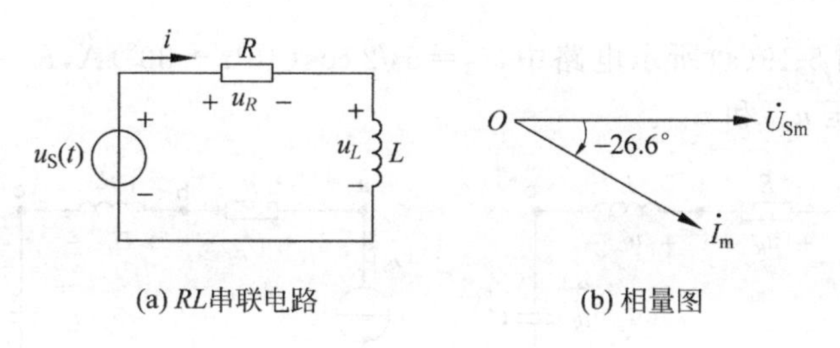

图 5-17　例 5-8 用图

$$\dot{U}_{Sm} = 10e^{j0^\circ}$$

$$\dot{U}_{Rm} = R\dot{I}_m,\quad \dot{U}_{Lm} = jX_L\dot{I}_m$$

$$X_L = \omega L = 10^6 \times 25 \times 10^{-6}\,\Omega = 25\Omega$$

$$\dot{U}_{Sm} = R\dot{I}_m + jX_L\dot{I}_m = (R + jX_L)\dot{I}_m$$

$$\dot{I}_m = \frac{\dot{U}_{Sm}}{R + jX_L} = \frac{10\angle 0^\circ}{50 + j25} = \frac{10\angle 0^\circ}{55.9\angle 26.6^\circ} = 0.179\angle -26.6^\circ$$

$$i(t) = 0.179\cos(10^6 t - 26.6^\circ)\,\text{A}$$

相量图如图 5-17(b)所示。

例 5-9　RC 并联电路如图 5-18(a)所示。已知 $R=5\Omega, C=0.1\text{F}, u_S(t)=10\sqrt{2}\cos 2t\,\text{V}$。求电流 $i(t)$ 并画出相量图。

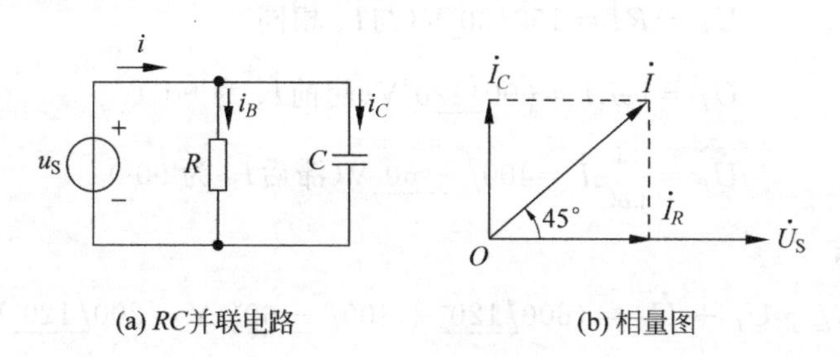

图 5-18　例 5-9 用图

解　电压源 u_S 的有效值相量为 $\dot{U}_S = 10\angle 0^\circ\text{V}$

$$X_C = \frac{1}{\omega C} = \frac{1}{2 \times 0.1}\Omega = 5\Omega$$

$$\dot{I} = \dot{I}_R + \dot{I}_C$$

$$\dot{I}_R = \frac{\dot{U}_S}{R} = \frac{10\angle 0^\circ}{5} = 2\angle 0^\circ = 2\text{A}$$

$$\dot{I}_C = \frac{\dot{U}_S}{-jX_C} = \frac{10\angle 0^\circ}{-j5} = j2\text{A}$$

$$\dot{I} = 2 + j2 = 2\sqrt{2}\angle 45^\circ\text{A}$$

$$i(t) = 4\cos(2t + 45^\circ)\,\text{A}$$

相量图如图 5-18(b)所示。

例 5-10 在图 5-19(a)所示电路中，$i_S = 5\sqrt{2}\cos(10^3 t + 30°)$ A，$R = 30\Omega$，$L = 0.12$H，$C = 12.5\mu$F，求电压 u_{ad} 和 u_{bd}。

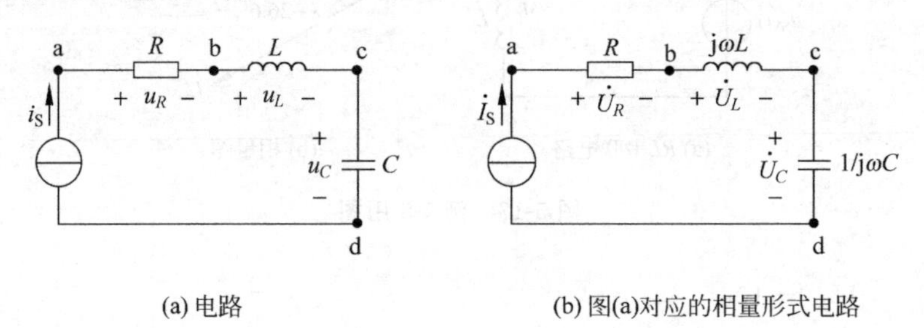

(a) 电路　　(b) 图(a)对应的相量形式电路

图 5-19　例 5-10 用图

解 为了帮助理解和避免错误，可根据原电路图画出对应的相量模型，它是将时域中的正弦电压、电流用相量标记，电路中的电感、电容元件根据 VCR 的相量形式分别用复数形式的感抗 $\mathrm{j}\omega L$ 和 $1/\mathrm{j}\omega C$ 标记，而其他与原电路图相同。根据相量形式的电路图就可以直接写出相量形式的电路方程。

与图 5-19(a)相对应的相量形式的电路如图 5-19(b)所示。图中 $\dot{I}_S = 5\angle 30°$A，$\mathrm{j}\omega L = \mathrm{j}120\Omega$，$-\mathrm{j}\dfrac{1}{\omega C} = -\mathrm{j}80\Omega$。

根据元件的 VCR 的相量形式有

$$\dot{U}_R = R\dot{I} = 150\angle 30°\text{V}(\text{与}\dot{I}_S\text{相同})$$

$$\dot{U}_L = \mathrm{j}\omega L\dot{I} = 600\angle 120°\text{V}(\text{超前}\dot{I}_S\text{为 }90°)$$

$$\dot{U}_R = \frac{1}{\mathrm{j}\omega C}\dot{I} = 400\angle -60°\text{V}(\text{滞后}\dot{I}_S\text{为 }90°)$$

根据 KVL，有

$$\dot{U}_{bd} = \dot{U}_L + \dot{U}_C = (600\angle 120° + 400\angle -60°)\text{V} = 200\angle 120°\text{V}$$

$$\dot{U}_{ad} = \dot{U}_R + \dot{U}_{bd} = (150\angle 30° + 200\angle 120°)\text{V} = 250\angle 83.13°\text{V}$$

所以

$$u_{bd} = 200\sqrt{2}\cos(10^3 t + 120°)\text{V}$$

$$u_{ad} = 250\sqrt{2}\cos(10^3 t + 83.13°)\text{V}$$

应用相量法分析正弦稳态电路时，其电路方程的相量形式与电阻电路相似。因此，线性电阻电路的各种分析方法和电路定理可推广用于线性电路的正弦稳态分析，差别仅在于所得电路方程为以相量形式表示的代数方程以及用相量形式描述的电路定理，而计算则为复数运算。

通过例 5-10 可以看出，当串联电路中同时有电感、电容时，其结果与电阻电路相比，存在明显的差异，这是因为感抗和容抗不仅与频率的关系彼此相反，而且在串联时有互相抵消的作用。在一定的条件下，电感、电容的电压可能会出现高于总电压的现象，如本例中 U_C、U_L 都比总电压 U_{ad} 高很多，这些现象在电阻串联电路中是不可能出现的。这些特点在学习中要特别注意分析。

图 5-19(b)所示的电路相量模型已集数学理论和电路定律于一体，直接用它对电路的

正弦稳态响应进行分析研究，自然要方便、快捷，而且在方法上完全可以仿照电阻电路。

例 5-11 图 5-20 所示电路中的仪表为交流电流表，其仪表所指示的读数为电流的有效值，其中电流表 A_1 的读数为 5A，电流表 A_2 的读数为 20A，电流表 A_3 的读数为 25A。求电流表 A 和 A_4 的读数。

解 图中各交流电流表的读数就是仪表所在支路的电流相量的模（有效值），但初相未知。

显然，如果设并联支路的电压相量为参考相量，即令 $\dot{U}_S=U_S\angle 0°$V 作为参考相量，则根据元件的 VCR 相对 $\dot{U}_S$ 就能很方便地确定这些并联支路中电流的初相。它们分别为

$$\dot{I}_1=5\angle 0°\text{A}(与\dot{U}_S 同相)$$

$$\dot{I}_2=-\text{j}20\text{A}(滞后\dot{U}_S 为 90°)$$

$$\dot{I}_3=\text{j}25\text{A}(超前\dot{U}_S 为 90°)$$

根据 KCL，有

$$\dot{I}=\dot{I}_1+\dot{I}_2+\dot{I}_3=(5+\text{j}5)\text{A}=7.07\angle 45°\text{A}$$

$$\dot{I}_4=\dot{I}_2+\dot{I}_3=\text{j}5\text{A}=5\angle 90°\text{A}$$

故，所求电流表的读数：表 A 为 7.07A；表 A_4 为 5A。

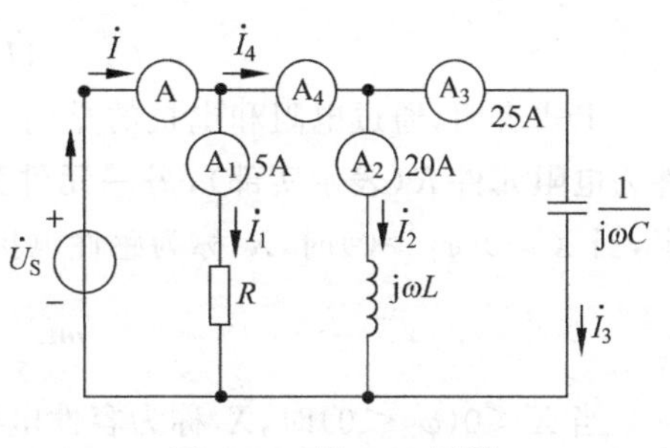

图 5-20 例 5-11 用图

5.5 阻抗与导纳

5.5.1 阻抗与导纳概述

阻抗与导纳的概念及其运算和等效变换是线性电路正弦稳态分析中的重要内容。图 5-21(a)所示为不含独立源的一端口网络，当它在角频率为 ω 的正弦电源激励下处于稳定状态时，端口的电流、电压都是同频率的正弦量，其相量分别设为 $\dot{U}=U\angle\phi_u$ 和 $\dot{I}=I\angle\phi_i$。在相量法中，可以通过一端口的电压相量、电流相量，用两种不同类型的等效参数表述无源网络的对外特性。这与电阻一端口电路类似（既可以用等效电阻，也可以用等效电导表述其特性），现分述如下。

端口电压相量与电流相量的比值定义为阻抗，并用 Z 表示，即

$$Z=\frac{\dot{U}_m}{\dot{I}_m}$$

$$Z=\frac{\dot{U}}{\dot{I}}$$

可改写成

$$\dot{U}_m=Z\dot{I}_m$$

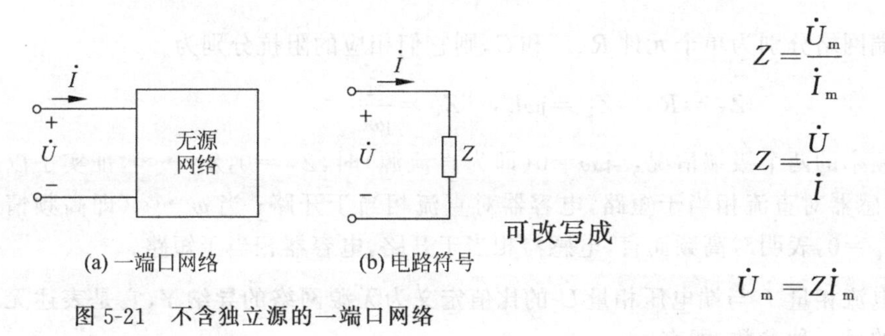

图 5-21 不含独立源的一端口网络

$$\dot{U}=Z\dot{I}$$

上式是用阻抗 Z 表示的欧姆定律的相量形式。Z 不是正弦量，而是一个复数，称为复阻抗，其模 $|Z|=\dfrac{U}{I}$ 称为阻抗模(经常将 Z、$|Z|$ 简称为阻抗)，辐角 $\varphi_Z=\phi_u-\phi_i$ 称为阻抗角。Z 的单位为 Ω，其电路符号与电阻相同，如图 5-21(b)所示。Z 的代数形式为

$$Z=R+\mathrm{j}X$$

式中，R 为等效电阻分量；X 为等效电抗分量，$X>0$ 时 Z 称为感性阻抗，$X<0$ 时称为容性阻抗。Z 在复平面上用直角三角形表示，如图 5-22(a)所示(图中设 $X>0$)，称为阻抗三角形。

根据阻抗表示的欧姆定律，有

$$\dot{U}=(R+\mathrm{j}X)\dot{I}$$

上式表明，通过电阻和电抗的是同一电流，等效电路要用两个电路元件串联表示，一元件为电阻元件 R(表示实部)，另一元件为储能元件(电感或电容)，但要根据电抗的性质决定，当 $X>0(\varphi_Z>0)$时，X 称为感性电抗，可用等效电感 L_{eq} 的感抗替代，即

$$\omega L_{\mathrm{eq}}=X,\quad L_{\mathrm{eq}}=\frac{X}{\omega}$$

当 $X<0(\varphi_Z<0)$时，X 称为容性电抗，可用等效电容 C_{eq} 的容抗替代，即

$$\frac{1}{\omega C_{\mathrm{eq}}}=|X|,\quad C_{\mathrm{eq}}=\frac{1}{\omega|X|}$$

串联等效电路如图 5-22(b)所示，等效电路将端电压 $\dot{U}$ 分解为两个分量，即 $\dot{U}_R=R\dot{I}$ 和 $\dot{U}_X=\mathrm{j}X\dot{I}$，根据 KVL，3 个电压相量在复平面上组成一个与阻抗三角形相似的直角三角形(将阻抗三角形乘以 $\dot{I}$ 获得)，称为电压三角形，如图 5-22(c)所示。

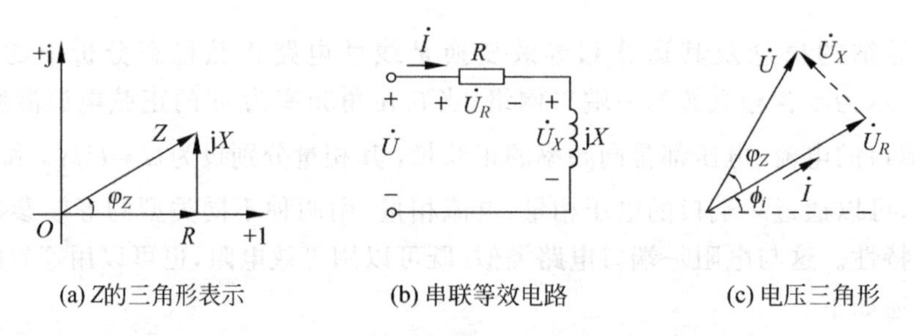

(a) Z的三角形表示　(b) 串联等效电路　(c) 电压三角形

图 5-22　无源网络用阻抗 Z 表示($\varphi_Z>0$)

如果无源二端网络分别为单个元件 R、L 和 C，则它们相应的阻抗分别为

$$Z_R=R,\quad Z_L=\mathrm{j}\omega L,\quad Z_C=\frac{1}{\mathrm{j}\omega C}$$

下面考虑角频率的两个极端情况，当 $\omega=0$(即为直流源)时，$Z_L=0$，$Z_C\to\infty$，证实了以前学过的知识，电感器对直流相当于短路，电容器对直流相当于开路；当 $\omega\to\infty$(即高频情况)时，$Z_L\to\infty$，$Z_C=0$，表明对高频而言，电感器相当于开路，电容器相当于短路。

无源网络的电流相量 $\dot{I}$ 与端电压相量 $\dot{U}$ 的比值定义为无源网络的导纳 Y，它是表述无源网络对外特征的另一种参数，即有

$$Y \overset{\text{def}}{=} \frac{\dot{I}}{\dot{U}} = \frac{I}{U}\underline{/(\phi_i - \phi_u)} = |Y| \underline{/\varphi_Y}$$

或

$$\dot{I} = Y\dot{U}$$

上式是用导纳 Y 表示的欧姆定律的相量形式。Y 是一个复数，称为复导纳，模值 $|Y| = \frac{I}{U}$ 称为导纳模（经常将 Y、$|Y|$ 简称为导纳），辐角 $\varphi_Y = \phi_i - \phi_u$ 称为导纳角，Y 的单位为 S（西门子），其电路符号与电导相同。Y 的代数形式为

$$Y = G + \mathrm{j}B$$

G 为等效电导（分量），B 为等效电纳（分量）。$B>0$ 时 Y 称为容性导纳，$B<0$ 时 Y 称为感性导纳，Y 在复平面上是一个直角三角形，如图 5-23(a)所示（图中设 $B<0$），称为导纳三角形。

用导纳表示的欧姆定律有

$$\dot{I} = (G + \mathrm{j}B)\dot{U}$$

等效电路要用等效电导与等效电感 L_{eq} 或等效电容 C_{eq} 的并联形式表示，并有

$$C_{\mathrm{eq}} = \frac{B}{\omega}(B > 0,\text{容性电纳}), \quad L_{\mathrm{eq}} = \frac{1}{|B|\omega}(B < 0,\text{感性电纳})$$

并联等效电路如图 5-23(b)所示，电流 $\dot{I}$ 被分解为两个分量，$\dot{I}_G = \dot{U}G$ 和 $\dot{I}_B = \mathrm{j}B\dot{U}$，根据 KCL，3 个电流相量在复平面上组成一个与导纳三角形相似的电流三角形，如图 5-23(c)所示。

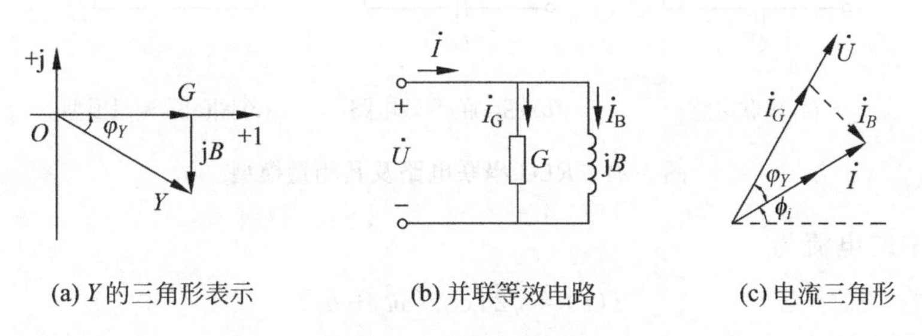

(a) Y的三角形表示　　(b) 并联等效电路　　(c) 电流三角形

图 5-23　无源网络用导纳 Y 表示（$\varphi_Y<0$）

如果无源二端网络分别为单个元件 R、L 和 C，则它们相应的导纳分别为

$$Y_G = G = \frac{1}{R}, \quad Y_L = \frac{1}{\mathrm{j}\omega L}, \quad Y_C = \mathrm{j}\omega C$$

单一元件的阻抗、导纳是阻抗、导纳的基础。最后需要指出以下几点。

(1) 无源网络的阻抗或导纳是由其内部的参数、结构和正弦电源的频率决定的，在一般情况下，其每一部分都是频率、参数的函数，随频率、参数而变化。

(2) 无源网络中如不含受控源，则有 $|\varphi_Z| \leqslant 90°$ 或 $|\varphi_Y| \leqslant 90°$，但有受控源时，可能会出现 $|\varphi_Z| > 90°$ 或 $|\varphi_Y| > 90°$，其实部将为负值，其等效电路要设定受控源表示实部。

(3) 无源网络的两种参数 Z 和 Y 具有同等效用，彼此可以等效互换，即有

$$ZY = 1$$

Z 和 Y 互为倒数，其极坐标形式表示的互换条件为

$$|Z||Y|=1,\quad \varphi_Z+\varphi_Y=0$$

等效互换常用代数形式。阻抗 Z 变换为等效导纳 Y 为

$$Y=G+\mathrm{j}B=\frac{1}{R+\mathrm{j}X}$$

Y 的实部、虚部分别为

$$G=\frac{R}{|Z|^2},\quad B=-\frac{X}{|Z|^2}$$

串联等效电路就变换为相应的串联等效电路。显然，等效变换不会改变阻抗（或导纳）原来的感性或容性性质。

(4) 对阻抗或导纳的串、并联电路的分析计算，三角形和星形之间的互换完全可以采用电阻电路中的方法及相关的公式。

5.5.2 *RLC* 串联电路

RLC 串联电路及其相量模型如图 5-24 所示。

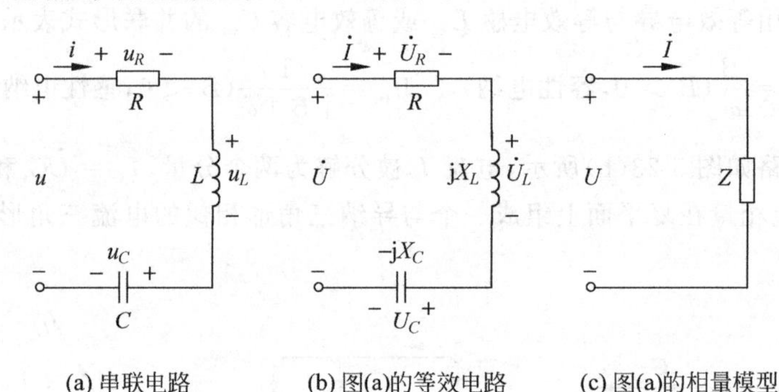

(a) 串联电路　　(b) 图(a)的等效电路　　(c) 图(a)的相量模型

图 5-24 *RLC* 串联电路及其相量模型

设电路中的电流为

$$i(t)=\sqrt{2}i\cos(\omega t+\theta_i)$$

$$\dot{I}=I\mathrm{e}^{\mathrm{j}\theta_i}$$

$$\dot{U}=\dot{U}_R+\dot{U}_L+\dot{U}_C$$

根据 R、L、C 元件的 VCR，有

$$\dot{U}_R=R\dot{I},\quad \dot{U}_L=\mathrm{j}X_L\dot{I},\quad \dot{U}_C=-\mathrm{j}X_C\dot{I}$$

$$X_L=\omega L,\quad X_C=\frac{1}{\omega C}$$

$$\begin{aligned}\dot{U}&=R\dot{I}+\mathrm{j}X_L\dot{I}-\mathrm{j}X_C\dot{I}\\&=[R+\mathrm{j}(X_L-X_C)]\dot{I}=Z\dot{I}\end{aligned}$$

$$Z=\frac{\dot{U}}{\dot{I}}$$

$$Z = R + \mathrm{j}(X_L - X_C) = R + \mathrm{j}X$$

阻抗 Z 也可写成极坐标形式，即

$$Z = R + \mathrm{j}X = |Z|\mathrm{e}^{\mathrm{j}\phi_Z} = |Z|\underline{/\phi_Z}$$

式中，$|Z|$和 ϕ_Z 分别称为阻抗模和阻抗角。

$$\begin{cases} |Z| = \sqrt{R^2 + X^2} \\ \phi_Z = \arctan\dfrac{X}{R} \end{cases}$$

$$\begin{cases} R = |Z|\cos\phi_Z \\ X = |Z|\sin\phi_Z \end{cases}$$

$$Z = \frac{\dot{U}}{\dot{I}} = \frac{U\mathrm{e}^{\mathrm{j}\theta_u}}{I\mathrm{e}^{\mathrm{j}\theta_i}} = \frac{U}{I}\mathrm{e}^{\mathrm{j}(\theta_u - \theta_i)} = Z\mathrm{e}^{\mathrm{j}\phi_Z}$$

$$\begin{cases} |Z| = \dfrac{U}{I} = \dfrac{U_{\mathrm{m}}}{I_{\mathrm{m}}} \\ \phi_Z = \theta_u - \theta_i \end{cases}$$

阻抗模等于电压相量 $\dot{U}$ 与电流相量 $\dot{I}$ 的模值之比，阻抗角等于电压相量 $\dot{U}$ 超前电流相量 $\dot{I}$ 的相位角。若 $\phi_Z > 0$，表示电压相量 $\dot{U}$ 超前电流相量 $\dot{I}$；若 $\phi_Z < 0$，表示电压相量 $\dot{U}$ 滞后电流相量 $\dot{I}$。

由于电抗

$$X = X_L - X_C = \omega L - \frac{1}{\omega C}$$

与频率有关，因此，在不同的频率下，阻抗有不同的特性，如图 5-25 所示。

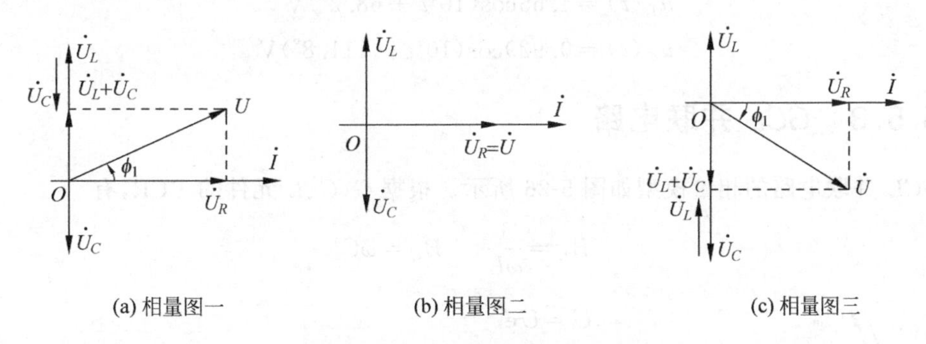

图 5-25　RLC 串联电路的相量图

例 5-12　某 RLC 串联电路，其电阻 $R=10\mathrm{k\Omega}$，电感 $L=5\mathrm{mH}$，电容 $C=0.001\mu\mathrm{F}$，正弦电压源的振幅为 10V，$\omega=10^6\mathrm{rad/s}$。求电流和各元件上的电压。

解　首先计算电路的阻抗。

感抗

$$X_L = \omega L = 10^6 \times 5 \times 10^{-3}\mathrm{k\Omega} = 5\mathrm{k\Omega}$$

容抗

$$X_C=\frac{1}{\omega C}=\frac{1}{10^6\times 0.001\times 10^{-6}}\text{k}\Omega=1\text{k}\Omega$$

电抗

$$X=X_L-X_C=4\text{k}\Omega$$

电路的阻抗

$$Z=R+\text{j}X=10+\text{j}4=10.77\angle 21.8^\circ\text{k}\Omega$$

由于电抗 $X>0$，阻抗角 $\phi_Z>0$，所以阻抗呈电感性。设电压源相量为

$$\dot{U}_{\text{Sm}}=10\angle 0^\circ\text{V}$$

电流相量

$$\dot{I}_{\text{m}}=\frac{\dot{U}_{\text{Sm}}}{Z}=\frac{10\angle 0^\circ}{10.77\angle 21.8^\circ}\text{mA}=0.929\angle -21.8^\circ\text{mA}$$

电阻电压相量

$$\dot{U}_{R\text{m}}=R\dot{I}_{\text{m}}=10\times 10^3\times 0.929\angle -21.8^\circ\times 10^{-3}\text{V}=9.29\angle -21.8^\circ\text{V}$$

电感电压相量

$$\dot{U}_{L\text{m}}=\text{j}X_L\dot{I}_{\text{m}}=\text{j}5\times 10^3\times 0.929\angle -21.8^\circ\times 10^{-3}\text{V}=4.65\angle 68.2^\circ\text{V}$$

电容电压相量

$$\dot{U}_{C\text{m}}=-\text{j}X_C\dot{I}_{\text{m}}=-\text{j}1\times 10^3\times 0.929\angle -21.8^\circ\times 10^{-3}\text{V}=0.929\angle -111.8^\circ\text{V}$$

电流、电压的表达式为

$$i(t)=0.929\cos(10^6t-21.8^\circ)\text{mA}$$
$$u_R(t)=9.29\cos(10^6t-21.8^\circ)\text{V}$$
$$u_L(t)=4.65\cos(10^6t+68.2^\circ)\text{V}$$
$$u_C(t)=0.929\cos(10^6t-111.8^\circ)\text{V}$$

5.5.3 *GCL* 并联电路

GCL 并联电路的相量模型如图 5-26 所示。根据 G、C、L 元件的 VCR，有

$$B_L=\frac{1}{\omega L},\quad B_C=\omega C$$

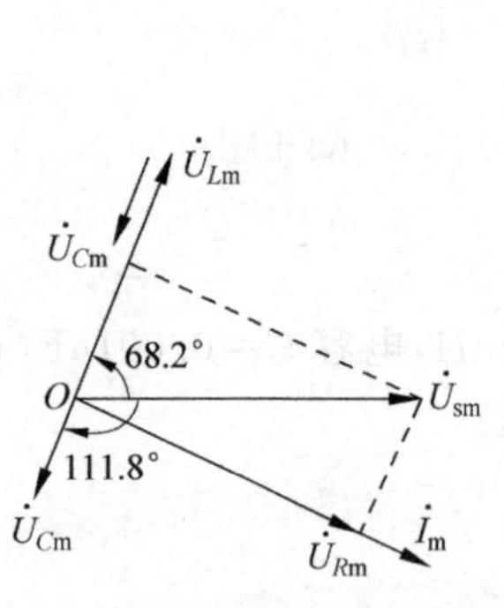

$$\dot{U}=U\text{e}^{\text{j}\theta_u}$$

$$\dot{I}=\dot{I}_G+\dot{I}_C+\dot{I}_L$$

$$\dot{I}_G=G\dot{U}$$

$$\dot{I}_C=Y_C\dot{U}=\text{j}B_C\dot{U}$$

$$\dot{I}_L=Y_L\dot{U}=-\text{j}B_L\dot{U}$$

图 5-26 *GCL* 并联电路的相量模型

$$\dot{I}=G\dot{U}+\text{j}B_C\dot{U}-\text{j}B_L\dot{U}=[G+\text{j}(B_C-B_L)]\dot{U}=Y\dot{U}$$

$$Y=\frac{\dot{I}}{\dot{U}}$$

$$Y=G+\mathrm{j}(B_C-B_L)=G+\mathrm{j}B$$

$$Y=G+\mathrm{j}B=|Y|\mathrm{e}^{\mathrm{j}\phi_Y}$$

$$\begin{cases}|Y|=\sqrt{G^2+B^2}\\ \phi_Y=\arctan\dfrac{B}{G}\end{cases}$$

$$\begin{cases}G=|Y|\cos\phi_Y\\ B=|Y|\sin\phi_Y\end{cases}$$

导纳$|Y|$,导纳角 ϕ_Y 与电压$\dot{U}$、电流 $\dot{I}$ 的关系为

$$Y=\frac{\dot{I}}{\dot{U}}=\frac{I\mathrm{e}^{\mathrm{j}\theta_i}}{U\mathrm{e}^{\mathrm{j}\theta_u}}=\frac{I}{U}\mathrm{e}^{\mathrm{j}(\theta_i-\theta_u)}=|Y|\mathrm{e}^{\mathrm{j}\phi_Y}$$

$$\begin{cases}|Y|=\dfrac{I}{U}=\dfrac{1}{|Z|}\\ \phi_Y=\theta_i-\theta_u=-\phi_z\end{cases}$$

导纳模等于电流 $\dot{I}$ 与电压$\dot{U}$ 的模值之比。

导纳角等于电流 $\dot{I}$ 与电压$\dot{U}$ 的相位差。

例 5-13 有一个 GCL 并联电路,已知 $R=10\Omega$,$C=0.5\mu\mathrm{F}$,$L=5\mu\mathrm{H}$,正弦电压源的电压有效值 $U=2\mathrm{V}$,$\omega=10^6\mathrm{rad/s}$。求总电流并说明电路的性质。

解 电路的导纳为

$$Y=G+\mathrm{j}(B_C-B_L)$$

$$G=\frac{1}{R}=0.1\mathrm{S}$$

$$B_C=\omega C=10^6\times0.5\times10^{-6}\mathrm{S}=0.5\mathrm{S}$$

$$B_L=\frac{1}{\omega L}=\frac{1}{10^6\times5\times10^{-6}}\mathrm{S}=0.2\mathrm{S}$$

$$Y=0.1+\mathrm{j}(0.5-0.2)=0.1+\mathrm{j}0.3\mathrm{S}=0.316\angle 71.56^\circ\mathrm{S}$$

$$\dot{U}=2\angle 0^\circ\mathrm{V}$$

$$\dot{I}=Y\dot{U}=0.632\angle 71.56^\circ\mathrm{A}$$

导纳角 $\phi_Y=71.56^\circ$,表示电流 $\dot{I}$ 超前电压 $\dot{U}$ 为 71.56°。因此,电路呈电容性。

5.5.4 阻抗和导纳的串、并联

若有 n 个阻抗相串联,它的等效阻抗为

$$Z=\sum_{k=1}^{n}Z_k=\sum_{k=1}^{n}(R_k+\mathrm{j}X_k)$$

分压公式为

$$\dot{U}_i=\frac{Z_i}{\sum_{k=1}^{n}Z_k}\dot{U}$$

式中，$\dot{U}$ 为 n 个串联阻抗的总电压相量；$\dot{U}_i$ 为第 i 个阻抗上的电压相量。

若有 n 个导纳相并联，它的等效导纳为

$$Y=\sum_{k=1}^{n}Y_k=\sum_{k=1}^{n}(G_k+\mathrm{j}B_k)$$

分流公式为

$$\dot{I}_i=\frac{Y_i}{\sum_{k=1}^{n}Y_k}\dot{I}$$

式中，$\dot{I}$ 为总电流相量；$\dot{I}_i$ 为通过第 i 个导纳上的电流相量。

若两个阻抗 Z_1 和 Z_2 相并联，则等效阻抗为

$$Z=\frac{Z_1Z_2}{Z_1+Z_2}$$

分流公式为

$$\begin{cases}\dot{I}_1=\dfrac{Z_2}{Z_1+Z_2}\dot{I}\\[2ex]\dot{I}_2=\dfrac{Z_1}{Z_1+Z_2}\dot{I}\end{cases}$$

例 5-14 RL 串联电路如图 5-27 所示。若要求在 $\omega=10^6\,\mathrm{rad/s}$ 时，把它等效成 $R'L'$ 并联电路，试求 R'和 L'的值。

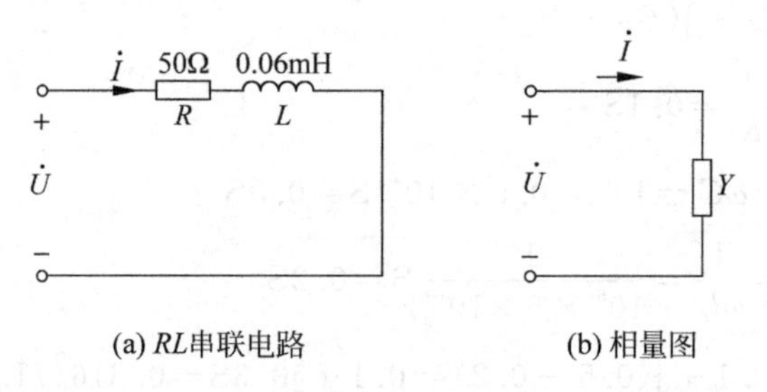

(a) RL串联电路　　(b) 相量图

图 5-27　例 5-14 用图

解

$$X_L=\omega L=10^6\times0.06\times10^{-3}\Omega=60\Omega$$

$$Z=R+\mathrm{j}X_L=(50+\mathrm{j}60)\Omega=78.1\angle 50.20\Omega$$

$$Y=\frac{1}{Z}=\frac{1}{78.1\angle 50.20}\mathrm{S}=0.0128\angle -50.20\mathrm{S}$$

$$=(0.0082-\mathrm{j}0.0098)\mathrm{S}$$

$$G'=0.0082\mathrm{S}$$

$$B'_L=\frac{1}{\omega L'}=0.0098\text{S}$$

$$R'=\frac{1}{G'}=122\Omega$$

$$L'=\frac{1}{\omega B'_L}=0.102\text{mH}$$

例 5-15 电路及解题图如图 5-28 所示。其中 $u_S(t)=10\sqrt{2}\cos5000t\,\text{V}$，求电流 $i(t)$、$i_L(t)$和 $i_C(t)$。

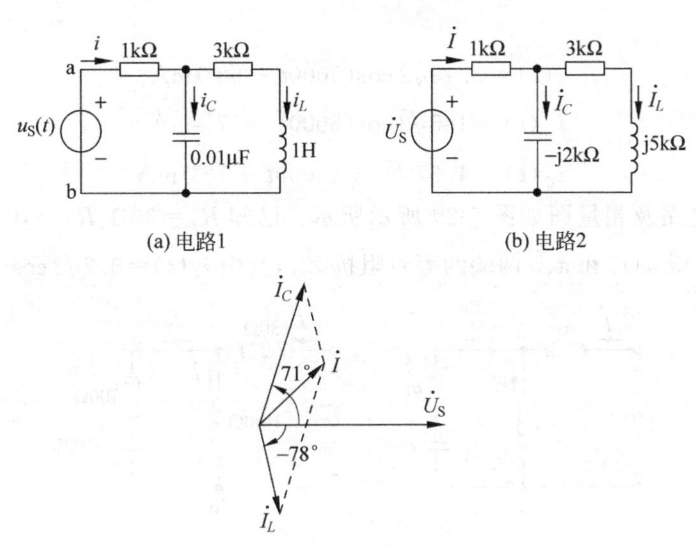

图 5-28 例 5-15 用图

解

$$\dot{U}_S=10\underline{/0^\circ}\text{V}$$

$$X_L=\omega L=5\text{k}\Omega$$

$$X_C=\frac{1}{\omega C}=\frac{1}{5000\times0.1\times10^{-6}}\text{k}\Omega=2\text{k}\Omega$$

设 RL 串联支路的阻抗为 Z_1，电容支路的阻抗为 Z_2，即

$$Z_1=3+\text{j}5=5.83\underline{/59^\circ}\text{k}\Omega$$

$$Z_2=-\text{j}2\text{k}\Omega$$

Z_1 和 Z_2 并联的等效阻抗 Z_{12} 为

$$Z_{12}=\frac{Z_1Z_2}{Z_1+Z_2}=\frac{5.83\underline{/59^\circ}\times(-\text{j}2)}{3+\text{j}5-\text{j}2}\text{k}\Omega=\frac{11.66\underline{/-31^\circ}}{4.24\underline{/45^\circ}}\text{k}\Omega$$

$$=2.74\underline{/-76^\circ}\text{k}\Omega=(0.663-\text{j}2.66)\text{k}\Omega$$

在 a、b 两端的等效电阻(常称为输入阻抗)为

$$Z=1+Z_{12}=(1+0.663-\text{j}2.66)\text{k}\Omega=3.14\underline{/-58^\circ}\text{k}\Omega$$

总电流相量为

$$\dot{I}=\frac{\dot{U}_S}{Z}=\frac{10\angle 0^\circ}{3.14\angle -58^\circ}\text{mA}=3.18\angle 58^\circ\text{mA}$$

利用分流计算电流相量 $\dot{I}_L$ 和 $\dot{I}_C$，即

$$\dot{I}_L=\frac{Z_2}{Z_1+Z_2}\dot{I}=\frac{-\text{j}2}{3+\text{j}5-\text{j}2}\times 3.18\angle 58^\circ\text{mA}=1.5\angle -77^\circ\text{mA}$$

$$\dot{I}_C=\frac{Z_1}{Z_1+Z_2}\dot{I}=\frac{5.83\angle 59^\circ}{3+\text{j}5-\text{j}2}\times 3.18\angle 58^\circ\text{mA}=4.37\angle 72^\circ\text{mA}$$

表达式为

$$i(t)=3.18\sqrt{2}\cos(5000t+58^\circ)\text{mA}$$
$$i_L(t)=1.5\sqrt{2}\cos(5000t-77^\circ)\text{mA}$$
$$i_C(t)=4.37\sqrt{2}\cos(5000t+72^\circ)\text{mA}$$

例 5-16 电路及相量图如图 5-29 所示所示。已知 $R_1=30\Omega, R_2=100\Omega, C=0.1\mu\text{F}$，$L=1\text{mH}$。求电压 $u(t)$ 和 a、b 两端的等效阻抗 Z_{ab}，其中 $i_2(t)=0.2\sqrt{2}\cos(10^5t+60^\circ)\text{A}$。

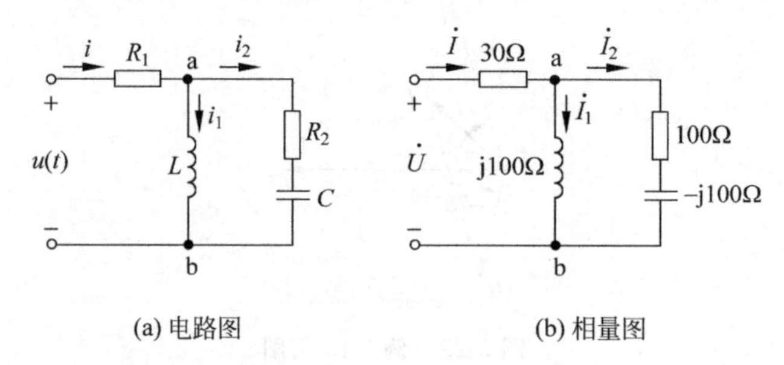

图 5-29 例 5-16 用图

解

$$X_L=\omega L=10^5\times 1\times 10^{-3}\Omega=100\Omega$$

$$X_C=\frac{1}{\omega C}=\frac{1}{10^5\times 0.1\times 10^{-6}}\Omega=100\Omega$$

设 L 支路的阻抗为 Z_1，R_2C 串联支路的阻抗为 Z_2，即

$$Z_1=\text{j}X_L=\text{j}100\Omega$$

$$Z_2=R_2-\text{j}X_C=(100-\text{j}100)\Omega=141\angle -45^\circ\Omega$$

电流 i_2 的相量为

$$\dot{I}_2=0.2\angle 60^\circ\text{A}$$

a、b 两端的电压、电流相量为

$$\dot{U}_{\text{ab}}=Z_2\dot{I}_2=141\text{e}^{-\text{j}45^\circ}\times 0.2\text{e}^{\text{j}60^\circ}\text{V}=28.2\angle 15^\circ\text{V}$$

$$\dot{I}_1=\frac{\dot{U}_{\text{ab}}}{\text{j}X_L}=\frac{28.2\angle 45^\circ}{\text{j}100}\text{A}=0.282\angle -75^\circ\text{A}$$

由 KCL，得

$$\dot{I}=\dot{I}_1+\dot{I}_2=(0.282\angle -75^\circ+0.2\angle 60^\circ)\text{A}$$

$$=[(0.073-\text{j}0.273)+(0.1+\text{j}0.173)]\text{A}$$
$$=(0.173-\text{j}0.1)\text{A}=0.2\angle -30^\circ \text{A}$$

电阻 R 上的电压相量为

$$\dot{U}_R=R\dot{I}=30\times 0.2\angle -30^\circ \text{V}=6\angle -30^\circ \text{V}$$

由 KVL,得

$$\dot{U}=\dot{U}_R+\dot{U}_{ab}=(6\angle -30^\circ+28.2\angle 15^\circ)\text{V}$$
$$=[(5.2-\text{j}3)+(27.2+\text{j}7.3)]\text{V}$$
$$=(32.4+\text{j}4.3)\text{V}=32.8\angle 7.6^\circ \text{V}$$

a、b 两端的等效阻抗为

$$Z_{ab}=\frac{\dot{U}_{ab}}{\dot{I}}=\frac{28.2\angle 15^\circ}{0.2\angle -30^\circ}\Omega=141\angle 45^\circ\Omega=(100+\text{j}100)\Omega$$

Z_{ab} 呈电感性。$u(t)$的表达式为

$$u(t)=32.8\sqrt{2}\cos(10^5 t+7.6^\circ)\text{V}$$

5.6 正弦稳态电路的相量分析法

对线性电路的正弦稳态分析,无论在实际应用上还是在理论上都极为重要。电力工程中遇到的大多数问题都可以按正弦稳态电路分析解决。许多电气、电子设备的设计和性能指标也往往是按正弦稳态考虑的。电工技术和电子技术中的非正弦周期信号可以分解为频率成整数倍的正弦函数的无穷级数,这类问题也可以应用正弦稳态分析方法处理。

前面的内容中已为相量法奠定了理论基础,获得了电路基本定律的相量形式,即

根据 KCL,有

$$\sum \dot{I}=0$$

根据 KVL,有

$$\sum \dot{U}=0$$

根据 VCR,有

$$\dot{U}=Z\dot{I} \quad 或 \quad \dot{I}=Y\dot{U}$$

并通过一些实例,初步展示了相量法的应用。这些都说明,相量法与线性电阻电路中的分析方法相比,不仅在表述形式上十分相似,而且在分析方法上也完全一样。因此,用相量法分析时,线性电阻电路的各种分析方法和电路定理可推广用于线性电路的正弦稳态分析,差别仅在于所得电路方程为以相量形式表示的代数方程以及用相量形式描述的电路定理,而计算则为复数运算。本节将通过举例,较为全面深入地展示相量法在正弦稳态分析中的应用。

5.6.1 网孔法

例 5-17 电路的相量模型如图 5-30 所示,求电流 $\dot{I}_1$ 和 $\dot{I}_2$。

解 设网孔电流 $\dot{I}_1$ 和 $\dot{I}_2$，如图 5-30 所示。

对网孔Ⅰ，有

$$(-\mathrm{j}4+\mathrm{j}2)\dot{I}_1-\mathrm{j}2\dot{I}_2=10-20\underline{/60^\circ}$$

对网孔Ⅱ，有

$$-\mathrm{j}2\dot{I}_1+(5+\mathrm{j}2-\mathrm{j}2)\dot{I}_2=20\underline{/60^\circ}$$

求解得

$$\dot{I}_1=6.95\underline{/-49.28^\circ}\mathrm{A}$$

$$\dot{I}_2=6.69\underline{/52.1^\circ}\mathrm{A}$$

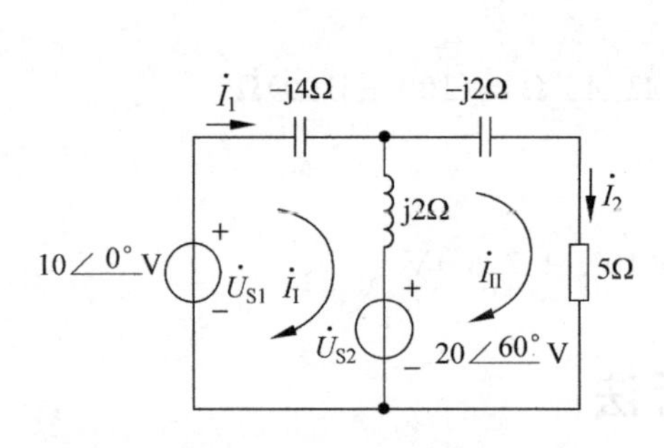

图 5-30 例 5-17 用图

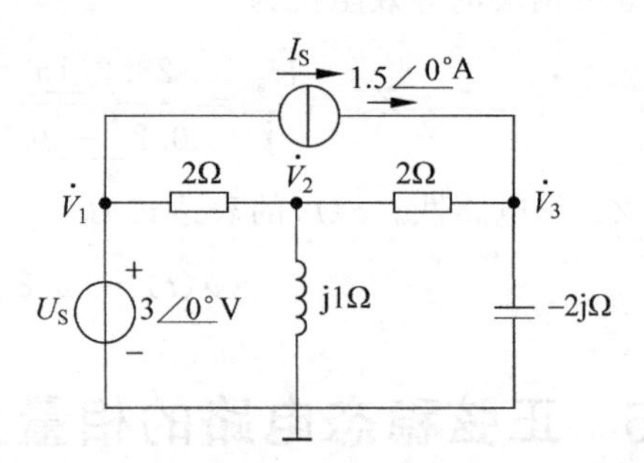

图 5-31 例 5-18 用图

5.6.2 节点法

例 5-18 电路的相量模型如图 5-31 所示。求各节点的电压相量。

解

$$-\frac{1}{2}\dot{V}_1+\left(\frac{1}{2}+\frac{1}{\mathrm{j}1}+\frac{1}{2}\right)\dot{V}_2-\frac{1}{2}\dot{V}_3=0$$

$$-\frac{1}{2}\dot{V}_2+\left(\frac{1}{2}+\frac{1}{-\mathrm{j}2}\right)\dot{V}_3=1.5\underline{/0^\circ}$$

求解得

$$\dot{V}_1=3\underline{/0^\circ}\mathrm{V}$$

$$\dot{V}_2=2.24\underline{/26.6^\circ}\mathrm{V}$$

$$\dot{V}_3=3.6\underline{/-33.7^\circ}\mathrm{V}$$

5.6.3 等效电源定理

例 5-19 电路的相量模型如图 5-32(a)所示，试问负载阻抗 Z_L 为何值时能获得最大功率？最大功率 P_{Lmax} 是多少？

解 将负载 Z_L 断开，电路如图 5-32(b)所示。

电阻与电感并联的阻抗为

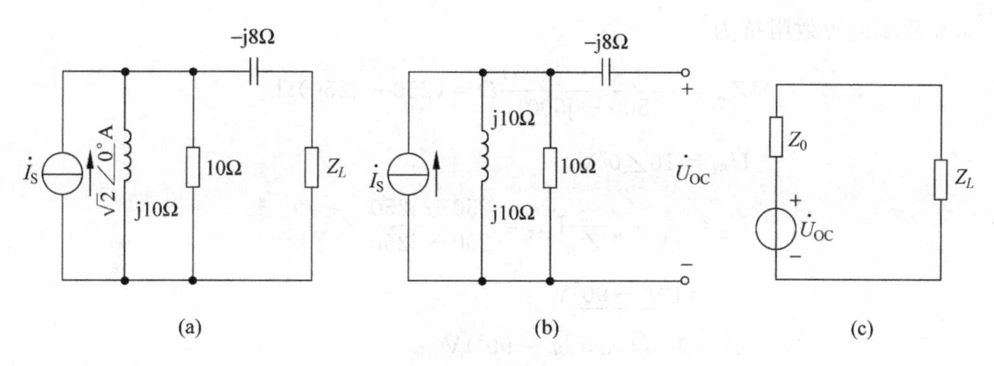

图 5-32 例 5-19 用图

$$Z_{RL}=\frac{10\times j10}{10+j10}=\sqrt{2}\times 5\underline{/45°}\Omega=(5+j5)\Omega$$

$$\dot{U}_{OC}=Z_{RL}\dot{I}_S=\sqrt{2}\times 5\underline{/45°}\times\sqrt{2}\underline{/0°}V=10\underline{/45°}V$$

$$Z_0=Z_{RL}-j8=(5-j3)\Omega$$

$$Z_L=Z_0^*=R_L+jX_L=(5+j3)\Omega$$

$$P_{L\max}=\frac{U_{OC}^2}{4R_L}=\frac{10^2}{4\times 5}W=5W$$

例 5-20 电路如图 5-33(a)所示。$u_S(t)=(15+\sqrt{2}\times 10\cos\omega t+\sqrt{2}\times 10\cos 2\omega t)$V,式中 $\omega=10^3$rad/s。求 a、b 两端的输出电压 $u(t)$。

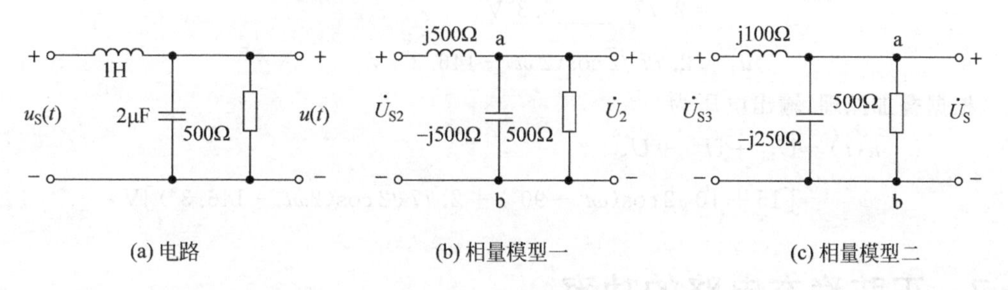

图 5-33 例 5-20 用图

解 电源 $u_S(t)$可以看作 3 个电源叠加而成的,即

$$u_S(t)=U_{S1}+U_{S2}+U_{S3}$$

$$U_{S1}=15V$$

$$U_{S2}=\sqrt{2}\times 10\cos\omega t\,V$$

$$U_{S3}=\sqrt{2}\times 10\cos 2\omega t\,V$$

(1) U_{S1} 作用于电路。

$$u_1(t)=U_{S1}=15V$$

(2) U_{S2} 作用于电路。电路的相量模型如图 5-33(b)所示,图中

$$X_L=\omega L=10^3\times 0.5\Omega=500\Omega$$

$$X_C=\frac{1}{\omega C}=\frac{1}{10^3\times 2\times 10^{-6}}\Omega=500\Omega$$

a、b 两端的等效阻抗为

$$Z_{ab}=\frac{500\times(-j500)}{500-j500}\Omega=(250-j250)\Omega$$

$$\dot{U}_{S2}=10\angle 0°V$$

$$\dot{U}_2=\frac{Z_{ab}}{jX_L+Z_{ab}}\dot{U}_{S2}=\frac{250-j250}{250+j250}\times 10\underline{/0°}V$$

$$=10\underline{/-90°}V$$

$$u_2=10\sqrt{2}\cos(\omega t-90°)V$$

(3) U_{S3} 作用于电路。电路的相量模型如图 5-33(c)所示，图中

$$X_L=2\omega L=1000\Omega$$

$$X_C=\frac{1}{2\omega C}=250\Omega$$

a、b 两端的等效阻抗为

$$Z_{ab}=\frac{500\times(-j250)}{500-j250}\Omega=(100-j200)\Omega$$

$$\dot{U}_{S3}=10\underline{/0°}V$$

$$\dot{U}_3=\frac{Z_{ab}}{jX_L+Z_{ab}}\dot{U}_{S3}=\frac{100-j200}{100+j800}\times 10\underline{/0°}V$$

$$=2.77\underline{/-146.3°}V$$

$$u_3=2.77\sqrt{2}\cos(2\omega t-146.3°)V$$

根据叠加原理，输出电压为

$$u(t)=U_{S1}+U_{S2}+U_{S3}$$

$$=[15+10\sqrt{2}\cos(\omega t-90°)+2.77\sqrt{2}\cos(2\omega t-146.3°)]V$$

5.7 正弦稳态电路的功率

5.7.1 二端电路的功率

二端电路的瞬时功率波形如图 5-34 所示。

设端口电压为

$$u(t)=U_m\cos(\omega t+\theta_u)$$

电流 i 是相同频率的正弦量，设为

$$i(t)=I_m\cos(\omega t+\theta_i)$$

$$p(t)=u(t)i(t)=U_mI_m\cos(\omega t+\theta_u)$$

$$p(t)=\frac{1}{2}U_mI_m\cos(\theta_u-\theta_i)+\frac{1}{2}U_mI_m\cos(2\omega t+\theta_u+\theta_i)$$

$$=UI\cos(\theta_u-\theta_i)+UI\cos(2\omega t+\theta_u+\theta_i)$$

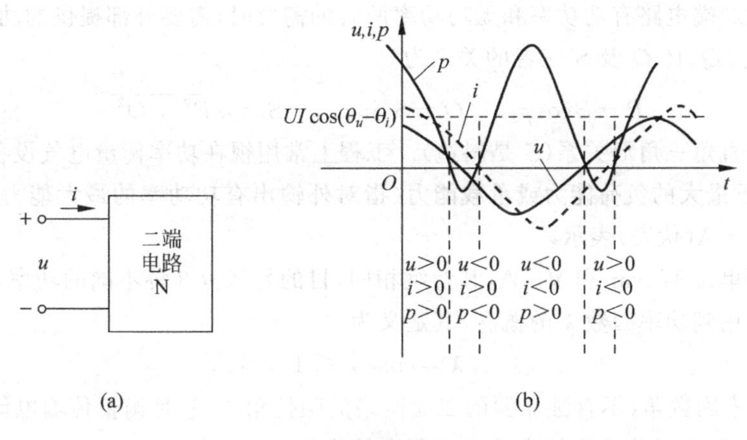

图 5-34　二端电路的瞬时功率波形

当 $u>0$、$i>0$ 或 $u<0$、$i<0$ 时，二端电路吸收功率，$p>0$；当 $u>0$、$i<0$ 或 $u<0$、$i>0$ 时，二端电路供给功率，$p<0$。这表明二端电路中的动态元件与外电路或电源进行能量交换。在一周期内，二端电路吸收的功率大于供给的功率。二端电路的平均功率不为零，即

$$P=\frac{1}{T}\int_0^T p\,\mathrm{d}t=\frac{1}{2}U_\mathrm{m}I_\mathrm{m}\cos(\theta_u-\theta_i)=UI\cos(\theta_u-\theta_i)$$

5.7.2　无功功率和视在功率

二端电路 N 的无功功率 Q（或 P_Q）定义为

$$Q=\frac{1}{2}U_\mathrm{m}I_\mathrm{m}\sin(\theta_u-\theta_i)=UI\sin(\theta_u-\theta_i)$$

其单位为乏(var)。

设二端电路的端口电压与电流的相量图如图 5-35 所示。电流相量 $\dot{I}$ 分解为两个分量：一个与电压相量 $\dot{U}$ 同相的分量 $\dot{I}_x$；另一个与 $\dot{U}$ 正交的分量 $\dot{I}_y$。它们的值分别为

$$I_x=I\cos(\theta_u-\theta_i)$$
$$I_y=I\sin(\theta_u-\theta_i)$$

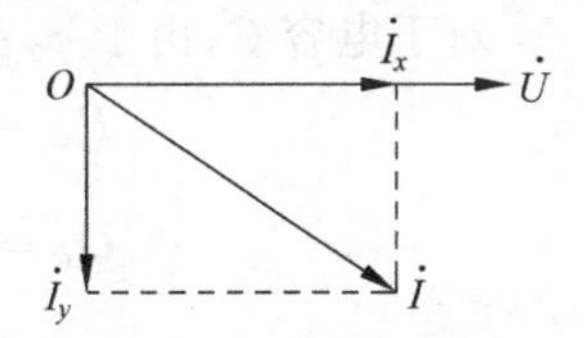

图 5-35　端口电压和电流相量图

二端电路的有功功率看作由电流 $\dot{I}_x$ 与电压 $\dot{U}$ 产生，即

$$P=UI_x=UI\cos(\theta_u-\theta_i)$$

无功功率看作由电流 $\dot{I}_y$ 与电压 $\dot{U}$ 产生，即

$$Q=UI_y=UI\sin(\theta_u-\theta_i)$$

当二端电路不含独立源时，$\varphi_Z=\theta_u-\theta_i$，上式也可写为

$$Q=UI\sin\varphi_Z$$

它是瞬时功率可逆部分的振幅，是衡量由储能元件引起的与外部电路交换的功率，这里"无功"的意思是指这部分能量在往复交换的过程中，没有"消耗"掉。

二端电路 N 的视在功率 S 可定义为

$$S=UI$$

它是满足二端电路有功功率和无功功率两者的需要时，需要外部提供的功率容量，显然有 $S \geqslant P$ 和 $S \geqslant Q$，P、Q 及 S 三者的关系为

$$P = S\cos\varphi_Z,\quad Q = S\sin\varphi_Z,\quad S = \sqrt{P^2 + Q^2}$$

这是一个直角三角形关系（S 是斜边）。工程上常用视在功率衡量电气设备在额定的电压、电流条件下最大的负荷能力或承载能力（指对外输出有功功率的最大能力）。视在功率的单位常用 V·A（伏安）表示。

上面所用单位 W、var 和 V·A，其量纲相同，目的是区分 3 种不同的功率。

工程中常用到功率因数 λ 的概念，其定义为

$$\lambda = \cos\varphi_Z \leqslant 1$$

式中，φ_Z 为功率因数角（不含独立源的二端网络的阻抗角）。它是衡量传输电能效果的一个非常重要的指标，表示传输系统有功功率所占的比例，即

$$\lambda = \frac{P}{S}$$

实际电网非常庞大，延伸数千公里，人们当然不希望电能的往复传输，这样会增加系统电能的消耗和增大系统设备的容量，所以理想状态为 $\lambda = 1$，$Q = 0$。

对于单一的 R、L、C 元件，可以认为是不含独立源的一端口的特例，也适用上述有关功率的定义。

对于电阻 R，由于 $\varphi_Z = 0$，$\lambda = 1$，它的有功功率和无功功率分别为

$$P_R = S\cos\varphi_Z = S = UI = RI^2 = GU^2$$

$$Q_R = S\sin\varphi_Z = 0$$

对于电感 L，由于 $\varphi_Z = 90°$，$\lambda = 0$，故

$$P_L = S\cos\varphi_Z = 0$$

$$Q_L = S\sin\varphi_Z = S = UI = \omega L I^2 = \frac{U^2}{\omega L}$$

对于电容 C，由于 $\varphi_Z = -90°$，$\lambda = 0$，故

$$P_C = S\cos\varphi_Z = 0$$

$$Q_C = S\sin\varphi_Z = -S = -UI = -\frac{1}{\omega C}I^2 = -\omega C U^2$$

在电路系统中，电感和电容的无功功率有互补作用，工程上认为电感吸收无功功率，而认为电容发出无功功率，将两者加以区别。

对于含有独立源的二端网络电路，由于电源参与有功功率、无功功率的交换，使问题变得较为复杂，但上述有关 3 个功率的定义仍然适用，可通过端口的电压、电流的计算获得，但功率因数将失去意义。设含源二端网络的电压、电流分别为（关联参考方向）

$$i = I_m\cos(\omega t + \phi_i)$$

$$u = U_m\cos(\omega t + \phi_i + \varphi)$$

式中，$\varphi = \phi_u - \phi_i$，由于有

$$U_m\cos(\omega t + \phi_i + \varphi) = U_m\cos\varphi\cos(\omega t + \phi_i) - U_m\sin\varphi\sin(\omega t + \phi_i)$$

则

$$p = ui = UI\cos\varphi[1+\cos(2\omega t+2\phi_i)] - UI\sin\varphi\sin(2\omega t+2\phi_i)$$

瞬时功率仍然由两部分组成，即不可逆部分(式中第一项)和可逆部分(式中第二项)。通过U、I和φ表示的3个功率为

$$P = UI\cos\varphi, \quad Q = UI\sin\varphi, \quad S = UI$$

此外，$\varphi=\phi_u-\phi_i$，对不含独立源的二端网络，它就是阻抗角φ_Z，始终有$|\varphi_Z|\leqslant 90°$。对含源二端网络，它不是阻抗角(对仅含受控源的二端网络仍可称为阻抗角)，有可能出现$|\varphi_Z|>90°$，此时二端网络发出有功功率。

如果二端电路的独立源为零，且支路数为m，那么无源二端电路的有功功率、无功功率和复功率分别为

$$\begin{cases} P = \sum_{k=1}^{m} P_k \\ Q = \sum_{k=1}^{m} Q_k \\ S = \sum_{k=1}^{m} S_k \end{cases}$$

例 5-21 电路如图5-36所示。已知$R_1=6\Omega$，$R_2=16\Omega$，$X_L=8\Omega$，$X_C=12\Omega$，$\dot{U}=20\angle 0°\text{V}$。求该电路的平均功率$P$、无功功率$Q$、视在功率$P_S$和功率因数。

解 设R_1L串联支路的阻抗为

$$Z_1 = R_1 + jX_L = (6+j8)\Omega = 10\angle 53.1°\Omega$$

R_2C串联支路的阻抗为

$$Z_2 = R_2 - jX_C = (16-j12)\Omega = 20\angle -36.9°\Omega$$

各电流相量分别为

$$\dot{I}_1 = \frac{\dot{U}}{Z_1} = \frac{20\angle 0°}{10\angle 53.1°}\text{A} = 2\angle -53.1°\text{A} = (1.2-j1.6)\text{A}$$

$$\dot{I}_2 = \frac{\dot{U}}{Z_2} = \frac{20\angle 0°}{20\angle -36.9°}\text{A} = 1\angle 36.9°\text{A} = (0.8+j0.6)\text{A}$$

$$\dot{I} = \dot{I}_1 + \dot{I}_2 = (2-j1)\text{A} = 2.24\angle 26.6°\text{A}$$

$$\dot{I}^* = 2.24\angle 26.6°\text{A}$$

$$S = \dot{U}\dot{I}^* = 20\angle 0° \times 2.64\angle 26.6°\text{V}\cdot\text{A}$$

$$= 44.8\angle 26.6°\text{V}\cdot\text{A} = (40+j20)\text{V}\cdot\text{A}$$

$$P = 40\text{W}$$

$$Q = 20\text{var}$$

$$P_S = |S| = 44.8\text{V}\cdot\text{A}$$

$$\varphi_Z = 26.6°$$

$$\cos\varphi_Z = 0.89$$

$$P = P_1 + P_2$$
$$Q = Q_1 + Q_2$$

例 5-22 某输电线路的相量模型如图 5-37 所示。输电线的损耗电阻 R_1 和等效感抗 X_1 为 $R_1 = X_1 = 6\Omega$，Z_2 为感性负载，已知其消耗功率 $P = 500\text{kW}$，Z_2 两端的电压有效值 $U_2 = 5500\text{V}$，功率因数 $\cos\varphi_{Z2} = 0.91$。求输入电压的有效值 U 和损耗电阻 R_1 消耗的功率。

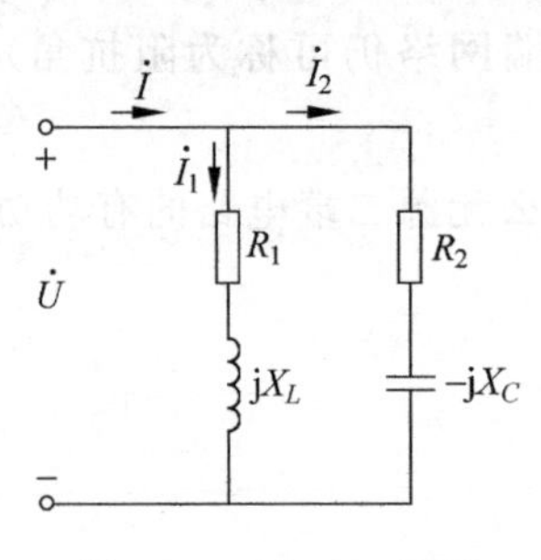

图 5-36　例 5-21 用图

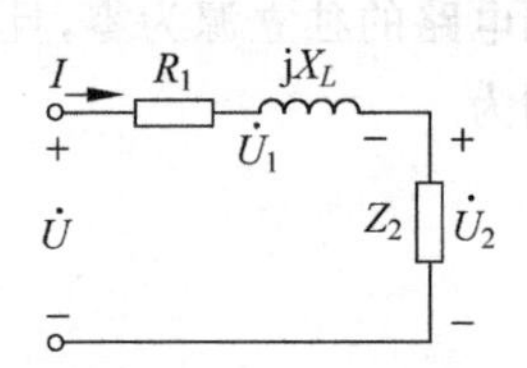

图 5-37　例 5-22 用图

解　设负载两端的电压为参考相量，即

$$\dot{U}_2 = 5500\angle 0^\circ \text{V}$$

由于

$$P_2 = U_2 I \cos\varphi_{Z2}$$

故

$$I = \frac{P_2}{U_2 \cos\varphi_{Z2}} = \frac{500 \times 10^3}{5500 \times 0.91}\text{A} = 100\text{A}$$

则

$$\cos\varphi_{Z2} = 0.91$$
$$\varphi_{Z2} = \pm 24.5^\circ$$

Z_2 是感性负载，φ_{Z2} 取正值，得

$$\varphi_{Z2} = \theta_{u2} - \theta_i = 24.5^\circ$$

故

$$\theta_i = \theta_{u2} - 24.5^\circ = -24.5^\circ$$

于是

$$\dot{I} = 100\angle -24.5^\circ \text{A}$$

输电线的等效阻抗为

$$Z_1 = R_1 + \text{j}X_1 = (6 + \text{j}6)\Omega = 8.5\angle 45^\circ \Omega$$

Z_1 两端的电压为

$$\dot{U}_1 = Z_1 \dot{I} = 8.5\angle 45^\circ \times 100\angle -24.5^\circ \text{V} = 850\angle 20.5^\circ \text{V}$$

输入电压为

$$\dot{U} = \dot{U}_1 + \dot{U}_2 = (850\angle 20.5^\circ + 5500\angle 0^\circ)\text{V}$$
$$= (795 + \text{j}298 + 5500)\text{V} = 6295\angle 2.72^\circ \text{V}$$

输电线损耗的功率为

$$P_1 = I^2 R = (100 \times 100 \times 6)\text{kW} = 60\text{kW}$$

或者

$$P_1 = U_1 I \cos\varphi_{Z1} = (850 \times 100 \times \cos 45^\circ)\text{kW} = 60\text{kW}$$

5.7.3 复功率

设二端网络的电压相量为 $\dot{U}$，电流相量为 $\dot{I}$，复功率 $\overline{S}$ 定义为

$$\begin{aligned}\overline{S} &\overset{\text{def}}{=} \dot{U}\dot{I}^* = UI\underline{/(\phi_u - \phi_i)} \\ &= UI\cos\varphi + \text{j}UI\sin\varphi \\ &= P + \text{j}Q\end{aligned}$$

式中，$\dot{I}^*$ 为 $\dot{I}$ 的共轭复数。复功率的吸收或发出同样根据端口电压和电流的参考方向判断。复功率是一个辅助计算功率的复数，它将正弦稳态电路的 3 种功率和功率因数统一为一个公式表示，是一个“四归一”公式。只要计算出电路中的电压和电流相量，各种功率就可以很方便地计算出来。复功率的单位为 V·A。

最后，应当注意，复功率 $\overline{S}$ 不代表正弦量，乘积 $\dot{U}\dot{I}$ 是没有意义的。复功率的概念显然适用于单个电路元件或任何二端网络电路。

对于不含独立源的二端网络，可以用等效 Z 或等效导纳 Y 替代，则复功率 $\overline{S}$ 又可表示为

$$\overline{S} = \dot{U}\dot{I}^* = (\dot{I}Z)\dot{I}^* = I^2 Z$$

$$\overline{S} = \dot{U}\dot{I}^* = U(Y\dot{U})^* = U^2 Y^*$$

由 $\overline{S}$、P、Q 形成的三角形是一个与阻抗三角形相似的直角三角形。上式中 $Y=G+\text{j}B$，$Y^*=G-\text{j}B$。

可以证明，对整个电路复功率守恒，即有

$$\sum \overline{S} = 0, \quad \sum P = 0, \quad \sum Q = 0$$

5.8 功率因数的提高

电力系统中的负载大部分是感性负载，其功率因数较低，为提高电源的利用率和减少供电线路的损耗，往往采用在感性负载两端并联电容器的方法进行无功补偿，以提高线路的功率因数。日光灯电路为感性负载，其功率因数一般在 0.3～0.4，利用日光灯电路模拟实际的感性负载可以观察交流电路的各种现象。

如图 5-38 所示，日光灯电路由荧光灯管、镇流器和启辉器 3 部分组成。

(1) 灯管。日光灯管是一根玻璃管，它的内壁均匀地涂有一层薄薄的荧光粉，灯管两端各有一个阳极和一根灯丝。灯丝由钨丝制成，其作用是发射电子。阳极是两根镍丝，焊在灯丝上，与灯丝具有相同的电位，其主要作用是当它具有正电位时吸收部分电子，以减少电子对灯丝的撞击。此外，它还具有帮助灯管点燃的作用。灯管内还充有惰性气体(如氮气)与水银蒸气。由于有水银蒸气，当管内产生辉光放电时，就会放射紫外线。这些紫外线照射到

荧光粉上就会发出可见光。

(2) 镇流器。它是绕在硅钢片铁心上的电感线圈，在电路上与灯管相串联。其作用为：在日光灯启动时，产生足够的自感电势，使灯管内的气体放电；在日光灯正常工作时，限制灯管电流。不同功率的灯管应配以相应的镇流器。

(3) 启辉器。它是一个小型的辉光管，管内充有惰性气体，并装有两个电极：一个是固定电极；一个是倒U形的可动电极，两电极上都焊接有触点。倒U形可动电极由热膨胀系数不同的两种金属片制成。

点燃过程：日光灯管、镇流器和启辉器的连接电路如图5-38所示。刚接通电源时，灯管内气体尚未放电，电源电压全部加在启辉器上，使它产生辉光放电并发热，倒U形的金属片受热膨胀，由于内层金属的热膨胀系数大，双金属片受热后趋于伸直，使金属片上的触点闭合，将电路接通。电流通过灯管两端的灯丝，灯丝受热后发射电子，而当启辉器的触点闭合后，两电极间的电压降为零，辉光放电停止，双金属片经冷却后恢复原来位置，两触点重新分开。为了避免启辉器断开时产生火花，将触点烧毁，通常在两电极间并联一只极小的电容器。

在双金属片冷却后触点断开瞬间，镇流器两端产生相当高的自感电势，这个自感电势与电源电压一起加到灯管两端，使灯管发生弧光放电，弧光放电所放射的紫外线照射到灯管的荧光粉上，就发出可见光。

灯光点亮后，较高的电压降落在镇流器上，灯管电压只有100V左右，这个较低的电压不足以使启辉器放电，因此，它的触点不能闭合。这时，日光灯电路因有镇流器的存在形成一个功率因数很低的感性电路。日光灯电路的等效电路如图5-39所示。

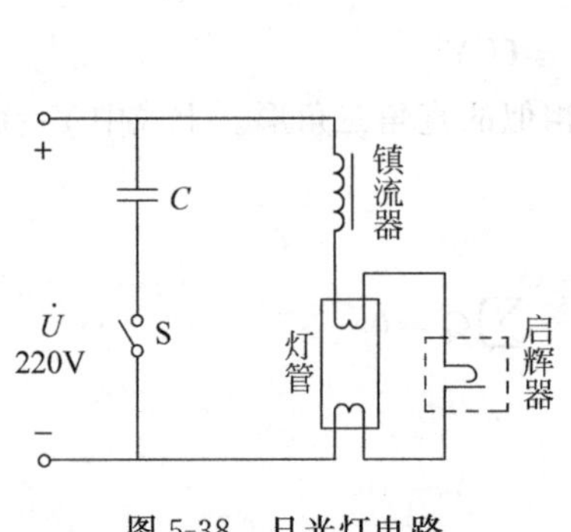

图5-38 日光灯电路

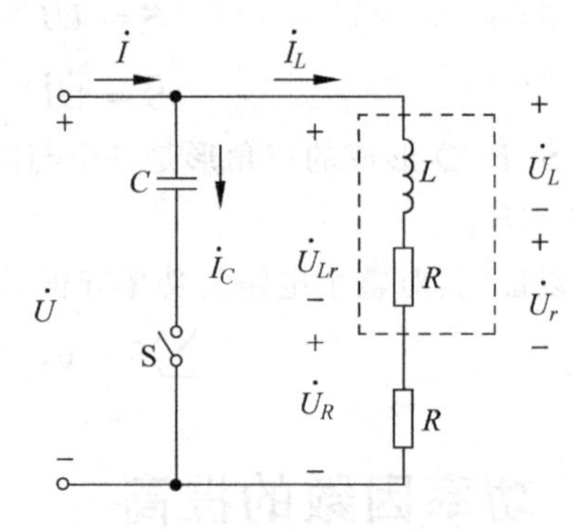

图5-39 日光灯等效电路

日光灯电路可以看成R、L串联的感性电路，以电流$\dot{I}_L$为参考相量，则电压和电流关系为

$$\dot{U}=\dot{U}_r+\dot{U}_L+\dot{U}_R=\dot{I}(r+\mathrm{j}X_L+R)=\dot{I}_Z$$

其相量图如图5-40所示。

如果负载功率因数低(日光灯电路的功率因数在0.3～0.4)，一是电源利用率不高，二是供电线路损耗加大，因此供电部门规定，当负载(或单位供电)的功率因数低于0.85时，必须对其进行改善和提高。

提高功率因数的方法，除改善负载本身的工作状态、设计合理外，由于工业负载基本都是感性负载，因此常用的方法是在负载两端并联电容器组，补偿无功功率，以提高线路的功率因数。功率因数提高的原理如图5-41所示。

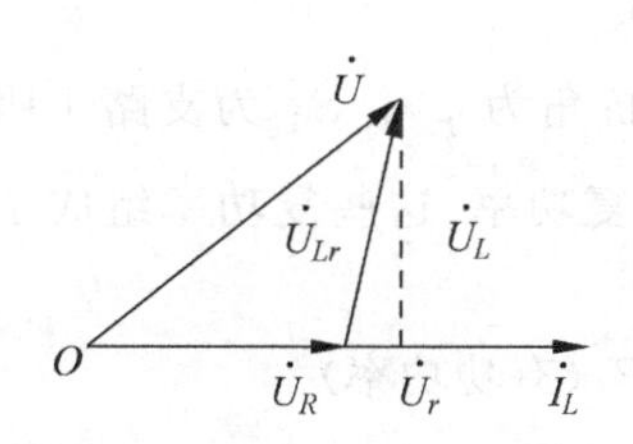

图 5-40　日光灯电路相量图

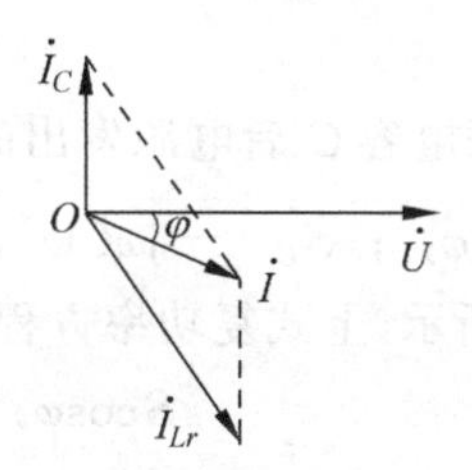

图 5-41　提高功率因数相量图

将电容与电感性负载并联后，负载与电源之间的能量互换量减少，电感性负载所需的无功功率，全部或大部分由电容器提供，能量在电容和电感之间互相转换，因而发电机的容量得到充分利用。由图 5-42 可知，并联电容器后，线路电流由 $\dot{I}_L$ 减少为 $\dot{I}$，线路上电的损耗减少。

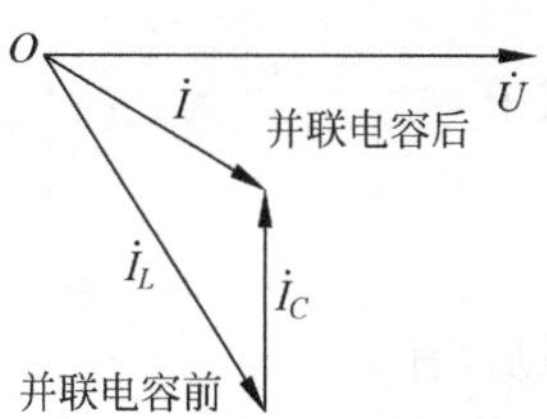

图 5-42　功率因数的提高

例 5-23　图 5-43 所示电路外加 50Hz、380V 的正弦电压，感性负载吸收的功率 $P_1=20\text{kW}$，功率因数 $\lambda_1=0.6$。若要使电路的功率因数提高到 $\lambda=0.9$，求在负载两端并接的电容值(图中虚线所示)。

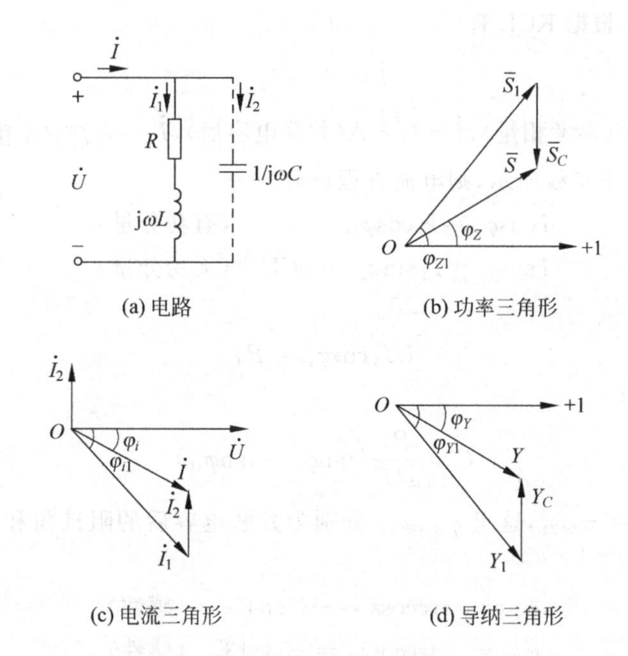

图 5-43　例 5-23 用图

解　工程上常利用电感、电容无功功率的互补特性，通过在感性负载端并联电容来提高电路的功率因数。接入电容后，不会改变原负载的工作状态，而利用电容发出的无功功率，部分(或全部)补偿感性负载所吸收的无功功率，从而减轻了电源和传输系统无功功率的负担。

解法一：根据复功率守恒原理求解。

接入电容 C 后，根据复功率守恒原理，有

$$\bar{S}=\bar{S}_1+\bar{S}_C$$

式中，$\bar{S}$ 为并联电容 C 后电源发出的复功率，设阻抗角为 φ_Z；$\bar{S}_1$ 为支路 1 吸收的复功率，设其阻抗角为 φ_{Z1}；$\bar{S}_C=-\mathrm{j}\omega CU^2$，为电容吸收的复功率，这些复功率组成了功率三角形，如图 5-43(b)所示，上式复功率方程分列为

$$S\cos\varphi_Z=S_1\cos\varphi_{Z1}=P_1(\text{有功功率})$$

$$S\sin\varphi_Z=S_1\sin\varphi_{Z1}-\omega CU^2$$

从以上两式解得

$$C=\frac{P_1}{\omega U^2}(\tan\varphi_{Z1}-\tan\varphi_Z)$$

式中

$$\varphi_Z=\arccos\lambda=25.84°(\text{感性})$$

$$\varphi_{Z1}=\arccos\lambda_1=53.13°(\text{感性})$$

最后，有

$$C=374.51\mu\mathrm{F}$$

解法二：根据 KCL 电流方程求解。

并入电容 C 后，根据 KCL 有

$$\dot{I}=\dot{I}_1+\dot{I}_2$$

令 $\dot{U}=380\underline{/0°}\mathrm{V}$(参考相量)，$\dot{I}=I\underline{/\varphi_i}\mathrm{A}$(并联电容后)，$\dot{I}_1=I_1\underline{/\varphi_{i1}}\mathrm{A}$ 和 $\dot{I}_2=\mathrm{j}\omega C\dot{U}$，电流三角形如图 5-43(c)中实线所示，则电流方程可分列为

$$I\cos\varphi_i=I_1\cos\varphi_{i1}\quad(\text{有功分量})$$

$$I\sin\varphi_i=I_1\sin\varphi_{i1}+\omega CU\quad(\text{无功分量})$$

并有

$$UI_1\cos\varphi_{i1}=P_1$$

则解得

$$C=\frac{P_1}{\omega U^2}(\tan\varphi_1-\tan\varphi_{i1})$$

式中 $\varphi_1=-\varphi_Z$，$\varphi_{i1}=-\varphi_{Z1}$，这里 φ_Z、φ_{Z1} 分别为并联电容后的阻抗角和支路 1 的阻抗角，所以

$$\varphi_1=-\arccos\lambda=-25.84°\quad(\text{感性})$$

$$\varphi_{Z1}=-\arccos\lambda_1=-53.13°\quad(\text{感性})$$

可求得同样结果，表明并联电容后，容性和感性的无功电流分量有互补作用。

解法三：根据等效导纳求解。

并联接入电容 C 后有

$$Y=Y_1+Y_C$$

设 $Y=|Y|\underline{/\varphi_Y}$(并联电容后)，$Y_1=|Y_1|\underline{/\varphi_{Y1}}$(支路 1)，而 $Y_C=\mathrm{j}\omega C$，导纳三角形如图 5-43(d)所示，则导纳方程可分列为

$$|Y|\cos\varphi_Y=|Y_1|\cos\varphi_{Y1}\quad(\text{实部})$$

$$|Y|\sin\varphi_Y = |Y_1|\sin\varphi_{Y1} + \omega C \quad (\text{虚部})$$

又由于

$$|Y_1|\cos\varphi_{Y1}U^2 = P_1$$

解得

$$C = \frac{P_1}{\omega U^2}(\tan\varphi_Y - \tan\varphi_{Y1})$$

式中

$$\varphi_Y = \arccos\lambda = -25.84° \quad (\text{感性})$$

$$\varphi_{Y1} = \arccos\lambda_1 = -53.13° \quad (\text{感性})$$

通过这个例子可以看出功率因数提高的经济意义。并联电容后 $I<I_1$，这样既提高了电源设备的利用率，也减少了传输线上的损耗。

5.9* 非正弦周期电压和电流

5.9.1 谐波分析的概念

在生产实践和科学实验中，通常会遇到按非正弦规律变化的电源和信号，如通信工程方面传输的各种信号，像收音机、电视机收到的信号电压或电流，它们的波形都是非正弦波。在自动控制、电子计算机等技术领域中用到的脉冲信号也都是非正弦波。

另外，如果电路存在非线性元件，即使在正弦电源的作用下，电路中也将产生非正弦周期的电压和电流。

正弦信号(电压或电流)是周期信号中最基本、最简单的，可以用相量表示，而其他周期信号是不能用相量表示的。对于这些非正弦周期信号，可以用傅里叶级数将它们分解成许多不同频率的正弦分量，这种方法称为谐波分析。它实质上是把非正弦周期电流电路的计算转化为一系列不同频率的正弦电流电路的计算。

对于电工和电子技术中经常遇到的非周期信号 u(或 i)，可将它展开成以下收敛的三角级数，即

$$\begin{aligned} u &= U_0 + U_{1m}\cos(\omega t + \phi_1) + U_{2m}\cos(2\omega t + \phi_2) + \cdots \\ &= U_0 + \sum_{n=1}^{\infty} U_{nm}\cos(n\omega t + \phi_n) \end{aligned}$$

这个无穷三角级数称为傅里叶级数。其中 U_0 为常数，称为直流分量，它就是 u 在一个周期内的平均值；$U_{1m}\cos(\omega t+\phi_1)$是与 u 同频率的正弦分量，称为基波或一次谐波；$U_{2m}\cos(2\omega t+\phi_2)$是信号 u 的频率的两倍的正弦分量，称为二次谐波；其他依此类推，称为三次谐波、四次谐波……除了直流分量和基波以外，其余各次谐波统称为高次谐波，由于傅里叶级数的收敛性质，一般来说，谐波的次数越高，其幅值越小(个别项可能例外)，因此，次数很高的谐波可以忽略。

非正弦周期信号的有效值即方均根值，非正弦周期信号的有效值与组成它的直流分量和各次谐波分量的有效值之间有以下关系(证明从略)，即

$$\begin{cases} U=\sqrt{U_0^2+U_1^2+U_2^2+\cdots} \\ I=\sqrt{I_0^2+I_1^2+I_2^2+\cdots} \end{cases}$$

式中，U_0 和 I_0 为直流分量；U_1 和 I_1 为基波的有效值；U_2 和 I_2 为二次谐波的有效值等。

非正弦周期信号的最大值(即幅值)，并不一定等于有效值的$\sqrt{2}$倍，它们之间的关系随波形的不同而不同，而各次谐波都是正弦量，它们的最大值应为有效值的$\sqrt{2}$倍。

5.9.2 非正弦周期信号电路

当作用于电路的电源为非正弦周期信号电源，或者电路内含有直流电源和若干个不同频率的正弦交流电源时，电路中的电压和电流都是非正弦周期波形。对于这样的线性电路可以利用叠加定理来进行分析。

若电源为非正弦周期信号电源，先要进行谐波分析，求出电源信号的直流分量和各次谐波分量，若电路内含有直流电源和若干个不同频率的正弦交流电源，谐波分析的步骤可以省去。

然后，求出非正弦周期信号电源的直流分量和各次谐波分量分别单独作用时所产生的电压和电流，或者求出电路内的直流电源和各不同频率正弦交流电源分别单独作用时所产生的电压和电流。最后将属于同一支路的分量进行叠加得到实际的电压和电流。

在计算过程中，对于直流分量，可用直流电路的计算方法，要注意电容相当于开路，电感相当于短路。对于各次谐波分量，可用交流电路的计算方法，要注意容抗与频率成反比，感抗与频率呈正比。在最后叠加时，要注意只能瞬时值相加，不能相量相加，因为直流分量和各次谐波分量的频率不同。

电路的总有功功率等于直流分量的功率与各次谐波的有功功率之和(证明从略)，即

$$P_0=U_0I_0+U_1I_1\cos\varphi_1+U_2I_2\cos\varphi_2+\cdots$$

例 5-24 在图 5-44 所示 R、L、C 并联电路中，已知 $i=1+\cos(\omega t-30°)+\cos(2\omega t+30°)\text{A}$，$\omega=1000\text{rad/s}$，$R=10\Omega$，$C=10\mu\text{F}$，$L=10\text{mH}$。求电路两端的电压 u 及其有效值。

解 (1) 直流分量单独作用时，由于 L 相当于短路，故

$$U_0=0$$

(2) 基波分量单独作用时，有

$$X_{C1}=\frac{1}{\omega_1 C}=\frac{1}{1000\times 10\times 10^{-6}}\Omega=100\Omega$$

$$X_{L1}=\omega_1 L=1000\times 10\times 10^{-3}\Omega=10\Omega$$

$$Z_1=\frac{1}{\dfrac{1}{R}+\dfrac{1}{-\text{j}X_{C1}}+\dfrac{1}{\text{j}X_{L1}}}=\frac{1}{\dfrac{1}{10}+\dfrac{1}{-\text{j}100}+\dfrac{1}{\text{j}10}}\Omega=7.43\angle 42°\Omega$$

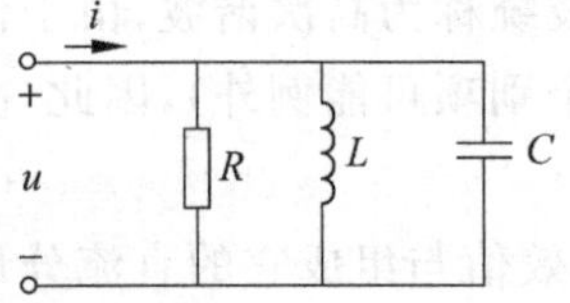

$$\dot{U}_{1\text{m}}=Z_1\dot{I}_{1\text{m}}=7.43\angle 42°\times 1\angle -30°\text{V}=7.43\angle 12°\text{V}$$

$$u_1=7.43\cos(1000t+12°)\text{V}$$

图 5-44 例 5-24 用图

(3) 二次谐波单独作用时，有

$$X_{C2}=\frac{1}{\omega_2 C}=\frac{1}{2000\times 10\times 10^{-6}}\Omega=50\Omega$$

$$X_{L2}=\omega_2 L=2000\times 10\times 10^{-3}\Omega=20\Omega$$

$$Z_2=\frac{1}{\frac{1}{R}+\frac{1}{-\mathrm{j}X_{C2}}+\frac{1}{\mathrm{j}X_{L2}}}=\frac{1}{\frac{1}{10}+\frac{1}{-\mathrm{j}50}+\frac{1}{\mathrm{j}20}}\Omega=9.58\angle 16.7^\circ\Omega$$

$$\dot{U}_{2\mathrm{m}}=Z_2\dot{I}_{2\mathrm{m}}=9.58\angle 46.7^\circ\times 1\angle 30^\circ\mathrm{V}=9.58\angle 46.7^\circ\mathrm{V}$$

$$u_2=9.58\cos(2000t+46.7^\circ)\mathrm{V}$$

(4) 最后求得

$$u=U_0+u_1+u_2=[7.43\cos(1000t+12^\circ)+9.58\cos(2000t+46.7^\circ)]\mathrm{V}$$

$$U=\sqrt{U_0^2+U_1^2+U_2^2}=8.57\mathrm{V}$$

5.10 本章小结

1. 正弦信号的三要素和相量表示

$$i(t)=I_{\mathrm{m}}\cos(\omega t+\theta_i)=\sqrt{2}I\cos(\omega t+\theta_i)$$

式中振幅 I_{m}（有效值 I）、角频率 ω（频率 f）和初相角 θ_i 称为正弦信号的三要素。设两个频率相同的正弦电流 i_1 和 i_2，它们的初相角分别为 θ_1 和 θ_2，那么这两个电流的相位差等于它们的初相角之差，即

$$\varphi=\theta_1-\theta_2$$

若 $\varphi>0$，表示 i_1 的相位超前 i_2；若 $\varphi<0$，表示 i_1 的相位滞后 i_2。

正弦电流可以表示为

$$i=I_{\mathrm{m}}\cos(\omega t+\theta_i)=\mathrm{Re}[\dot{I}_{\mathrm{m}}\mathrm{e}^{\mathrm{j}\omega t}]=\mathrm{Re}[\sqrt{2}\dot{I}\mathrm{e}^{\mathrm{j}\omega t}]$$

式中，$\dot{I}_{\mathrm{m}}=I_{\mathrm{m}}\mathrm{e}^{\mathrm{j}\theta_i}$（$\dot{I}=I\mathrm{e}^{\mathrm{j}\theta_i}$），为电流振幅（有效值）相量。相量是一个复常数，它的模表示正弦电流的振幅（有效值），辐角表示正弦电流的初相角。

2. *R*、*L*、*C* 元件 VAR 相量形式

R、*L*、*C* 元件 VAR 关系见表 5-1。

表 5-1 *R*、*L*、*C* 的相量、有效值、相位关系

元件名称	相量关系	有效值关系	相位关系
电阻 R	$\dot{U}_R=R\dot{I}$	$U_R=RI$	$\theta_u=\theta_i$
电感 L	$\dot{U}_L=\mathrm{j}X_L\dot{I}$	$U_L=X_LI$	$\theta_u=\theta_i+90^\circ$
电容 C	$\dot{U}_C=\mathrm{j}X_C\dot{I}$	$U_C=X_CI$	$\theta_u=\theta_i-90^\circ$

3. 阻抗与导纳

一个无源二端电路可以等效成一个阻抗或导纳。阻抗定义为

$$Z=\frac{\dot{U}}{\dot{I}}=|Z|\underline{/\phi_Z}$$

$$|Z|=\frac{U}{I}=\frac{U_{\mathrm{m}}}{I_{\mathrm{m}}}$$

$$\phi_Z=\theta_u-\theta_i$$

$$Z=|Z|\underline{/\phi_Z}=R+\mathrm{j}X$$

指数型与代数型的转换关系为

$$\begin{cases}R=|Z|\cos\phi_Z\\X=|Z|\sin\phi_Z\end{cases}$$

$$\begin{cases}|Z|=\sqrt{R^2+X^2}\\\phi_Z=\arctan\dfrac{X}{R}\end{cases}$$

导纳定义为

$$Y=\frac{\dot{I}}{\dot{U}}=|Y|\underline{/\phi_Y}$$

$$Y=\frac{1}{Z}$$

式中，$|Y|$为导纳模；ϕ_Y为导纳角。它们与电流、电压之间有以下关系，即

$$\begin{cases}|Y|=\dfrac{I}{U}=\dfrac{I_{\mathrm{m}}}{U_{\mathrm{m}}}\\\phi_Y=\theta_i-\theta_u\end{cases}$$

$$|Y|=\frac{1}{|Z|}$$

$$\phi_Y=-\phi_Z$$

导纳也可以表示成代数型，即

$$Y=|Y|\underline{/\phi_Y}=G+\mathrm{j}B$$

指数型与代数型的转换关系为

$$\begin{cases}G=|Y|\cos\phi_Y\\B=|Y|\sin\phi_Y\end{cases}$$

$$\begin{cases}|Y|=\sqrt{G^2+B^2}\\\phi_Y=\arctan\dfrac{B}{G}\end{cases}$$

4. 电路定律的相量形式和相量分析法

KCL 和 KVL 的相量形式分别为

$$\sum\dot{I}=0$$

$$\sum \dot{U}=0$$

欧姆定律的相量形式为

$$\dot{U}=Z\dot{I}$$

5. 正弦稳态电路的功率

任一阻抗 Z 的有功功率(平均功率)和无功功率分别为

$$P=UI\cos\phi_Z$$

$$Q=UI\sin\phi_Z$$

视在功率为

$$S=UI$$

复功率为

$$\overline{S}=P+\mathrm{j}Q$$

习题 5

5-1 已知正弦电压的振幅为100V，$t=0$ 时刻的瞬时值为10V，周期为1ms。试写出该电压的表达式。

5-2 已知某负载的电流和电压的有效值和初相位分别是2A、$-30°$；36V、$45°$，频率均为50Hz。(1)写出它们的瞬时值表达式；(2)画出它们的波形图；(3)指出它们的幅值、角频率以及二者之间的相位差。

5-3 已知 $A=8+\mathrm{j}6$，$B=8\angle-45°$。求(1)$A+B$；(2)$A-B$；(3)$A\cdot B$；(4)$\frac{A}{B}$；(5)$\mathrm{j}A+B$；(6)$A+\frac{B}{\mathrm{j}}$。

5-4 某正弦电流的表达式为 $i(t)=300\sqrt{2}\cos(1200\pi t+55°)$A。试求频率和 $t=2$ms 时刻的瞬时值。

5-5 已知 $u(t)=220\sqrt{2}\cos(314t-50°)$V，$i(t)=10\sqrt{2}\cos(314t-90°)$A。(1)求正弦电压与电流的相位差，说明它们超前、滞后的关系，画出波形图；(2)假设将正弦电压的初相改为零，求此时正弦电流的表达式。

5-6 已知两个串联元件上的电压为 $u_1(t)=3\sqrt{2}\cos(2t+60°)$V，$u_2(t)=8\sqrt{2}\cos(2t-22.5°)$V。试用相量法求正弦稳态电压 $u(t)=u_1(t)+u_2(t)$。

5-7 已知某二端元件的电压、电流采用关联参考方向。其瞬时值表达式为：(1)$u(t)=15\cos(400t+30°)$V，$i(t)=3\sin(400t+30°)$A；(2)$u(t)=8\sin(500t+50°)$V，$i(t)=2\sin(500t+140°)$A；(3)$u(t)=8\cos(250t+60°)$V，$i(t)=5\sin(250t+150°)$A。试确定元件是电阻、电感还是电容，并确定其元件参数。

5-8 求串联交流电路中，下列3种情况下电路中的 R 和 X 各为多少？指出电路的性质和电压对电流的相位差。(1)$Z=(6+\mathrm{j}8)\Omega$;(2)$\dot{U}=50\underline{/30^\circ}\mathrm{V}$,$\dot{I}=2\underline{/30^\circ}\mathrm{A}$;(3)$\dot{U}=100\underline{/-30^\circ}\mathrm{V}$,$\dot{I}=4\underline{/40^\circ}\mathrm{A}$。

5-9 将一电感线圈接到20V直流电源时,通过的电流为1A,将此线圈改接于2000Hz、20V的交流电源时,电流为0.8A。求该线圈的电阻R和电感L。

5-10 $R=4\Omega$,$C=353.86\mu\mathrm{F}$,$L=19.11\mathrm{mH}$,三者串联后分别接于220V、50Hz和220V、100Hz的交流电源上,求上述两种情况下电路的电流$\dot{I}$,并分析该电路是电感性还是电容性。

5-11 $R=10\Omega$,$X_C=20\Omega$,$X_L=10\Omega$,三者并联后接于220V的交流电源上,求电路的总电流$\dot{I}$。

5-12 在图5-45所示电路中,已知$i(t)=5\sqrt{2}\cos(10^3t+20^\circ)\mathrm{A}$。求电压$u_R(t)$、$u_L(t)$、$u_S(t)$的相量。

5-13 在图5-46所示电路中,已知$u(t)=5\sqrt{2}\cos(341t+20^\circ)\mathrm{V}$。求电流$i_R(t)$、$i_C(t)$、$i_S(t)$的相量。

5-14 在图5-47所示电路中,已知电压表V_1的读数为3V,V_2的读数为4V。问电压表读数V_3为多少?

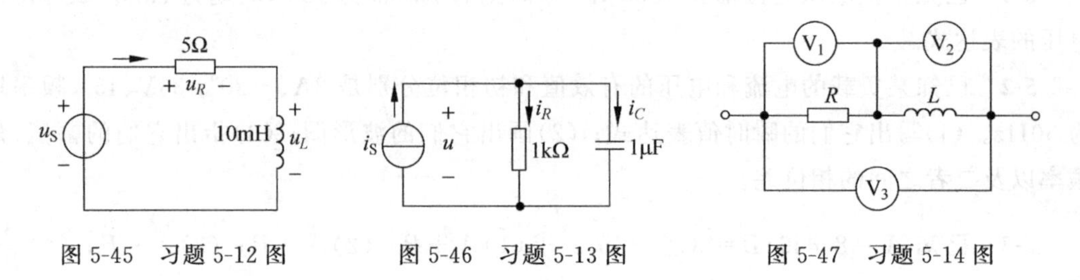

图5-45 习题5-12图　　图5-46 习题5-13图　　图5-47 习题5-14图

5-15 在图5-48所示电路中,已知电流表A_1的读数为1A,A_2的读数为2A。问电流表A_3读数为多少?

5-16 在图5-49所示电路中,已知$u_S(t)=10\cos(314t+50^\circ)\mathrm{V}$。试用相量法求电流$i(t)$和电压$u_L(t)$、$u_C(t)$。

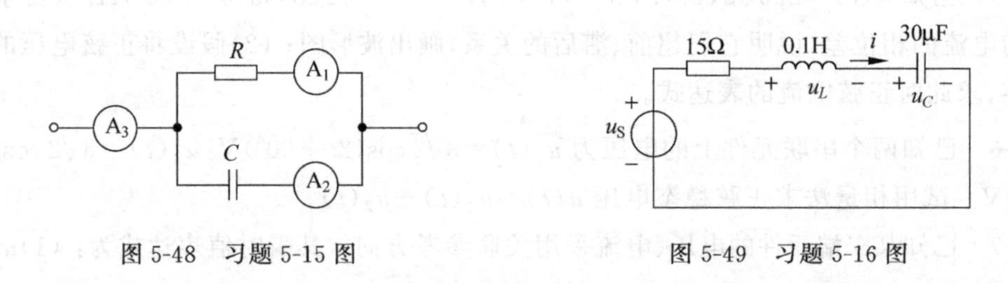

图5-48 习题5-15图　　图5-49 习题5-16图

5-17 在图5-50所示电路中,已知$I_S=5\mathrm{A}$,$I_R=4\mathrm{A}$,$I_L=10\mathrm{A}$。求电容电流I_C。

5-18 在图5-51所示电路中,已知$u_C(t)=20\cos(10^5t-40^\circ)\mathrm{V}$,$R=10^3\Omega$,$L=10\mathrm{mH}$,$C=0.02\mu\mathrm{F}$。求电压$u$的相量。

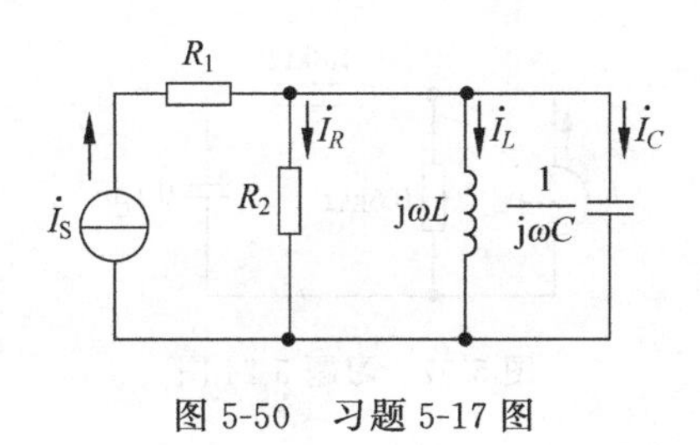

图 5-50 习题 5-17 图

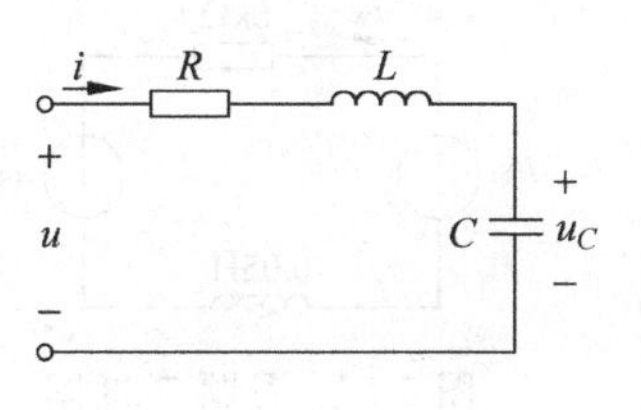

图 5-51 习题 5-18 图

5-19 电路的相量模型如图 5-52 所示，试用节点分析法求电压 $\dot{U}_C$。

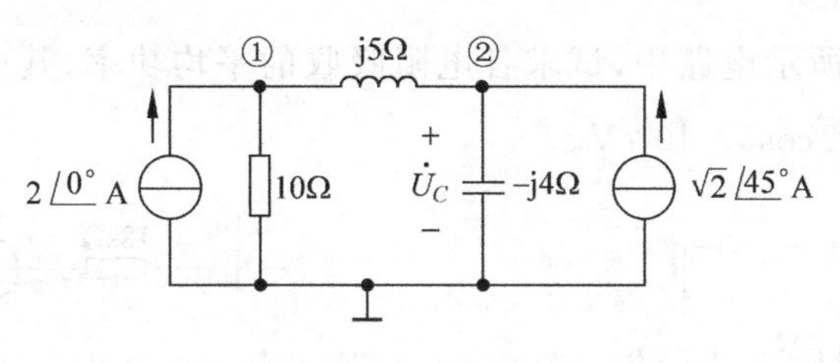

图 5-52 习题 5-19 图

5-20 在图 5-53 所示相量模型中，$\dot{U}_S = 24\angle 60°$V，$\dot{I}_S = 6\angle 0°$A。试用网孔分析法求 $\dot{I}_1$、$\dot{I}_2$。

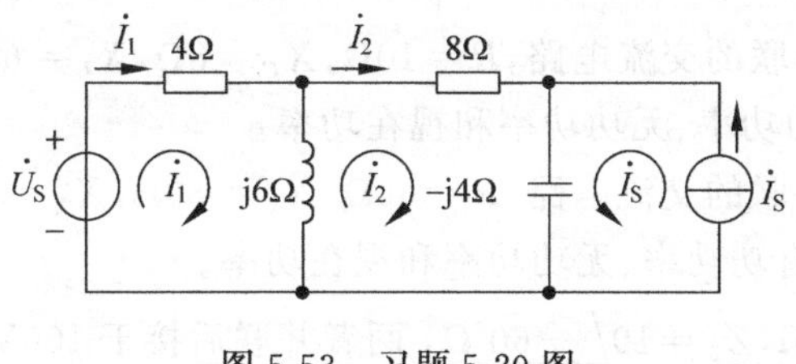

图 5-53 习题 5-20 图

5-21 在图 5-54 所示相量模型中，$\dot{U}_S = 10\angle 0°$V，$\mu = 0.5$。试用节点分析法和网孔分析法求电压 $\dot{U}_2$。

5-22 图 5-55 所示电路工作于正弦稳态，已知 $\dot{I}_S = 3\angle 30°$A。试用戴维南定理求 $\dot{I}$。

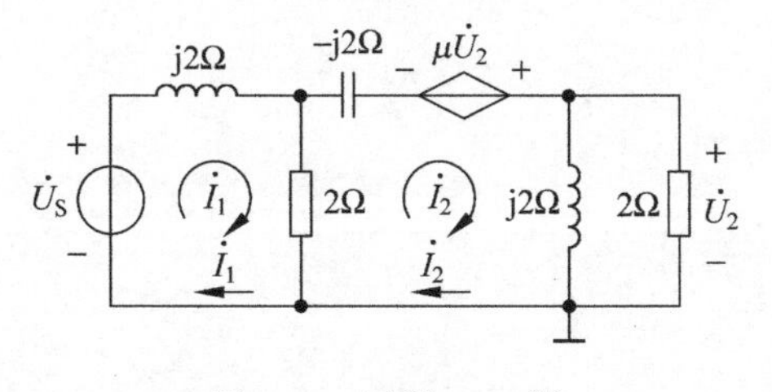

图 5-54 习题 5-21 图

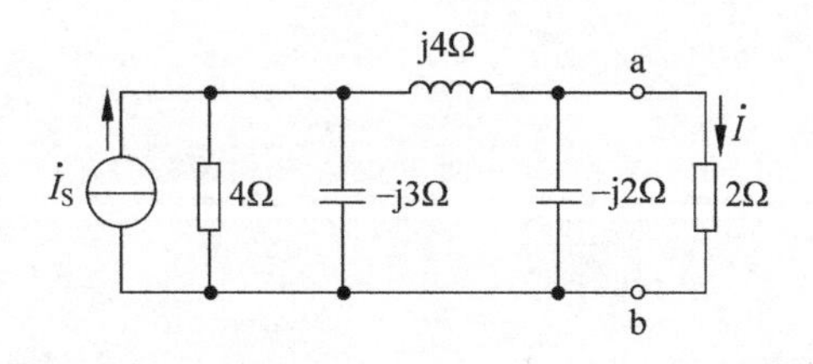

图 5-55 习题 5-22 图

5-23 在图 5-56 所示电路中，已知 $u_{S1} = 12\sqrt{2}\cos(4\times 10^4 t + 45°)$ V，$u_{S2} = 5\sqrt{2}\sin 2\times 10^4 t$ V。求稳态电流 $i(t)$。

5-24 在图 5-57 所示电路中，已知 $i_S(t) = 4\sqrt{2}\cos 10^4 t$ mA。试求电流源发出的平均功率和电阻吸收的平均功率。

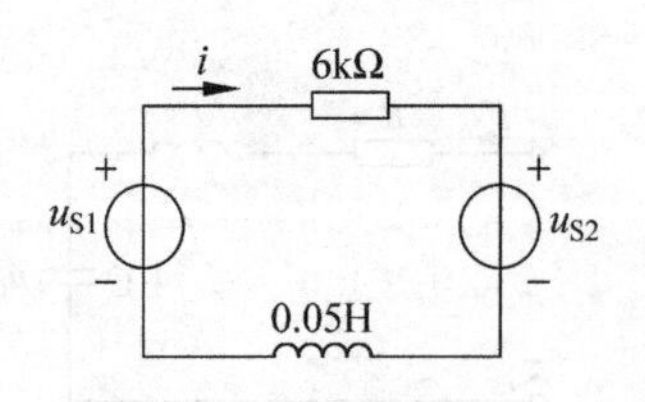

图 5-56 习题 5-23 图

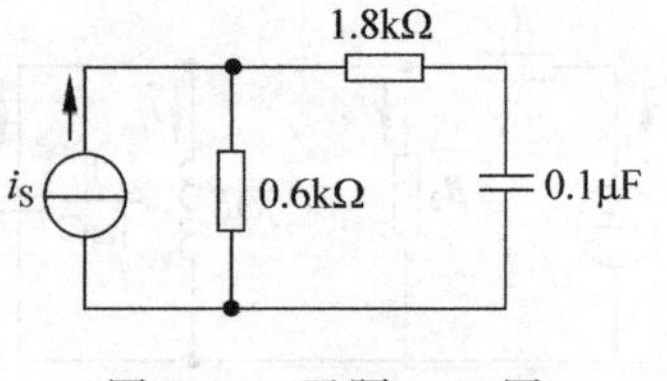

图 5-57 习题 5-24 图

5-25 在图 5-58 所示电路中，$u_S(t)=16\cos 20t\,\text{V}$，$i_S(t)=2\sqrt{2}\cos(20t+45°)\,\text{A}$。试求各元件吸收的平均功率。

5-26 在图 5-59 所示电路中，试求各电阻吸收的平均功率，其中：$u_{S1}=4\sqrt{2}\cos(5\times 10^6 t+60°)\,\text{V}$，$u_{S2}=8\sqrt{2}\cos 5\times 10^6 t\,\text{V}$。

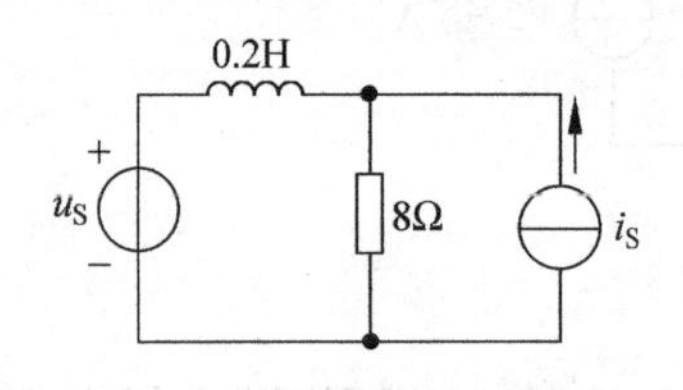

图 5-58 习题 5-25 图

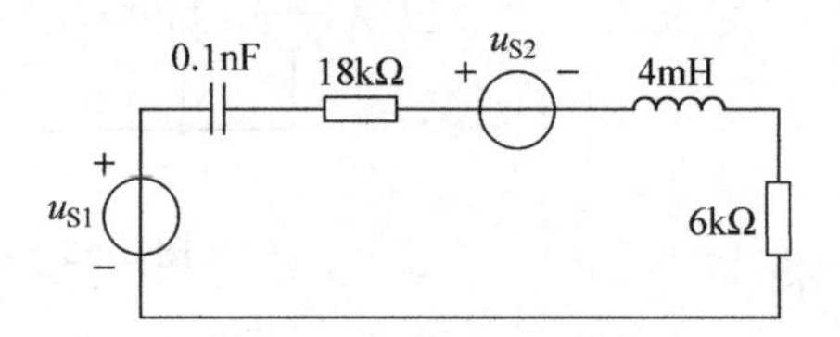

图 5-59 习题 5-26 图

5-27 一 R、L、C 串联的交流电路，$R=10\Omega$，$X_C=8\Omega$，$X_L=6\Omega$，通过该电路的电流为 21.5A。求该电路的有功功率、无功功率和视在功率。

5-28 一 R、L、C 并联的交流电路，$R=60\Omega$，$X_C=80\Omega$，$X_L=40\Omega$，通过该电路的电流为 21.5A。求该电路的有功功率、无功功率和视在功率。

5-29 $Z_1=10\underline{/30°}\,\Omega$，$Z_2=10\underline{/-60°}\,\Omega$，两者并联后接于 100V 的交流电源上。求电路的总有功功率、无功功率和视在功率。

5-30 两台单相交流电动机并联在 220V 交流电源上工作，取用的有功功率和功率因数分别为 $P_1=1\text{kW}$，$\lambda_1=0.8$；$P_2=0.5\text{kW}$，$\lambda_2=0.707$。求总电流、总有功功率、无功功率、视在功率和总功率因数。

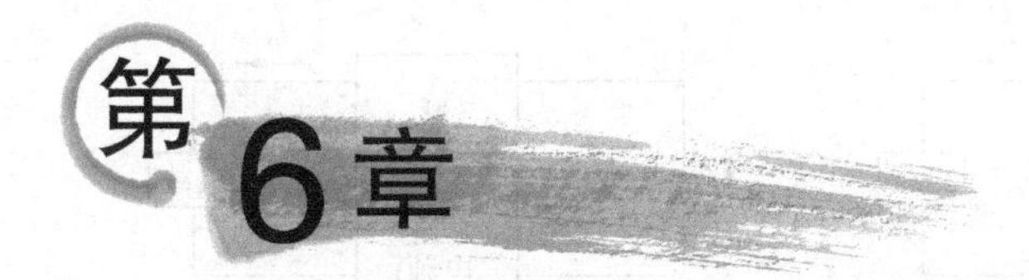

第6章 电路的频率响应

本章学习目标

- 了解频率响应的概念；
- 理解 *RLC* 串、并联谐振电路的特点；
- 掌握 *RLC* 串、并联谐振电路的分析方法。

本章首先利用传递函数来分析简单电路的频率响应，同时学习串联谐振电路与并联谐振电路，并建立一些重要概念，如谐振、品质因数、截止频率及带宽等。

6.1 基本概念

在正弦电路分析中，已经学习了如何求解固定频率正弦电源激励下的电压和电流。如果假定正弦电源的幅度保持不变，而改变其频率，则会得到电路的频率响应。频率响应可以看作电路的正弦稳态特性随频率变化的一种完整描述。

在许多应用特别是通信系统与控制系统中，电路的正弦稳态频率响应起到非常重要的作用。其中一种特殊的应用是电子滤波器，电子滤波器可以阻止或消除不需要的频率信号，而让期望频率的信号通过。在无线电收音机、电视机与电话机等系统中，滤波器用于将不同广播频率相互隔离开。

电路的频率响应也可以看作电路的增益与相位随频率变化的特性。

在进行正弦稳态分析时，已知电感的感抗与电流的频率有关，频率越高感抗越大；电容的容抗则与频率成反比。所以，当正弦电流作用于某一网络时，网络中某一元件处的电压和电流值将随电流频率的变化而变化。由于电子元件分步可以变化，在网络的不同位置，某处的电压(或电流)可能比激励电源的电压(或电流)小得多。另一种情况是，网络某处的电压(或电流)可以大于电源的电压(或电流)。前一种情况说明该频率导致元件产生较大的阻抗，后一种情况说明该频率使某一局部的阻抗变小直至为零，电路处在谐振状态。

因此，对于有应用价值的某频率信号，通过设计相应的电路，使该电路的阻抗小，信号容易通过，同时对其他频率的信号具有较大的阻抗，阻止这些频率的信号通过(消除干扰信号)。

对频率响应的研究，一般是从信号的传递函数，即网络函数入手进行分析的。网络函数一般用 $H(\omega)$表示，用下标“O”表示响应相量，用下标“S”表示激励相量。定义网络函数的电路见图 6-1。

网络函数的表达形式有 4 种，即转移电压比、转移电流比、转移阻抗、转移导纳。

在图 6-1(a)所示情况下，有

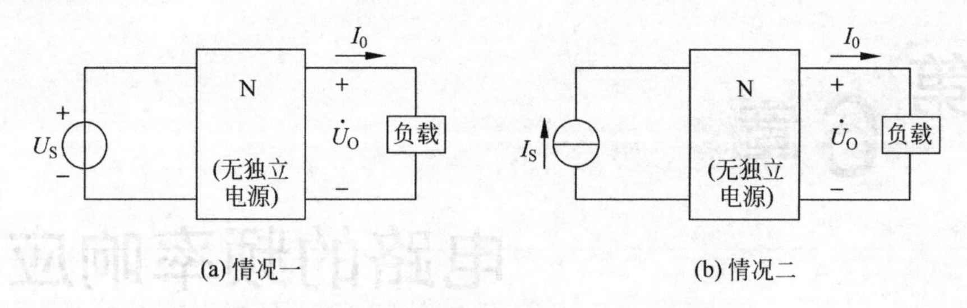

图 6-1　定义网络函数所使用的电路

$$转移电压比=\frac{\dot{U}_O(\omega)}{\dot{U}_S(\omega)}$$

$$转移导纳=\frac{\dot{I}_O(\omega)}{\dot{U}_S(\omega)}$$

在图 6-1(b)所示情况下，有

$$转移电流比=\frac{\dot{I}_O(\omega)}{\dot{I}_S(\omega)}$$

$$转移阻抗=\frac{\dot{U}_O}{\dot{I}_S}$$

为了分析方便，分子统一用 $N(\omega)$表示，分母统一用 $D(\omega)$表示，N 和 D 分别是英文的分子和分母的首字母。

$$H(\omega)=\frac{N(\omega)}{D(\omega)}$$

$H(\omega)$是复数，用$|H(\omega)|$表示其幅度，用 $\angle\phi$ 表示相位角，所以

$$H(\omega)=|H(\omega)|\angle\phi$$

6.1.1　一阶 *RC* 低通电路

在图 6-2 中，$\dot{U}_S$ 为激励相量，$\dot{U}_O$ 为响应相量，转移电压比为网络函数，即

$$H(\omega)=\frac{\dot{U}_O}{\dot{U}_S}=\frac{\frac{1}{j\omega C}}{R+\frac{1}{j\omega C}}=\frac{1}{1+j\omega RC}$$

在解题过程中，用 S 代替 jω，在结果表达式中再用 jω 替换 S，即

$$H(S)=\frac{1}{1+SRC}=\frac{\frac{1}{RC}}{S+\frac{1}{RC}}$$

当 $S\to\infty$，函数中幅度趋于零，表示 $H(S)$存在 $S=\infty$的零点；当 $S\to 0$ 时函数最大值为 1。从公式分母看，函数存在一个单极点，工程上认为该函数从 1→0 时，存在一个临界频率，$|H(\omega)|$由 1 下降到 0.707 时的 ω 为转角频率(也称截止频率 ω_C)。

令

$$|H(\omega)| = \frac{1}{\sqrt{1+\omega_C^2 R^2 C^2}} = \frac{1}{\sqrt{2}}$$

$$\omega_C = \frac{1}{RC}$$

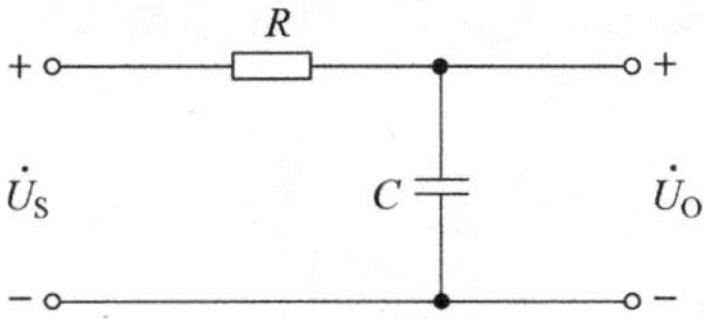

若 $R=500\Omega, C=2\text{nF}, |H(\omega)|=0.707$ 时，求得 $\omega_C=159\text{kHz}$。

图 6-2　*RC* 低通电路

例 6-1　在图 6-2 中，$R=1\text{k}\Omega, C=1\mu\text{F}, \omega=10^3\text{rad/s}$，$\dot{U}_S=(10+10\cos\omega t+10\cos 2\omega t+10\cos 3\omega t)\text{V}$，求 $\dot{U}_O(t)$。

解　对于不同的频率，有

$$H(0)=1$$

$$H(\omega)=\frac{1}{1+\text{j}\omega RC}=\frac{1}{1+\text{j}1}=0.707\angle -45^\circ$$

$$H(2\omega)=\frac{1}{1+\text{j}2\omega RC}=\frac{1}{1+\text{j}2}=0.447\angle -63.4^\circ$$

$$H(3\omega)=\frac{1}{1+\text{j}3\omega RC}=\frac{1}{1+\text{j}3}=0.316\angle -71.6^\circ$$

输入相量为

$$\dot{U}_S(0)=10\angle 0^\circ \text{V}$$

$$\dot{U}_S(\omega)=10\angle 0^\circ \text{V}$$

$$\dot{U}_S(2\omega)=10\angle 0^\circ \text{V}$$

$$\dot{U}_S(3\omega)=10\angle 0^\circ \text{V}$$

对应各频率的响应相量分别为

$$\dot{U}_O(0)=H(0)\dot{U}_S(0)=10\angle 0^\circ \text{V}$$

$$\dot{U}_O(\omega)=H(\omega)\dot{U}_S(\omega)=7.07\angle -45^\circ \text{V}$$

$$\dot{U}_O(2\omega)=H(2\omega)\dot{U}_S(2\omega)=4.47\angle -63.4^\circ \text{V}$$

$$\dot{U}_O(3\omega)=H(3\omega)\dot{U}_S(3\omega)=3.16\angle -71.6^\circ \text{V}$$

电路总响应为

$$U_O(t)=[10+7.07\cos(\omega t-45^\circ)+4.47\cos(2\omega t-63.4^\circ)+3.16\cos(3\omega t-71.6^\circ)]\text{V}$$

6.1.2　一阶 *RC* 高通电路

由图 6-3 可知，$\dot{U}_S$ 为激励相量，$\dot{U}_O$ 为响应相量，转移电压比为网络函数，即

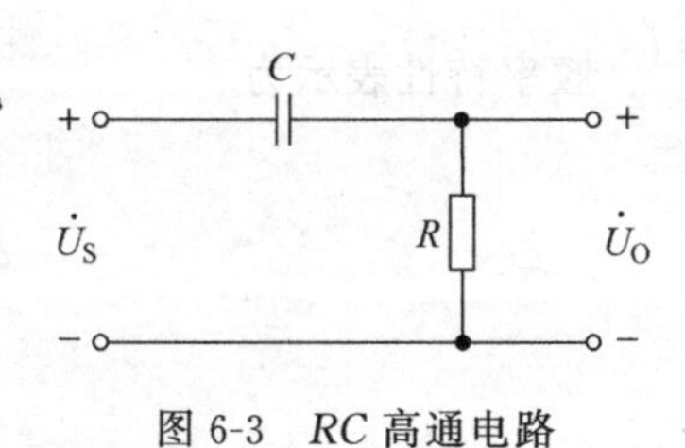

图 6-3　*RC* 高通电路

$$H(\omega)=\frac{\dot{U}_O}{\dot{U}_S}=\frac{R}{R+\frac{1}{\text{j}\omega C}}=\frac{\text{j}\omega RC}{1+\text{j}\omega RC}$$

$$H(S)=\frac{RCS}{1+RCS}$$

在 $S=0$ 时有一个零点，在 $S\to\infty$ 时，$H(S)=1$，说明函数还存在一个极点。工程上认为，$|H(\omega)|$ 由 1 下降到 0.707 时的 ω 为转角频率（或截止频率 ω_C）。

令

$$\left|\frac{\mathrm{j}\omega_C RC}{1+\mathrm{j}\omega_C RC}\right|=\frac{1}{\sqrt{2}}$$

解出

$$\omega_C=\frac{1}{RC}$$

若希望转角频率 $\omega_C=2\pi f_C=2\pi(3000)=18.85\text{krad/s}$，选定 $R=4.7\text{k}\Omega$，C 应该为 11.29nF。

6.2 RLC 串联谐振电路的频率特性

电路频率响应最显著的特征是其幅度特性中所呈现的尖峰点，即谐振峰。谐振的概念应用于科学与工程的诸多领域中。在至少包含一个电容器与一个电感器的任何电路中，均有可能出现谐振现象。

谐振是 RLC 电路中容性电抗与感性电抗大小相等时呈现的一种状态，此时该电路呈现出纯电阻的阻抗性质。谐振电路（串联或并联）对于传递函数具有高度频率选择性的滤波器设计是非常有用的，在诸如无线电收音机与电视机的选频电路等许多应用中都会用到谐振电路。

在 RLC 这 3 种元件构成的正弦稳态电路中，通常情况下，电流和电压之间存在相位差，电源的电流有时滞后电源电压，有时则相反。前一种情况对应于感性电路，后一种情况对应于容性电路。若电路中感抗值等于容抗值，则电抗值等于零，电路呈纯阻性，此时电流与电压相位差等于零，电路此时处在谐振状态。

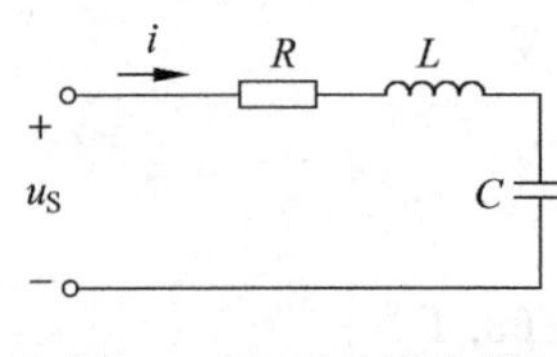

图 6-4　RLC 串联电路

由于电路谐振时产生的响应幅度最大，所以利用谐振现象可以向负载提供所需的高电压或大电流。

图 6-4 所示为 RLC 串联电路，在可变频的正弦电压源 u_S 激励下，由于感抗、容抗随频率变动，所以，电路中的电压、电流响应也随频率变动。本节将首先分析研究工程上特别关注的谐振状态。根据相量法，电路的输入阻抗 $Z(\mathrm{j}\omega)$ 可表示为

$$Z(\mathrm{j}\omega)=R+\mathrm{j}\left(\omega L-\frac{1}{\omega C}\right)$$

频率特性表示为

$$\varphi(\mathrm{j}\omega)=\arctan\left(\frac{\omega L-\dfrac{1}{\omega C}}{R}\right)$$

$$|Z(\mathrm{j}\omega)|=\frac{R}{\cos[\varphi(\mathrm{j}\omega)]}$$

可以看出，由于串联电路中同时存在着电感 L 和电容 C，两者的频率特性不仅相反(感抗与 ω 呈正比，而容抗与 ω 成反比)，而且直接相减(电抗角差为 180°)。可以肯定，一定存在一个角频率 ω_0，使感抗和容抗相互完全抵消，即 $X(\mathrm{j}\omega_0)=0$，此时电路的工作状况将出现一些重要的特征，现分述如下。

(1) $\varphi(\mathrm{j}\omega_0)=0$，所以 $\dot{I}(\mathrm{j}\omega_0)$ 与 $\dot{U}_S(\mathrm{j}\omega_0)$ 同相，工程上将电路的这一特殊状态定义为谐振，由于是在 RLC 串联电路中发生的谐振，又常称为串联谐振。由上述分析可知，谐振发生的条件为

$$\mathrm{Im}[Z(\mathrm{j}\omega_0)]=X(\mathrm{j}\omega_0)=\omega_0 L-\frac{1}{\omega_0 C}=0$$

这只有在电感、电容同时存在时上述条件才能满足。由上式可知，电路发生谐振的角频率 ω_0 和频率 f_0 为

$$\omega_0=\frac{1}{\sqrt{LC}},\quad f_0=\frac{1}{2\pi\sqrt{LC}}$$

可以看出，RLC 串联电路的谐振频率只有一个，而且仅与电路中 L、C 有关，与电阻 R 无关。ω_0(或 f_0)称为电路的固有频率(或自由频率)。因此，只有当输入信号 u_S 的频率与电路的固有频率 f_0 相同时(合拍)，才能在电路中激起谐振。如果电路中 L、C 可调，改变电路的固有频率，则 RLC 串联电路就具有选择任一频率谐振(调谐)，或避开某一频率谐振(失谐)的性能，也可以利用串联谐振现象，判别输入信号的频率。

(2) $Z(\mathrm{j}\omega_0)=R$ 为最小值(极小值)，电路在谐振时的电流 $I(\mathrm{j}\omega_0)$ 为极大值(也是最大值)，即

$$I(\mathrm{j}\omega_0)=\frac{U_S(\mathrm{j}\omega_0)}{R}$$

此极大值又称为谐振峰，这是 RLC 串联电路发生谐振时的突出标志，据此可以判断电路是否发生了谐振。当 u_S 的幅值不变时，谐振峰仅与电阻 R 有关，所以，电阻 R 是唯一能控制和调节谐振峰的电路元件，从而控制谐振时的电感和电容的电压及储能状态。

(3) 电抗电压 $U_X(\mathrm{j}\omega_0)=0$，即有

$$\begin{aligned}\dot{U}_X(\mathrm{j}\omega_0)&=\mathrm{j}\left(\omega_0 L-\frac{1}{\omega_0 C}\right)\dot{I}(\mathrm{j}\omega_0)\\&=\dot{U}_L(\mathrm{j}\omega_0)+\dot{U}_C(\mathrm{j}\omega_0)=0\end{aligned}$$

因此，L、C 串联端口相当于短路，但 $\dot{U}_L(\mathrm{j}\omega_0)$、$\dot{U}_C(\mathrm{j}\omega_0)$ 分别都不等于零，两者模值相等且反相，相互完全抵消。根据这一特点，串联谐振又称为电压谐振。此外，工程上将比值 $\frac{\omega_0 L}{R}=\frac{1}{\omega_0 CR}$ 定义为谐振电路的品质因数 Q(称 Q 值)，即

$$Q\overset{\mathrm{dd}}{=}\frac{\omega_0 L}{R}=\frac{1}{\omega_0 CR}=\frac{1}{R}\sqrt{\frac{L}{C}}$$

Q 在这里不表示无功功率。由下面进一步的分析可知，Q 值不仅综合反映了电路中 3 个参数对谐振状态的影响，而且也是分析和比较谐振电路频率特性的重要辅助参数。用 Q

值表示 $U_L(j\omega_0)$ 和 $U_C(j\omega_0)$ 为

$$U_L(j\omega_0)=U_C(j\omega_0)=QU_S(j\omega_0)$$

显然，当 $Q>1$ 时，电感和电容两端将分别出现比 $U_S(j\omega_0)$ 高 Q 倍的过电压。在高电压的电路系统中(如电力系统)，这种过电压非常高，可能会危及系统的安全，必须采取必要的防范措施。但在低电压的电路系统中，如无线电接收系统中，则要利用谐振时出现的过电压来获得较大的输入信号。

Q 值可通过测定谐振时的电感电压或电容电压求得，即

$$Q=\frac{U_C(j\omega_0)}{U_S(j\omega_0)}=\frac{U_L(j\omega_0)}{U_S(j\omega_0)}$$

而谐振时电阻 R 的端电压 $\dot{U}_R(j\omega_0)$ 为

$$\dot{U}_R(j\omega_0)=\dot{U}_S(j\omega_0)$$

这也是谐振峰，表明谐振时电阻 R 上将获得全额的输入电压。

根据上述分析可知，RLC 串联电路中的 3 个元件都可以作为信号的输出端口，只要参数选配得当，输出信号的幅值就能大于或等于输入信号的幅值。

例 6-2 在图 6-4 所示电路中，$U_S=0.1\text{V}$，$R=1\Omega$，$L=2\mu\text{H}$，$C=200\text{pF}$ 时，电流 $I=0.1\text{A}$。求正弦电压源 u_S 的频率 ω 和电压 U_C、U_L 以及电路的 Q 值。

解 令 $\dot{U}_S=0.1\angle 0°\text{V}$，设电流为 $\dot{I}=0.1\angle\phi_i\,\text{A}$，则有

$$0.1\angle\phi_i=\frac{0.1\angle 0°}{1+jX(j\omega)}$$

显然有 $X(j\omega)=0$，$\phi_i=0°$，所以电流 $\dot{I}$ 与电压 $\dot{U}_S$ 同相，电路处于谐振状态。谐振频率 ω_0 为

$$\omega_0=\frac{1}{\sqrt{LC}}=\frac{1}{\sqrt{2\times10^{-6}\times200\times10^{-12}}}\text{rad/s}=50\times10^6\,\text{rad/s}$$

ω_0 即为电压源 u_S 的频率。电路的 Q 值为

$$Q=\frac{1}{R}\sqrt{\frac{L}{C}}=100$$

谐振时电压 U_L 和 U_C 为

$$U_L=U_C=QU_S=10\text{V}$$

6.3 *RLC* 并联谐振电路的频率特性

图 6-5 所示 RLC 并联电路是与 RLC 串联电路相对应的另一种形式的谐振电路。

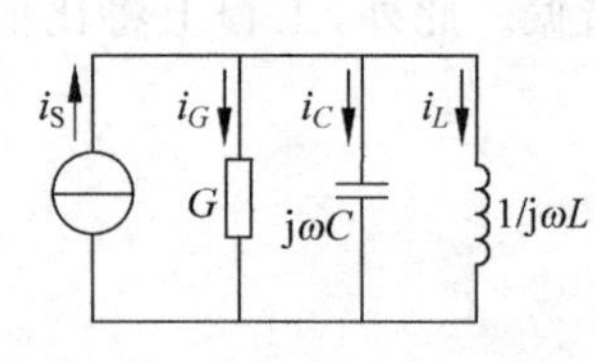

图 6-5 *RLC* 并联谐振电路

并联谐振的定义与串联谐振的定义相同，即端口上的电压 u 与输入电流 i 同相时的工作状况称为谐振。由于发生在并联电路中，所以称为并联谐振。分析方法与 RLC 串联电路相同，并联谐振的条件为

$$\text{Im}[Y(j\omega_0)]=0$$

因为 $Y(\mathrm{j}\omega_0)=G+\mathrm{j}\left(\omega_0 C-\dfrac{1}{\omega_0 L}\right)$，可解得谐振时的角频率 ω_0 和频率 f_0 为

$$\omega_0=\frac{1}{\sqrt{LC}}$$

$$f_0=\frac{1}{2\pi\sqrt{LC}}$$

该频率称为电路的固有频率。

并联谐振时，输入导纳 $Y(\mathrm{j}\omega_0)$ 为最小，即

$$Y(\mathrm{j}\omega_0)=G+\mathrm{j}\left(\omega_0 C-\frac{1}{\omega_0 L}\right)=G$$

或者说输入阻抗最大，$Z(\mathrm{j}\omega_0)=R$，所以谐振时端电压达最大值，即

$$U(\omega_0)=|Z(\mathrm{j}\omega_0)|\,I_S=RI_S$$

可以根据这一现象判别并联电路是否发生了谐振。

并联谐振时有 $\dot{I}_L+\dot{I}_C=0$（所以并联谐振又称为电流谐振）；

$$\dot{I}_L(\omega_0)=-\mathrm{j}\frac{1}{\omega_0 L}\dot{U}=-\mathrm{j}\frac{1}{\omega_0 LG}\dot{I}_S=-\mathrm{j}Q\dot{I}_S$$

$$\dot{I}_C(\omega_0)=\mathrm{j}\omega_0 C\dot{U}=\mathrm{j}\frac{\omega_0 C}{G}\dot{I}_S=\mathrm{j}Q\dot{I}_S$$

式中，Q 为并联谐振电路的品质因数

$$Q=\frac{I_L(\omega_0)}{I_S}=\frac{I_C(\omega_0)}{I_S}=\frac{1}{\omega_0 LG}=\frac{\omega_0 C}{G}=\frac{1}{G}\sqrt{\frac{C}{L}}$$

如果 $Q\gg1$，则谐振时在电感和电容中会出现过电流，但从 L、C 两端看进去的等效电纳等于零，即阻抗为无限大，相当于开路。

工程中采用的电感线圈和电容并联的谐振电路如图 6-6 所示，其中电感线圈用 R 和 L 串联组合表示。谐振时，有

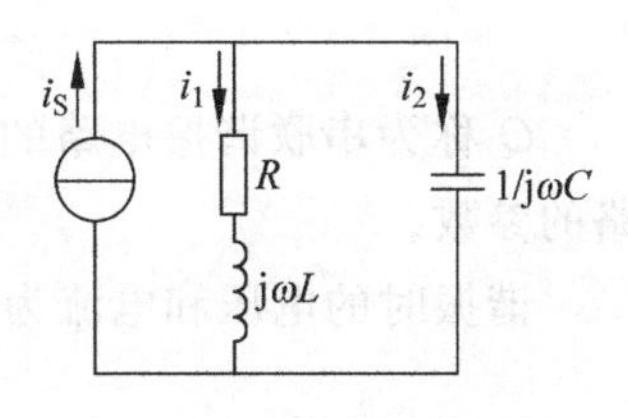

图 6-6　LC 并联谐振电路

$$\mathrm{Im}[Y(\mathrm{j}\omega_0)]=0$$

而

$$Y(\mathrm{j}\omega_0)=\mathrm{j}\omega_0 C+\frac{1}{R+\mathrm{j}\omega_0 L}=\mathrm{j}\omega_0 C+\frac{R}{|Z(\mathrm{j}\omega_0)|^2}-\mathrm{j}\frac{\omega_0 L}{|Z(\mathrm{j}\omega_0)|^2}$$

故有

$$\omega_0 C-\frac{\omega_0 L}{|Z(\mathrm{j}\omega_0)|^2}=0$$

由上式可解得

$$\omega_0=\frac{1}{\sqrt{LC}}\sqrt{1-\frac{CR^2}{L}}$$

显然，只有当 $1-\dfrac{CR^2}{L}>0$，即 $R<\sqrt{\dfrac{L}{C}}$ 时，ω_0 才是实数，所以 $R>\sqrt{\dfrac{L}{C}}$ 时，电路不会发生谐振。该电路调节电阻可改变电路的固有频率。

谐振时的输入导纳为

$$Y(j\omega_0)=\frac{R}{|Z(j\omega_0)^2|}=\frac{CR}{L}$$

可以证明，该电路发生谐振时的输入导纳不是最小值(即输入阻抗不是最大值)，所以谐振时的端电压不是最大值。这种电路只有当 $R\ll\sqrt{\frac{L}{C}}$ 时，它发生谐振时的特点才与图 6-5 所示 RLC 并联谐振的特点接近。

6.4 本章小结

1. RLC 串联谐振电路的频率特性

电路发生谐振时，其感抗等于容抗，电抗为零，端电压与电流同相。

谐振的条件为

$$\omega=\omega_0=\frac{1}{\sqrt{LC}}$$

特征阻抗为

$$\rho=\omega_0 L=\frac{1}{\omega_0 C}=\sqrt{\frac{L}{C}}$$

品质因数为

$$Q=\frac{\omega_0 L}{R}=\frac{1}{\omega_0 RC}=\frac{\rho}{R}$$

Q 称为串联谐振电路的品质因数，它是衡量电路特性的一个重要物理量，它取决于电路的参数。

谐振时的电压和电流为

$$\dot{I}=\frac{\dot{U}_S}{Z}=\frac{\dot{U}_S}{R}$$

$$I=\frac{U}{|Z|}=\frac{U}{R}$$

可见谐振时电路中电流最大，且与电压源电压同相。

$$U_L=U_C=QU_S$$

即谐振时电感和电容电压的大小相等，都等于电源电压的 Q 倍。

2. RLC 并联谐振电路的频率特性

电路发生谐振时，其感抗等于容抗，电抗为零，端电压与电流同相。

谐振的条件为

$$\omega=\omega_0=\frac{1}{\sqrt{LC}}$$

特征阻抗为

$$\rho=\omega_0 L=\frac{1}{\omega_0 C}=\sqrt{\frac{L}{C}}$$

品质因数为

$$Q=\frac{\omega_0 C}{G}=\frac{R}{\omega_0 L}=\frac{R}{\rho}$$

Q 称为并联谐振电路的品质因数,它是衡量电路特性的一个重要物理量,它取决于电路的参数。

谐振时的电压为

$$\dot{U}=\frac{\dot{I}_S}{Y}=\frac{\dot{I}_S}{G}$$

$$U=\frac{I}{|Y|}=\frac{I}{G}$$

可见谐振时电路中电压最大,且与电流源电流同相。

$$I_L=I_C=QI_S$$

即谐振时电感电流和电容电流大小相等,都等于电源电流的 Q 倍。

习题 6

6-1 RLC 并联电路在 f_0 时发生谐振,当频率增加到 $2f_0$ 时,电路性质呈(　　)。

A. 电阻性　　B. 电感性　　C. 电容性

6-2 处于谐振状态的 RLC 串联电路,当电源频率升高时,电路将呈现出(　　)。

A. 电阻性　　B. 电感性　　C. 电容性

6-3 下列说法中,(　　)是正确的。

A. 串谐时阻抗最小　B. 并谐时阻抗最小　C. 电路谐振时阻抗最小

6-4 在 RLC 串联电路,已知 $X_L=X_C=20\Omega$,$R=20\Omega$,总电压有效值为 220V,电感上的电压为(　　)V。

A. 0　　B. 220　　C. 73.3

6-5 发生串联谐振的电路条件是(　　)

A. $R=\omega_0 L$　　B. $f_0=\frac{1}{\sqrt{LC}}$　　C. $\omega_0=\frac{1}{\sqrt{LC}}$

6-6 串联电路发生谐振的条件是________,谐振时的谐振频率品质因数 $Q=$________,串联谐振又称为________。

6-7 在发生串联谐振时,电路中的感抗与容抗________;此时电路中的阻抗最________,电流最________,总阻抗 $Z=$________。

6-8 在一 RLC 串联电路中,用电压表测得电阻、电感、电容上电压均为 10V,用电流表测得电流为 10A,此电路中 $R=$________,$P=$________,$Q=$________,$S=$________。

6-9 在含有 L、C 的电路中,出现总电压、电流同相位,这种现象称为________。这种现象若发生在串联电路中,则电路中阻抗________,电压一定时电流________,且在电感和电容两端将出现________。

6-10 电路如图 6-7 所示。已知 $u_S=10\cos10^5 t\,\mathrm{V}$，试求 $i(t)$、$u_R(t)$、$u_L(t)$、$u_C(t)$。

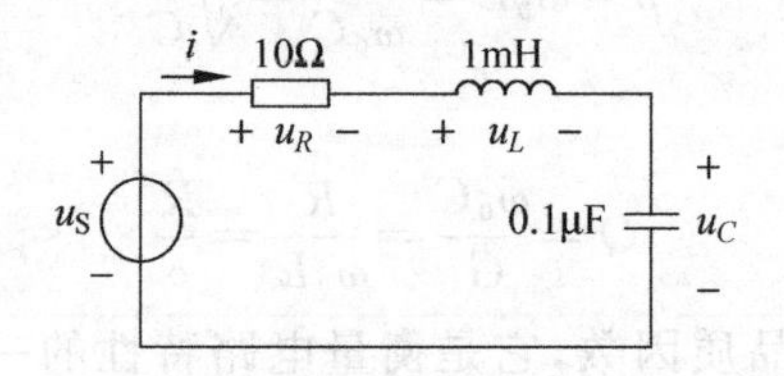

图 6-7 习题 6-10 图

6-11 在 RLC 串联电路中，已知 $L=320\mu\mathrm{H}$，若电路的谐振频率需覆盖中波无线电广播频率(550kHz～1.6MHz)。试求可变电容 C 的变化范围。

6-12 在 RLC 串联电路中，已知 $R=20\Omega$，$L=0.1\mathrm{mH}$，$C=100\mathrm{pF}$，试求谐振频率 ω_0、品质因数 Q 和带宽。

6-13 在 RLC 串联电路中，已知 $u_S(t)=\sqrt{2}\cos(10^6 t+40°)\,\mathrm{V}$，电路谐振时电流 $I=0.1\mathrm{A}$，$U_C=100\mathrm{V}$。试求 R、L、C、Q。

6-14 在 RLC 并联电路中，已知 $R=10\mathrm{k}\Omega$，$L=1\mathrm{mH}$，$C=0.1\mu\mathrm{F}$，$i_S(t)=10\cos(\omega t+30°)\mathrm{mA}$，$\omega=105\mathrm{rad/s}$。试求 $u_R(t)$、$i_R(t)$、$i_L(t)$、$i_C(t)$。

6-15 在 RLC 并联电路中，已知 $L=40\mathrm{mH}$，$C=0.25\mu\mathrm{F}$。当电阻 (1) $R=8000\Omega$；(2) $R=800\Omega$；(3) $R=80\Omega$ 时，计算出电路的谐振角频率、品质因数和带宽。

6-16 在 RLC 并联电路中，已知 $\omega_0=10^3\mathrm{rad/s}$，谐振时阻抗为 $10^3\Omega$，频带宽度为 $\Delta\omega=100\mathrm{rad/s}$。试求 R、L、C。

6-17 电路如图 6-8 所示，试求电路的谐振角频率。

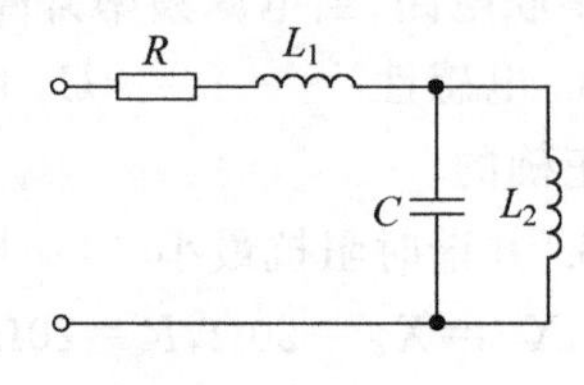

图 6-8 习题 6-17 图

第7章 三相电路

本章学习目标

- 熟练掌握三相电路的基本概念；
- 理解负载星形连接的三相电路的分析；
- 理解负载三角形连接的三相电路的分析；
- 了解三相电路的功率及其测量。

本章主要介绍三相电路的基本概念，并分析讨论三相电路负载星形连接和三角形连接的计算，最后介绍三相电路功率及其测量。

7.1 三相电压

三相电路就是由3个频率相同而相位不同的3个正弦电压源与三相负载按一定的方式连接组成的电路。目前广泛应用的交流电，几乎都是三相电路。三相电路无论是在发电、输电、配电方面，还是在用电方面，都具有明显的优势。例如，在相同尺寸时，三相发电机比单相发电机的输出功率大；传输电能时，三相电路可以节约大量导电材料。因此，三相电路获得了广泛的应用，是目前电路系统采用的主要供电方式。

7.1.1 三相电源

由三相交流发电机同时产生的3个频率相同、振幅相等而相位不同的3个正弦定压，称为三相电源。如果3个正弦电压之间的相位差为120°，则称其为三相对称电源。图7-1所示为对称三相电源的波形，工程上一般将正极性端分别记为A、B、C，负极性端分别记为X、Y、Z。每一个电压称为一相，3个电压源分别称为A相、B相、C相。图7-2所示为三相交流发电机产生的对称三相电源。

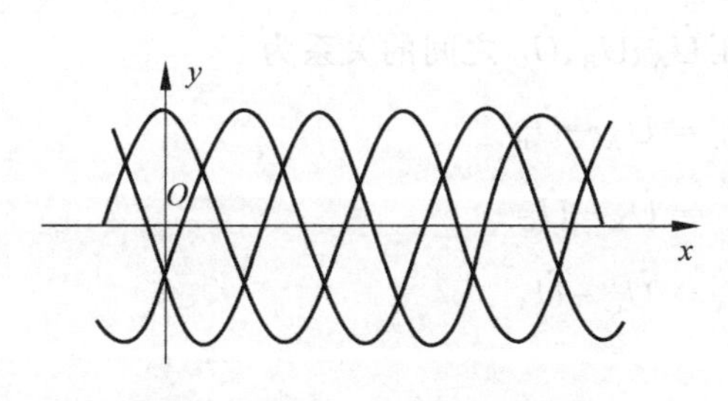

图7-1 对称三相电源的波形

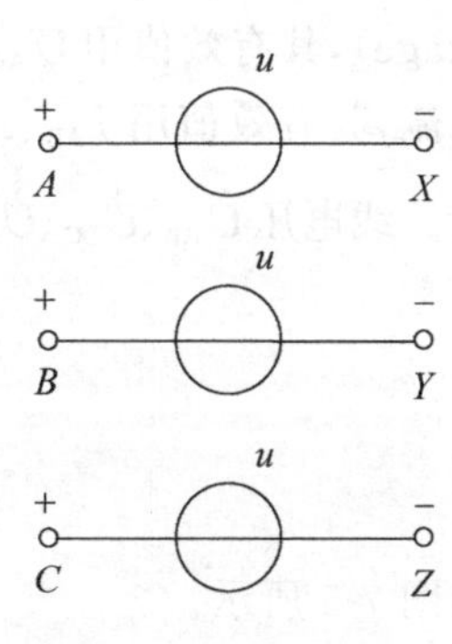

图7-2 对称三相电源

若以 A 相作为参考，则对称三相电源中各相电压的瞬时值可分别表示为

$$
\begin{aligned}
u_A(t) &= \sqrt{2}U\cos(\omega t) \\
u_B(t) &= \sqrt{2}U\cos(\omega t - 120°) \\
u_C(t) &= \sqrt{2}U\cos(\omega t - 240°) = \sqrt{2}U\cos(\omega t + 120°)
\end{aligned}
\tag{7-1}
$$

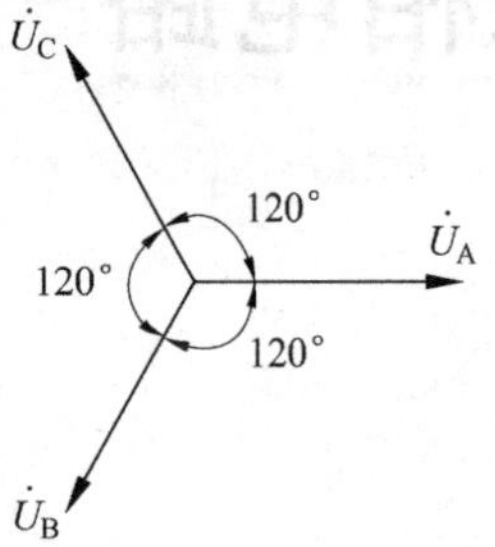

相量表示式为

$$
\begin{cases}
\dot{U}_A = U\angle 0° \\
\dot{U}_B = U\angle -120° \\
\dot{U}_C = U\angle 120°
\end{cases}
\tag{7-2}
$$

图 7-3 对称三相电压相量图

对称三相电压相量图如图 7-3 所示。由相量图可知，$\dot{U}_A+\dot{U}_B+\dot{U}_C=0$。

在三相电源中，通常将三相电源依次出现最大值的先后顺序称为三相电源的相序(phase sequence)。如果相序依次出现的顺序为 A、B、C，称为正序(sequence)；反之称为逆序(reverse sequence)。电力系统一般采用正序。

7.1.2 三相电源的连接

在三相电路中，三相电源有星形(Y 形)和三角形(Δ 形)两种连接方式，下面对这两种方式分别进行讨论。

1. 星形连接

在低压供电系统中，星形连接是最常见的连接方式，如图 7-4 所示。从 3 个电源正极性端 A、B、C 引出的传输线称为相线(或端线、火线)；3 个电源负极性端 X、Y、Z 连在一起形成公共的端点 N，称为中点(或中性点)，从 N 点引出的线称为中线(或零线)。没有中线的三相输电系统称为三相三线制，有中线的三相输电系统称为三相四线制。

在图 7-4 中，每相始端和末端间的电压，即相线和中线间的电压，称为相电压(phase voltage)，其有效值用 U_A、U_B、U_C 表示，或一般性的 U_P 表示。流过每相电源的电流称为相电流，其有效值用 I_A、I_B、I_C 表示，或一般性的 I_P 表示。任意两相线间的电压称为线电压(line voltage)，其有效值用 U_{AB}、U_{BC}、U_{CA} 表示，或一般性的 U_L 表示。流过每条相线的电流称为线电流，其有效值用 I_{AB}、I_{BC}、I_{CA} 表示，或一般性的 I_L 表示。由图 7-4 可知，线电流等于相电流。线电压 $\dot{U}_{AB}$、$\dot{U}_{BC}$、$\dot{U}_{CA}$ 与相电压 $\dot{U}_A$、$\dot{U}_B$、$\dot{U}_C$ 之间的关系为

$$
\begin{cases}
\dot{U}_{AB} = \dot{U}_A - \dot{U}_B \\
\dot{U}_{BC} = \dot{U}_B - \dot{U}_C \\
\dot{U}_{CA} = \dot{U}_C - \dot{U}_A
\end{cases}
\tag{7-3}
$$

相量图如图 7-5 所示。

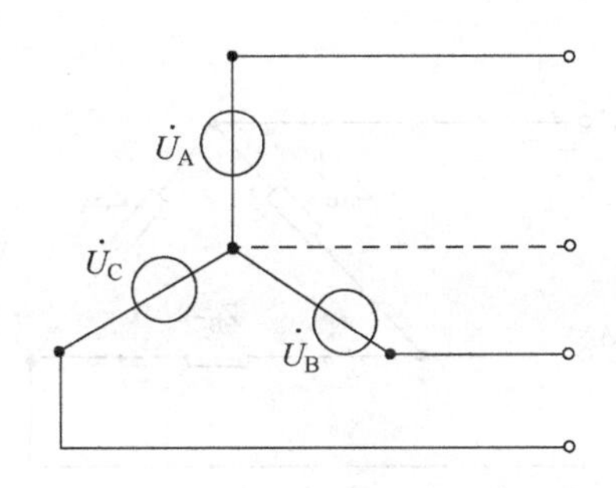

图 7-4 三相电源的星形连接

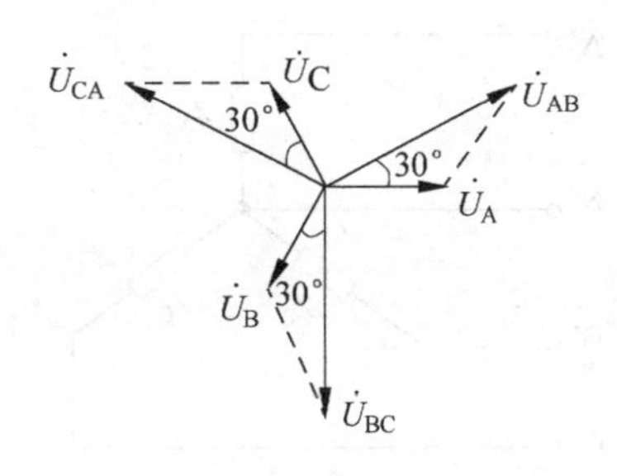

图 7-5 相电压、线电压相量图

将式(7-2)代入式(7-3)，得

$$\begin{cases}\dot{U}_{AB}=\sqrt{3}U_P\angle 30^\circ=U_L\angle 30^\circ\\ \dot{U}_{BC}=\sqrt{3}U_P\angle -90^\circ=U_L\angle -90^\circ\\ \dot{U}_{CA}=\sqrt{3}U_P\angle 150^\circ=U_L\angle 150^\circ\end{cases}\tag{7-4}$$

可见，线电压的有效值是相电压有效值的$\sqrt{3}$倍，即 $U_L=\sqrt{3}U_P$。常见的供电系统中，相电压 $U_P=220V$，线电压 $U_L=380V$。需要特别指出的是，凡是三相设备(包括电源和负载)铭牌上标出的额定电压指的是线电压。如三相四线制供电系统中，380/220V 指的是线电压为 380V，相电压为 220V。

2. 三角形连接

如果将三相电源的始末端按顺序相连接，即 X 与 B、Y 与 C、Z 与 A 相连接，这样就得到了一个闭合回路，再从 3 个连接点引出 3 根火线，就构成了三相电源的三角形连接，如图 7-6 所示。

在三角形连接方式中，线电压等于相电压，即 $U_L=U_P$。三相电源三角形连接相量图如图 7-7 所示。由相量图可知，$\dot{U}_A+\dot{U}_B+\dot{U}_C=0$。

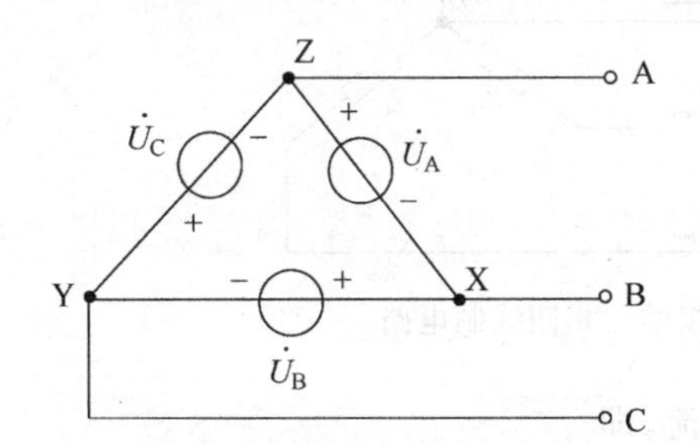

图 7-6 三相电源的三角形连接

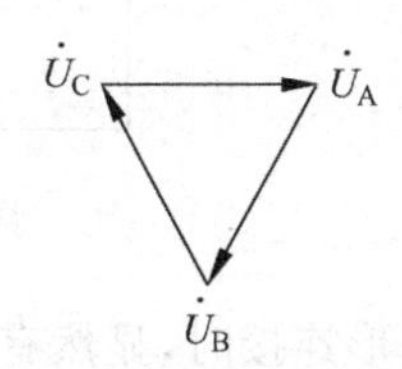

图 7-7 三相电源三角形连接相量图

7.1.3 三相负载及其连接

三相电路中的负载也是三相的，三相负载也有星形和三角形两种连接方式，如图 7-8 所示，其中每个负载称为三相负载中的一相。如果 3 个负载阻抗相等，即 $Z_A=Z_B=Z_C$，称为对称负载；否则称为不对称负载。

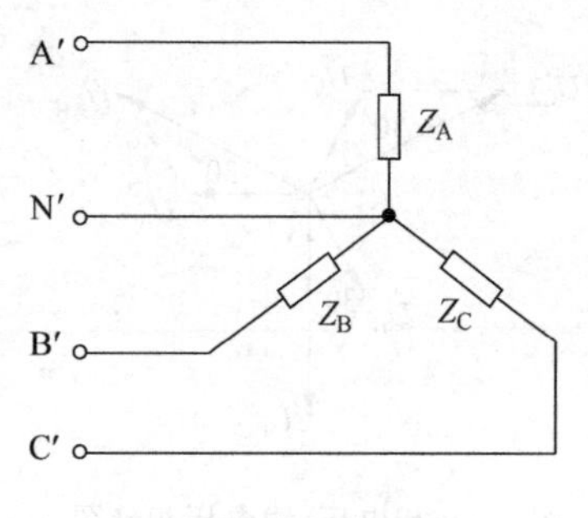

(a) 三相负载的星形连接

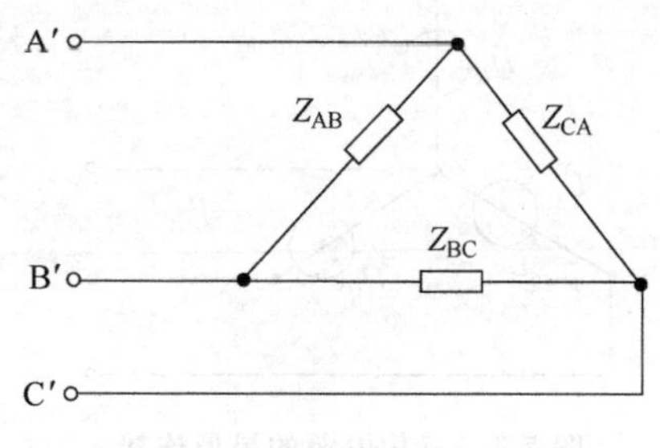

(b) 三相负载的三角形连接

图 7-8 三相负载的两种连接方式

例 7-1 若对称三相电源电压 $u_A=U_m\cos\left(\omega t+\frac{\pi}{2}\right)$V，则 u_B 为多少？

解 因为 u_B 与 u_A 幅值相同，频率相同，相位滞后 120°，所以得出

$$u_B=U_m\cos\left(\omega t-\frac{\pi}{6}\right)\text{V}$$

7.2 负载星形连接的三相电路

三相电路中的负载有两种接法，即星形连接和三角形连接，本节内容介绍负载的星形连接。

负载星形连接的三相四线制电路一般可用图 7-9 所示电路表示，每相负载的阻抗分别为 Z_A、Z_B、Z_C。

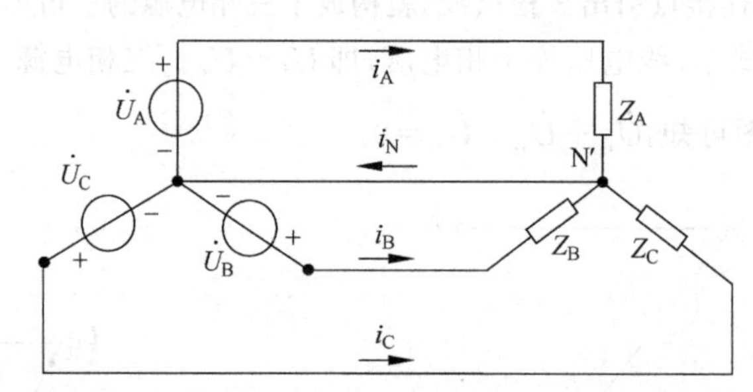

图 7-9 负载星形连接的三相四线制电路

负载星形连接时，显然有相电流等于线电流，即

$$I_P=I_L \tag{7-5}$$

对三相电路应该一相一相计算。设电源相电压 $\dot{U}_A=U_A\underline{/0^\circ}$ 为参考相量，则得

$$\dot{U}_B=U_B\underline{/-120^\circ},\quad \dot{U}_C=U_C\underline{/120^\circ}$$

在图 7-9 中，电源相电压即为每相负载电压。于是每相负载中的电流可分别求出，即

$$\dot{I}_A=\frac{\dot{U}_A}{Z_A}=\frac{U_A\underline{/0^\circ}}{|Z_A|\underline{/\varphi_1}}=I_A\underline{/-\varphi_1}$$

$$\dot{I}_B=\frac{\dot{U}_B}{Z_B}=\frac{U_B\angle -120^\circ}{|Z_B|\angle\varphi_B}=I_B\angle -120^\circ-\varphi_B$$

$$\dot{I}_C=\frac{\dot{U}_C}{Z_C}=\frac{U_C\angle 120^\circ}{|Z_C|\angle\varphi_C}=I_C\angle 120^\circ-\varphi_C$$

式中，每相负载中电流的有效值分别为

$$I_A=\frac{U_A}{|Z_A|},\quad I_B=\frac{U_B}{|Z_B|},\quad I_C=\frac{U_C}{|Z_C|}$$

各相负载的电压与电流之间的相位差分别为

$$\varphi_A=\arctan\frac{X_A}{R_A},\quad \varphi_B=\arctan\frac{X_B}{R_B},\quad \varphi_C=\arctan\frac{X_C}{R_C}$$

中线中的电流可用基尔霍夫电流定律得出，即

$$\dot{I}_N=\dot{I}_A+\dot{I}_B+\dot{I}_C$$

电压和电流的相量图如图 7-10 所示。作相量图时，先画出以 $\dot{U}_A$ 为参考相量的电源相电压 $\dot{U}_A$、$\dot{U}_B$、$\dot{U}_C$ 的相量，而后逐相画出各相电流 $\dot{I}_A$、$\dot{I}_B$、$\dot{I}_C$ 的相量，再画出中性电流 $\dot{I}_N$ 的相量。

如果图 7-9 所示电路中负载对称，即

$$Z_A=Z_B=Z_C=Z$$

或

$$|Z_A|=|Z_B|=|Z_C|=|Z|$$

和

$$\varphi_A=\varphi_B=\varphi_C=\varphi$$

因为电压对称，所以负载相电流也是对称的，即

$$I_A=I_B=I_C=I_P=\frac{U_P}{|Z|}$$

$$\varphi_A=\varphi_B=\varphi_C=\varphi=\arctan\frac{X}{R}$$

因此，这时中线电流为 0，即

$$\dot{I}_N=\dot{I}_A+\dot{I}_B+\dot{I}_C=0$$

电压和电流的相量图如图 7-11 所示。

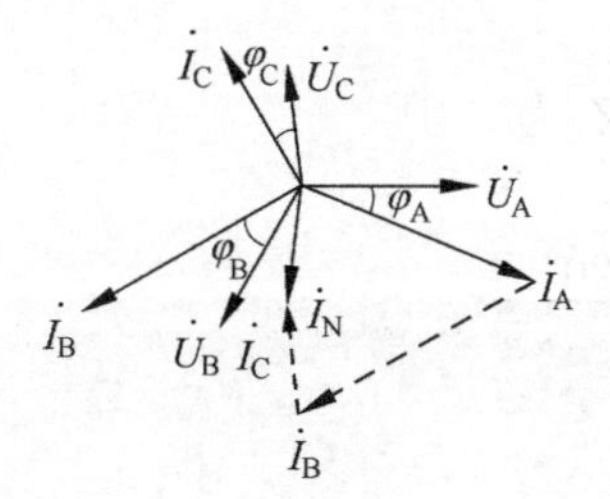

图 7-10 负载星形连接时电压和电流相量图

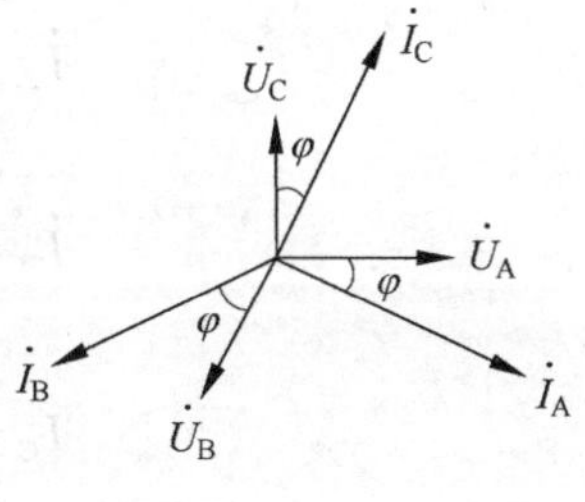

图 7-11 对称负载星形连接时电压和电流的相量图

中线中既然没有电流流过，中线就不需要了。因此图 7-9 所示电路就变为图 7-12 所示电路，这就是三相三线制。

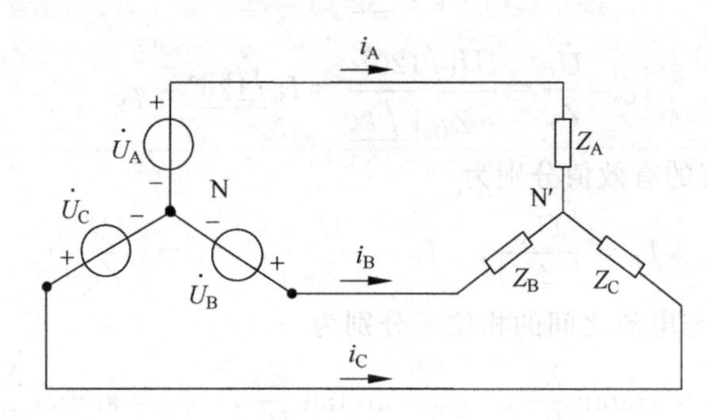

图 7-12　三相三线制

三相电路可看作一类特殊的正弦稳态电路，正弦稳态电路的分析方法对三相电路完全适用。对称三相电路的线电压（电流）与相电压（电流）之间的关系具有对称性，利用这一特点，可简化对称三相电路的分析。

以图 7-13 所示的星形-星形三相四线制对称三相电路为例。对该电路可采用节点法进行分析。其中 Z_L 为线路阻抗，Z_N 为中性线阻抗，N 和 N′为中性点。对于这种电路，一般可用节点法先求出 N′和 N 之间的电压。以中性点 N 为参考节点，列节点方程，得

$$\left(\frac{1}{Z_N}+\frac{3}{Z+Z_L}\right)\dot{U}_{N'N}=\frac{1}{Z+Z_L}(\dot{U}_A+\dot{U}_B+\dot{U}_C)$$

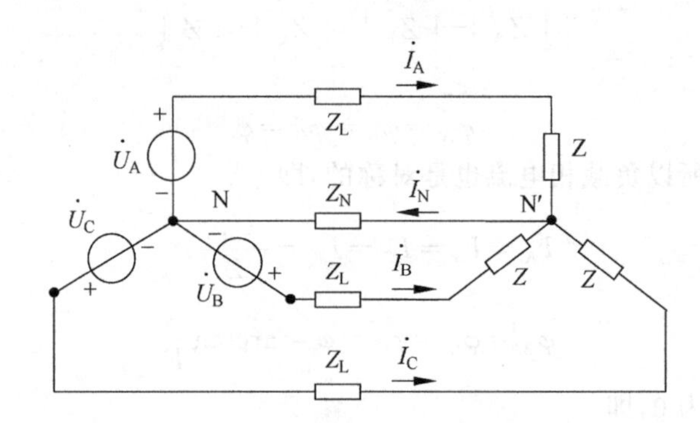

图 7-13　三相四线制对称三相电路

由于 $\dot{U}_A+\dot{U}_B+\dot{U}_C=0$，所以 $\dot{U}_{N'N}=0$，各相电源和负载中的相电流等于线电流，它们是

$$\dot{I}_A=\frac{\dot{U}_A-\dot{U}_{N'N}}{Z+Z_L}=\frac{\dot{U}_A}{Z+Z_L}$$

$$\dot{I}_B=\frac{\dot{U}_B}{Z+Z_L}=\dot{I}_A\angle-120^\circ$$

$$\dot{I}_C=\frac{\dot{U}_C}{Z+Z_L}=\dot{I}_A\angle120^\circ$$

可以看出，各线（相）电流独立，$\dot{U}_{N'N}=0$ 是各线（相）电流独立、彼此无关的充分必要条

件，所以，对称的星形-星形三相电路可分为 3 个独立的单相电路。又因为三相电源、三相负载的对称性，所以线(相)电流也是对称的，因此，只要分析三相电路中的任一相，而其他两线(相)的电流就能够按对称顺序写出。这就是对称的星形-星形三相电路归结为一相的计算方法，图 7-14 所示为一相计算电路。中性线的电流为 $\dot{I}_N = \dot{I}_A + \dot{I}_B + \dot{I}_C = 0$。

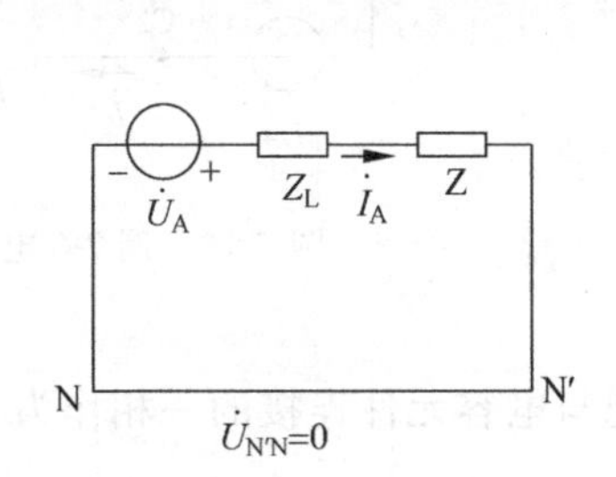

图 7-14 一相计算电路

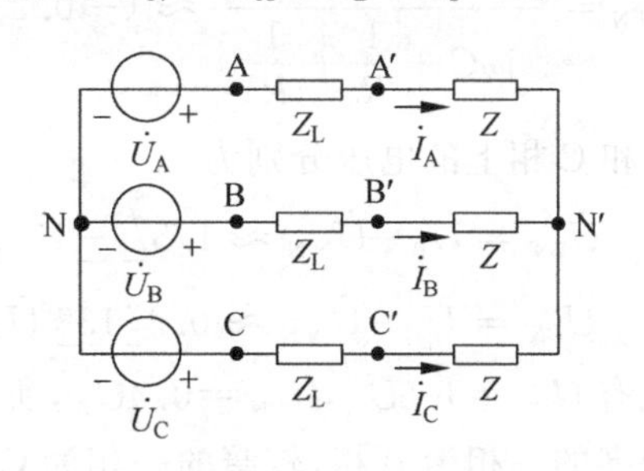

图 7-15 例 7.2 电路图

例 7-2 对称三相电路如图 7-15 所示。已知 $Z=(5+j4)\Omega$，$Z_L=(0.4+j0.3)\Omega$，电源的线电压为 380V。试计算负载端的线电压和线电流。

解 由电源的线电压为 380V 可知，相电压为 $\frac{330}{\sqrt{3}}=220\text{V}$，因此可设 $\dot{U}_A=220\angle 0°\text{V}$。由一相计算法，有

$$\dot{I}_A=\frac{\dot{U}_A}{Z+Z_L}=\frac{220\angle 0°}{5+j4+0.4+j0.3}\text{A}=31.78\angle -38.53°\text{A}$$

可得其他两相的线电流为

$$\dot{I}_B=31.78\angle -158.53°\text{A}$$

$$\dot{I}_C=31.78\angle 84.47°\text{A}$$

再求出负载端的相电压，利用线电压和相电压之间的关系就可求得负载端的线电压。

由一相计算电路，有

$$\dot{U}_{A'N'}=Z\dot{I}_A=204.07\angle 0.13°\text{V}$$

所以

$$\dot{U}_{A'B'}=\sqrt{3}\angle 30°\dot{U}_{A'N'}=352.49\angle 30.13°\text{V}$$

利用对称性可写出

$$\dot{U}_{B'C'}=352.49\angle -89.87°\text{V}$$

$$\dot{U}_{C'A'}=352.49\angle 120.13°\text{V}$$

不对称三相电路是一种复杂正弦稳态电路，对其分析不能像对称三相电路那样用一相进行计算，由于三相负载不对称，三相电路应该作为一般的正弦稳态电路进行分析，应对每相电路单独计算。

例 7-3 图 7-16 所示星形连接的不对称三相负载由一个电容元件 C 和两个阻值均为 R 的白炽灯组成，称为相序指示器。设 $R=\frac{1}{\omega C}$，试说明如何根据两灯泡的明暗确定对称三相电源的相序。

解 三相电源的相序如图 7-16 所示，则对图示电路列写节点方程，可得中性点电压为

$$\dot{U}_{N'N}=\frac{j\omega C\dot{U}_A+\dfrac{\dot{U}_B}{R}+\dfrac{\dot{U}_C}{R}}{j\omega C+\dfrac{1}{R}+\dfrac{1}{R}}\approx(-0.2+j0.6)\dot{U}_A$$

B 相和 C 相上的电压分别为

$$\dot{U}_{BN'}=\dot{U}_B-\dot{U}_{N'N}\approx 1.5\angle{-101.5^\circ}\dot{U}_A$$

$$\dot{U}_{CN'}=\dot{U}_C-\dot{U}_{N'N}\approx 0.4\angle{138^\circ}\dot{U}_A$$

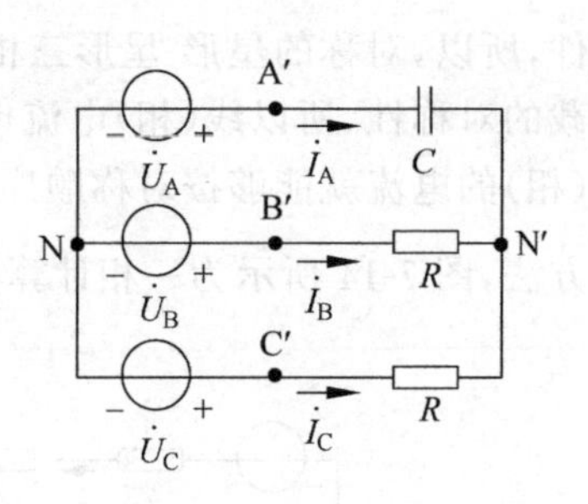

图 7-16 例 7-3 电路

因此有 $U_{BN'}=1.5U_A$，$U_{CN'}=0.4U_A$，所以，如果把与电容元件连接的一相作为 A 相，则白炽灯较亮的一相为 B 相，较暗的一相为 C 相。

7.3 负载三角形连接的三相电路

本节内容介绍负载的三角形连接。负载三角形连接的三相电路如图 7-17 所示。

因为各相负载直接接在线电压上，所以负载的相电压与电源的线电压相等。不论负载是否对称，其相电压总是对称的，即

$$U_{AB}=U_{BC}=U_{CA}=U_L=U_P \tag{7-6}$$

下面讨论负载三角形连接时相电流和线电流的关系。各相负载的相电流的有效值为

$$I_{AB}=\frac{U_{AB}}{|Z_{AB}|},\quad I_{BC}=\frac{U_{BC}}{|Z_{BC}|},\quad I_{CA}=\frac{U_{CA}}{|Z_{CA}|} \tag{7-7}$$

各相负载的电压与电流之间的相位差分别为

$$\varphi_{AB}=\arctan\frac{X_{AB}}{R_{AB}},\quad \varphi_{BC}=\arctan\frac{X_{BC}}{R_{BC}},\quad \varphi_{CA}=\arctan\frac{X_{CA}}{R_{CA}} \tag{7-8}$$

负载的线电流可用基尔霍夫电流定律列式进行计算

$$\begin{cases}\dot{I}_A=\dot{I}_{AB}-\dot{I}_{CA}\\ \dot{I}_B=\dot{I}_{BC}-\dot{I}_{AB}\\ \dot{I}_C=\dot{I}_{CA}-\dot{I}_{BC}\end{cases} \tag{7-9}$$

如果负载对称，即

$$|Z_{AB}|=|Z_{BC}|=|Z_{CA}|=|Z|,\quad \varphi_{AB}=\varphi_{BC}=\varphi_{CA}=\varphi$$

则负载的相电流也是对称的，即

$$I_{AB}=I_{BC}=I_{CA}=I_P=\frac{U_P}{|Z|} \tag{7-10}$$

$$\varphi_{AB}=\varphi_{BC}=\varphi_{CA}=\varphi=\arctan\frac{X}{R} \tag{7-11}$$

根据式(7-10)和式(7-11)以及负载对称时线电流和相电流的关系可作出相量图如图 7-18 所示。从相量图可以看出，显然线电流也是对称的，在相位上比相应的相电流滞后 30°；线电流与相电流在大小上的关系为

$$I_{\mathrm{L}}=\sqrt{3}\,I_{\mathrm{P}} \tag{7-12}$$

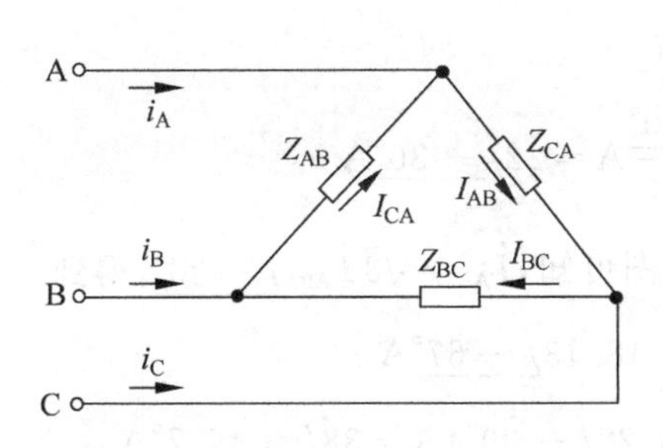

图 7-17 负载三角形连接的三相电路

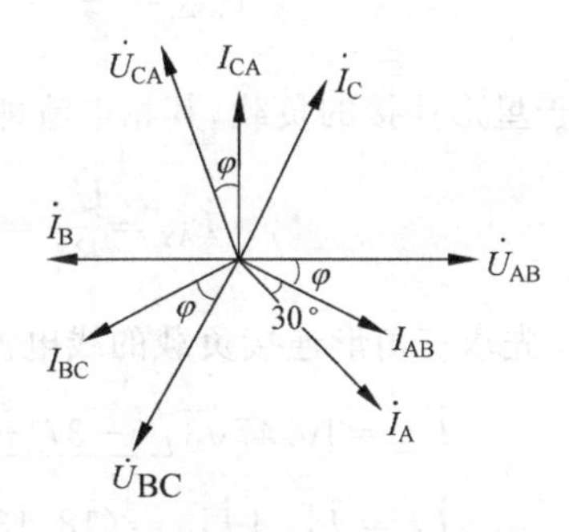

图 7-18 对称负载三角形连接时电压与电流的相量图

三相电动机的绕组可以接成三角形，也可以接成星形，而照明负载一般都接成星形，并且具有中性线。

例 7-4 已知三相电路的负载为对称三角形连接方式，$\dot{U}_{AB}=500\angle 0^\circ\text{V}$，$Z=20\angle 45^\circ\Omega$。试求负载相电流和线电流。

解 相电流为

$$\dot{I}_{AB}=\frac{\dot{U}_{AB}}{Z}=\frac{500\angle 0^\circ}{20\angle 45^\circ}\text{A}=25\angle -45^\circ\text{A}$$

根据相位关系，其他两相电流为

$$\dot{I}_{BC}=25\angle(-45^\circ-120^\circ)\,\text{A}=2\angle -165^\circ\text{A}$$

$$\dot{I}_{CA}=25\angle(-45^\circ+120^\circ)\,\text{A}=25\angle 75^\circ\text{A}$$

根据三角形连接负载的线电流与相电流的关系，可知线电流为

$$\dot{I}_{A}=\sqrt{3}\angle -30^\circ\dot{I}_{AB}\,\text{A}=43.3\angle -75^\circ\text{A}$$

$$\dot{I}_{B}=\sqrt{3}\angle -30^\circ\dot{I}_{BC}\,\text{A}=43.3\angle -195^\circ\text{A}$$

$$\dot{I}_{C}=\sqrt{3}\angle -30^\circ\dot{I}_{CA}\,\text{A}=43.3\angle 45^\circ\text{A}$$

例 7-5 有一三相电路如图 7-19 所示，线电压 $U_{\mathrm{L}}=380\text{V}$ 的三相电源上接有两组对称三相负载，一组是三角形连接的负载，每相阻抗 $Z_{\Delta}=36.3\angle -37^\circ\Omega$；一组是星形连接的负载，每相阻抗 $R_{\mathrm{Y}}=10\Omega$。试求(1) $\dot{I}_{AB\Delta}$、$\dot{I}_{AY}$；(2) $\dot{I}_{A}$。

解 设线电压 $\dot{U}_{AB}=380\angle 0^\circ\text{V}$，则相电压 $\dot{U}_{A}=220\angle -30^\circ\text{V}$。

(1) 由于三相负载对称，所以由一相计算，其他两相可由此推出。

对于三角形连接的负载，其相电流为

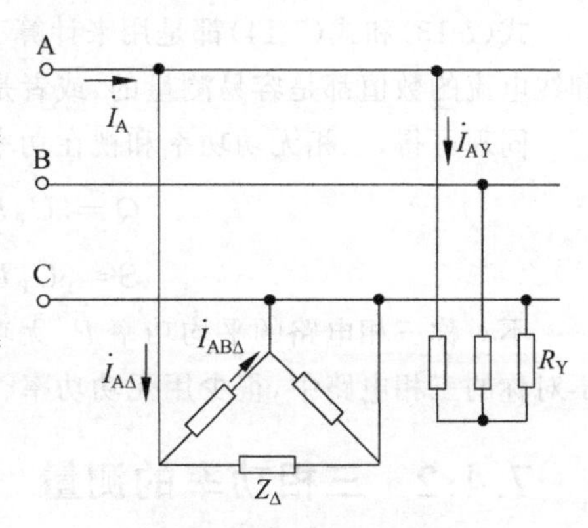

图 7-19 例 7-5 电路

$$\dot{I}_{AB\Delta}=\frac{\dot{U}_{AB}}{Z_{\Delta}}=\frac{380\angle 0^{\circ}}{36.3\angle 37^{\circ}}\text{A}=10.47\angle -37^{\circ}\text{A}$$

对于星形连接的负载，其相电流即为线电流

$$\dot{I}_{AY}=\frac{\dot{U}_{A}}{R_{Y}}=\frac{220\angle -30^{\circ}}{10}\text{A}=22\angle -30^{\circ}\text{A}$$

(2) 先求三角形连接负载的线电流$\dot{I}_{A\Delta}$。由图可知，$\dot{I}_{A\Delta}=\sqrt{3}\,\dot{I}_{AB\Delta}\angle -30^{\circ}$，得到

$$\dot{I}_{A\Delta}=10.47\sqrt{3}\angle(-37^{\circ}-30^{\circ})\text{A}=18.13\angle -67^{\circ}\text{A}$$

$$\dot{I}_{A}=\dot{I}_{A\Delta}+\dot{I}_{AY}=(18.13\angle -67^{\circ}+22\angle -30^{\circ})\text{A}=38\angle -46.7^{\circ}\text{A}$$

7.4 三相功率

三相电路的总功率为各相功率之和，也就是三相电路中所有器件消耗的功率之和。

7.4.1 三相功率的计算

不论负载是星形连接还是三角形连接，总的有功功率必定等于各相有功功率之和。当负载对称时，每相的有功功率是相等的，因此三相总功率为

$$P=3P_{P}=3U_{P}I_{P}\cos\varphi \tag{7-13}$$

式中，φ 为相电压 U_P 和相电流 I_P 之间的相位差。

当对称负载是星形连接时，有

$$U_{L}=\sqrt{3}U_{P},\quad I_{L}=I_{P}$$

当对称负载是三角形连接时，有

$$U_{L}=U_{P},\quad I_{L}=\sqrt{3}I_{P}$$

不论对称负载是星形连接还是三角形连接，代入式(7-13)可得

$$P=\sqrt{3}U_{L}I_{L}\cos\varphi \tag{7-14}$$

注意，式(7-14)中 φ 仍是相电压 U_P 和相电流 I_P 之间的相位差。

式(7-13)和式(7-14)都是用来计算三相有功功率的，但式(7-14)经常使用，因为线电压和线电流的数值都是容易测量的，或者是已知的。

同理可得，三相无功功率和视在功率为

$$Q=3U_{P}I_{P}\sin\varphi=\sqrt{3}U_{L}I_{L}\sin\varphi \tag{7-15}$$

$$S=3U_{P}I_{P}=\sqrt{3}U_{L}I_{L} \tag{7-16}$$

不对称三相电路的平均功率 P、无功功率 Q 只能通过各相分别计算后相加获得。一般不对称的三相电路中，很少用无功功率、视在功率和功率因数的概念。

7.4.2 三相功率的测量

电路中的功率与电压和电流的乘积有关，因此用来测量功率的仪表必须具有两个线圈，

一个用来反映负载电压，与负载并联，称为并联线圈或电压线圈；另一个用来反映负载电流，与负载串联，称为串联线圈或电流线圈。这样的仪表就可以用来测量功率，通常用的就是电动式功率表。功率表的读数为 $P=UI\cos\varphi$。功率表接线如图 7-20 所示。

1. 三相四线制功率的测量

在三相四线制电路中，三相功率由 3 个功率表测量，如图 7-21 所示。

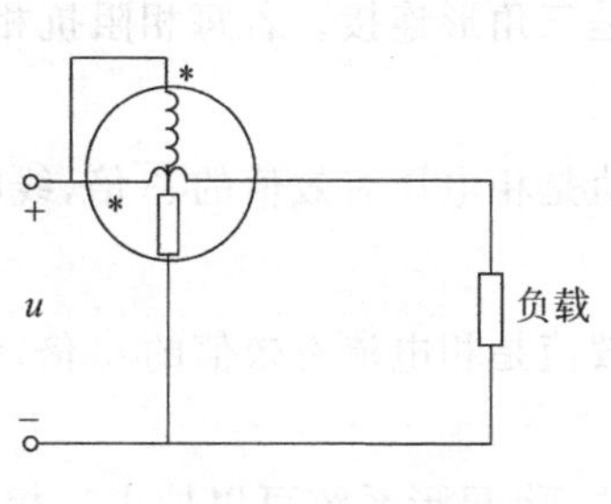

图 7-20　功率表的接线

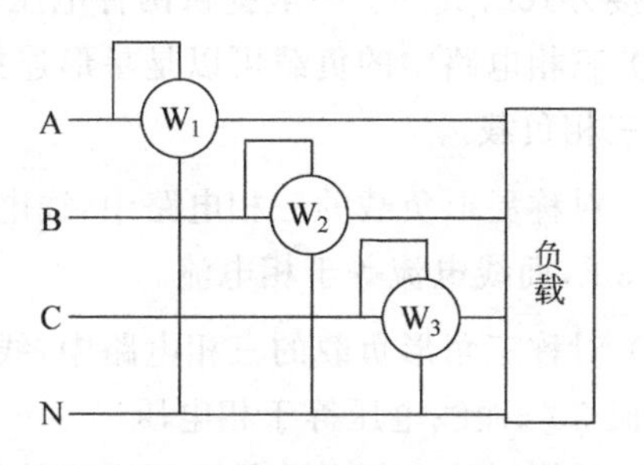

图 7-21　三相四线制三相功率的测量

三相总功率即为 3 个功率表测得数据的总和。

2. 三相三线制功率的测量

在三相三线制电路中，不论负载为星形连接还是三角形连接，也不论负载对称与否，都广泛采用两功率表法测量三相功率，称为二瓦计法。其测量如图 7-22 所示。

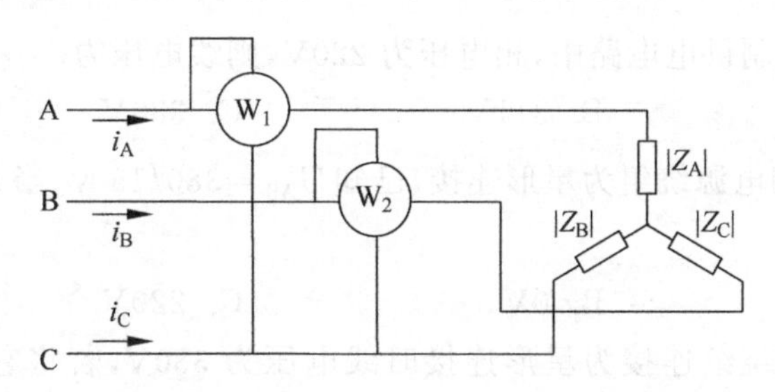

图 7-22　三相三线制三相功率的测量

图 7-22 所示的是负载星形连接的三相三线制电路，其三相瞬时功率为

$$p=p_1+p_2+p_3=u_Ai_A+u_Bi_B+u_Ci_C$$

又

$$i_A+i_B+i_C=0$$

所以

$$\begin{aligned}p&=u_Ai_A+u_Bi_B+u_C(-i_A-i_B)\\&=(u_A-u_C)i_A+(u_B-u_C)i_B\\&=u_{AC}i_A+u_{BC}i_B=p_1+p_2\end{aligned}\tag{7-17}$$

由式(7-17)可知，三相功率可用两功率表来测量。每个功率表的电流线圈中通过的是线电流，而电压线圈上所加的电压是线电压。

7.5 本章小结

本章主要介绍和分析了三相电路，主要包含以下内容。

(1) 对称三相电源是由3个幅值相同、频率相同、相位依次相差120°的正弦电压源按不同的连接方式组成的。一般提供两种电压，即线电压和相电压。

(2) 三相电路中的负载可以是星形连接，也可以是三角形连接。若每相阻抗相同，则称为对称三相负载。

(3) 对称星形负载的三相电路中，线电压的有效值是相电压有效值的$\sqrt{3}$倍，线电压超前相电压30°，而线电流等于相电流。

(4) 对称三角形负载的三相电路中，线电流的有效值是相电流有效值的$\sqrt{3}$倍，线电流滞后相电流30°，而线电压等于相电压。

(5) 分析对称三相电路具有很重要的特点：对于星形-星形系统可以抽出一相计算；对于非星形-星形系统，先使电路转换为星形-星形系统，再抽出一相计算，通常选择A相。

(6) 分析不对称的三相电路，采用一般的正弦稳态电路的分析方法即可。

(7) 三相功率的计算及测量。

习题 7

7-1 某三相四线制供电电路中，相电压为220V，则线电压为(　　)。

A. 220V　　B. 311V　　C. 380V　　D. 190V

7-2 某对称三相电源绕组为星形连接，已知$\dot{U}_{AB}=380\angle 15^\circ$V，当$t=10$s时，3个线电压之和为(　　)。

A. 380V　　B. 0V　　C. 220V　　D. 660V

7-3 某三相电源绕组连接为星形连接时线电压为380V，若将它改为三角形，线电压为(　　)。

A. 380V　　B. 0V　　C. 220V　　D. 660V

7-4 一台三相电动机绕组为星形连接，接到线电压为380V的三相电源上，测得线电流为10A，则电动机每组绕组的阻抗为(　　)Ω。

A. 11　　B. 22　　C. 38　　D. 44

7-5 测量三相交流电路功率的方法有很多，其中二瓦计是测量(　　)的功率。

A. 三相三线制　　B. 三相四线制

C. 对称三相三线制　　D. 任意三相电路

7-6 已知正序对称三相电压u_A、u_B、u_C，其中$u_A=U_m\sin\left(\omega i-\frac{\pi}{2}\right)$V，则将它们接成星形时，电压$u_{CA}$等于(　　)。

A. $\sqrt{3}U_m\sin\left(\omega i+\frac{\pi}{6}\right)$　　B. $\sqrt{3}U_m\sin\left(\omega i-\frac{\pi}{6}\right)$

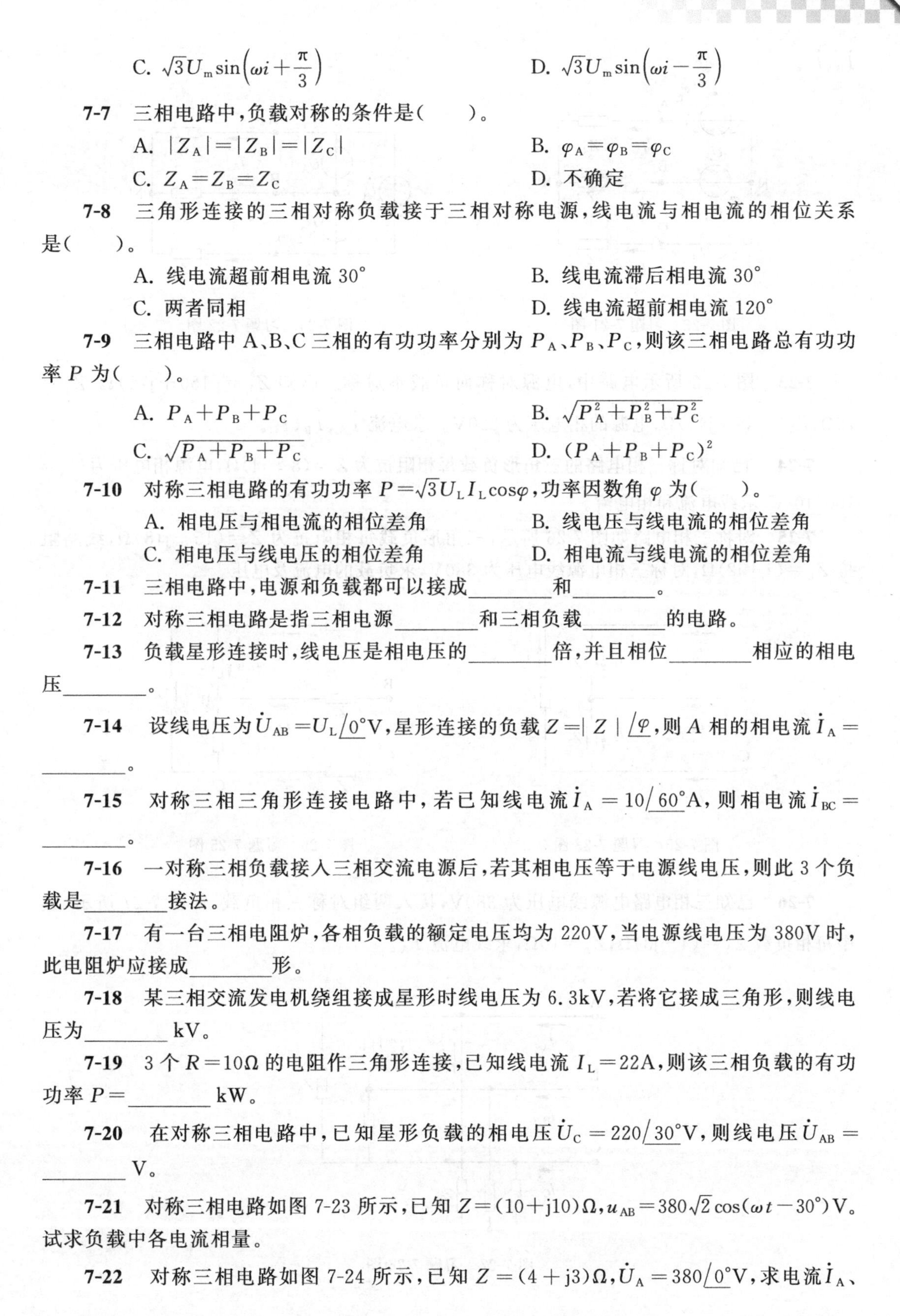

C. $\sqrt{3}U_{\mathrm{m}}\sin\left(\omega i+\frac{\pi}{3}\right)$　　　　D. $\sqrt{3}U_{\mathrm{m}}\sin\left(\omega i-\frac{\pi}{3}\right)$

7-7 三相电路中,负载对称的条件是(　　)。

A. $|Z_{\mathrm{A}}|=|Z_{\mathrm{B}}|=|Z_{\mathrm{C}}|$　　　　B. $\varphi_{\mathrm{A}}=\varphi_{\mathrm{B}}=\varphi_{\mathrm{C}}$

C. $Z_{\mathrm{A}}=Z_{\mathrm{B}}=Z_{\mathrm{C}}$　　　　D. 不确定

7-8 三角形连接的三相对称负载接于三相对称电源,线电流与相电流的相位关系是(　　)。

A. 线电流超前相电流 30°　　　　B. 线电流滞后相电流 30°

C. 两者同相　　　　D. 线电流超前相电流 120°

7-9 三相电路中 A、B、C 三相的有功功率分别为 P_{A}、P_{B}、P_{C},则该三相电路总有功率 P 为(　　)。

A. $P_{\mathrm{A}}+P_{\mathrm{B}}+P_{\mathrm{C}}$　　　　B. $\sqrt{P_{\mathrm{A}}^2+P_{\mathrm{B}}^2+P_{\mathrm{C}}^2}$

C. $\sqrt{P_{\mathrm{A}}+P_{\mathrm{B}}+P_{\mathrm{C}}}$　　　　D. $(P_{\mathrm{A}}+P_{\mathrm{B}}+P_{\mathrm{C}})^2$

7-10 对称三相电路的有功功率 $P=\sqrt{3}U_{\mathrm{L}}I_{\mathrm{L}}\cos\varphi$,功率因数角 φ 为(　　)。

A. 相电压与相电流的相位差角　　　　B. 线电压与线电流的相位差角

C. 相电压与线电压的相位差角　　　　D. 相电流与线电流的相位差角

7-11 三相电路中,电源和负载都可以接成________和________。

7-12 对称三相电路是指三相电源________和三相负载________的电路。

7-13 负载星形连接时,线电压是相电压的________倍,并且相位________相应的相电压________。

7-14 设线电压为 $\dot{U}_{\mathrm{AB}}=U_{\mathrm{L}}\angle 0^\circ$V,星形连接的负载 $Z=|Z|\angle\varphi$,则 A 相的相电流 $\dot{I}_{\mathrm{A}}=$________。

7-15 对称三相三角形连接电路中,若已知线电流 $\dot{I}_{\mathrm{A}}=10\angle 60^\circ$A,则相电流 $\dot{I}_{\mathrm{BC}}=$________。

7-16 一对称三相负载接入三相交流电源后,若其相电压等于电源线电压,则此 3 个负载是________接法。

7-17 有一台三相电阻炉,各相负载的额定电压均为 220V,当电源线电压为 380V 时,此电阻炉应接成________形。

7-18 某三相交流发电机绕组接成星形时线电压为 6.3kV,若将它接成三角形,则线电压为________ kV。

7-19 3 个 $R=10\Omega$ 的电阻作三角形连接,已知线电流 $I_{\mathrm{L}}=22$A,则该三相负载的有功功率 $P=$________ kW。

7-20 在对称三相电路中,已知星形负载的相电压 $\dot{U}_{\mathrm{C}}=220\angle 30^\circ$V,则线电压 $\dot{U}_{\mathrm{AB}}=$________ V。

7-21 对称三相电路如图 7-23 所示,已知 $Z=(10+\mathrm{j}10)\Omega$,$u_{\mathrm{AB}}=380\sqrt{2}\cos(\omega t-30^\circ)$V。试求负载中各电流相量。

7-22 对称三相电路如图 7-24 所示,已知 $Z=(4+\mathrm{j}3)\Omega$,$\dot{U}_{\mathrm{A}}=380\angle 0^\circ$V,求电流 $\dot{I}_{\mathrm{A}}$、

$\dot{I}_B$、$\dot{I}_C$。

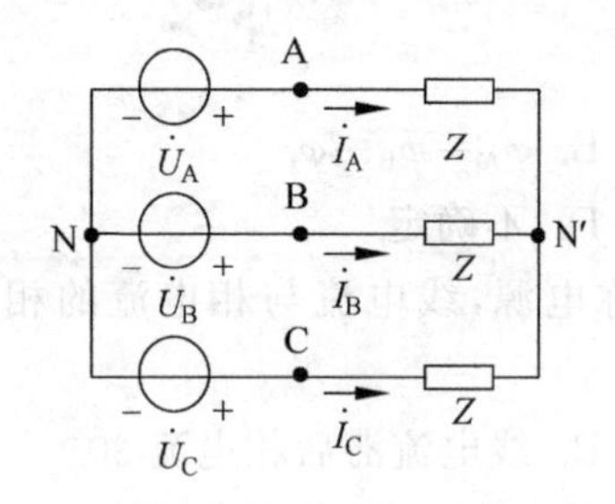

图 7-23 习题 7-21 图

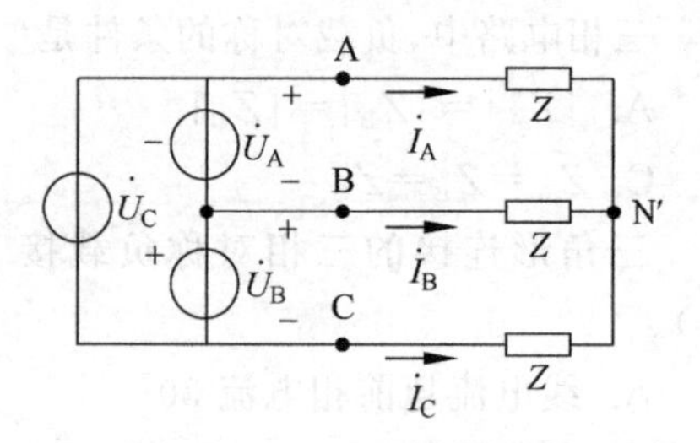

图 7-24 习题 7-22 图

7-23 图 7-25 所示电路中，电源对称而负载不对称。已知 $Z_1=(150+\mathrm{j}75)\Omega$，$Z_2=75\Omega$，$Z_3=(45+\mathrm{j}45)\Omega$，电源的相电压为 220V。求电流 $\dot{I}_A$、$\dot{I}_B$、$\dot{I}_C$。

7-24 已知对称三相电路的三角形负载每相阻抗为 $Z=(8+\mathrm{j}4)\Omega$，电源相电压为 $\dot{U}_A=100\angle 10^\circ$V，求线电流和相电流。

7-25 对称三相电路如图 7-26 所示，三角形负载每相阻抗为 $Z=(15+\mathrm{j}18)\Omega$，线路阻抗 $Z_L=(1+\mathrm{j}2)\Omega$，对称三相电源线电压为 380V，求负载的电流及电压。

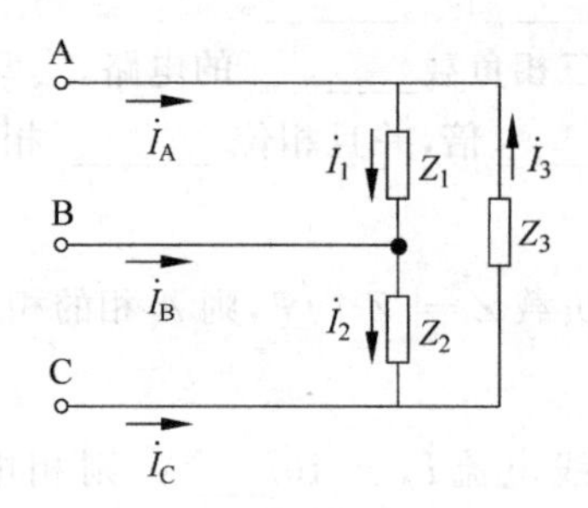

图 7-25 习题 7-23 图

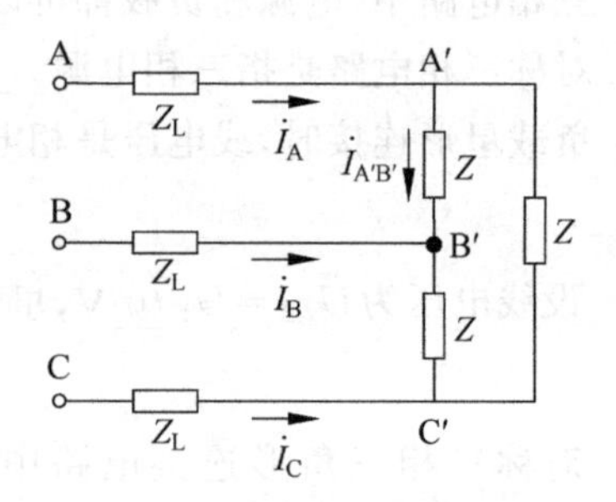

图 7-26 习题 7-25 图

7-26 已知三相电路电源线电压为 380V，接入两组对称三相负载，如图 7-27 所示，其中每相负载 $Z_Y=(4+\mathrm{j}3)\Omega$，$Z_\Delta=10\Omega$，求线电流 $\dot{I}_A$。

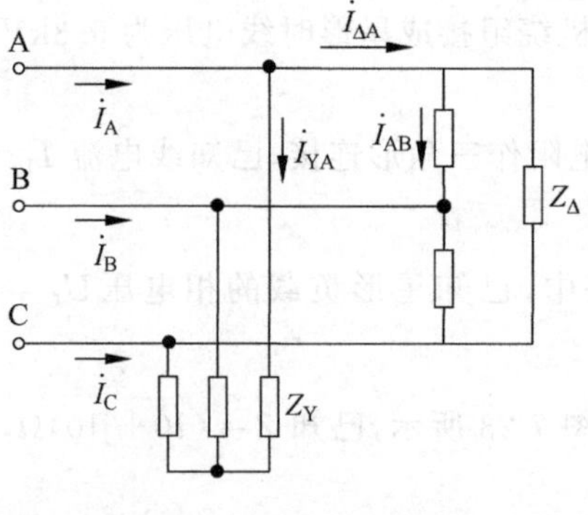

图 7-27 习题 7-26 图

第8章 磁路与铁心线圈电路

本章学习目标

- 了解磁场的分析方法；
- 理解交流铁心电路的特性；
- 了解变压器的性质；
- 了解电磁铁的性质。

8.1 磁场及其分析方法

8.1.1 磁场的基本物理量

在变压器、电机、电磁铁等电工设备中常用磁性材料做成一定形状的铁心。铁心的磁导率比周围空气或其他物质的磁导率高得多，因此铁心线圈中电流产生的磁通绝大部分经过铁心而闭合。这种磁通的闭合路径，称为磁路。图 8-1 和图 8-2 分别表示四极直流电机和交流接触器的磁路。磁通经过铁心(磁路的主要部分)和空气隙(有的磁路中没有空气隙)而闭合。

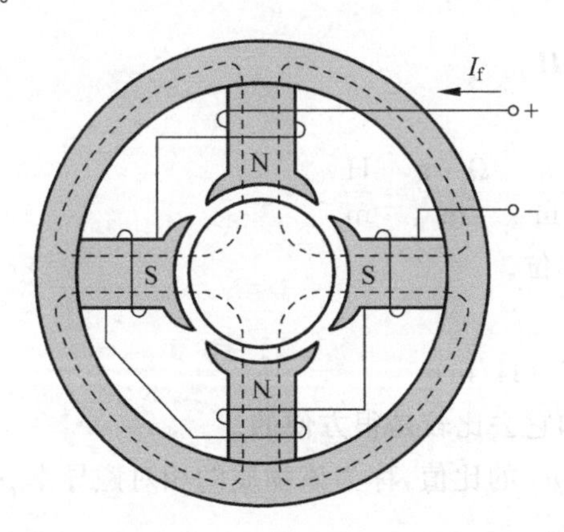

图 8-1　直流电机的磁路

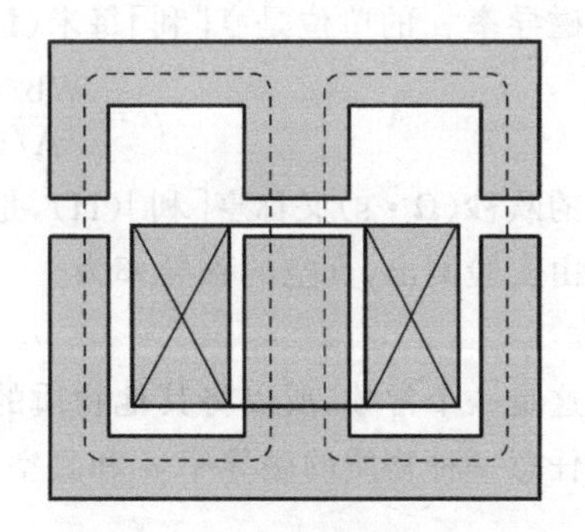

图 8-2　交流接触器的磁路

磁路问题也是局限于一定路径内的磁场问题。磁场的特性可用下列基本物理量表示。

1. 磁感应强度

磁感应强度 $\boldsymbol{B}$ 是表示磁场内某点的磁场强弱和方向的物理量。它是一个矢量。它与电流(电流产生磁场)之间的方向关系可用右手螺旋定则确定。

如果磁场内各点的磁感应强度的大小相等、方向相同,这样的磁场则称为均匀磁场。

2. 磁通

磁感应强度 $\boldsymbol{B}$ 如果不是均匀磁场,则取 $\boldsymbol{B}$ 的平均值与垂直于磁场方向的面积 S 的乘积,称为该面积的磁通 Φ,即

$$\Phi=\boldsymbol{B}S \quad 或 \quad \boldsymbol{B}=\frac{\Phi}{S} \tag{8-1}$$

由式(8-1)可见,磁感应强度在数值上可以看成与磁场方向垂直的单位面积所通过的磁通,故称为磁通密度。

根据电磁感应定律的公式

$$e=-N\frac{\mathrm{d}\Phi}{\mathrm{d}t}$$

可知,磁通的单位是伏秒(V·s),通常称为韦[伯](Wb)。

磁感应强度的单位是特[斯拉](T),特[斯拉]也就是韦[伯]每平方米($\mathrm{Wb/m^2}$)。

3. 磁场强度

磁场强度 $\boldsymbol{H}$ 是计算磁场时所引用的一个物理量,也是矢量,通过它来确定磁场与电流之间的关系。

磁场强度的单位是安[培]每米(A/m)。

4. 磁导率

磁导率 μ 是用来表示磁场介质磁性的物理量,也就是衡量物质导磁能力的物理量。它与磁场强度的乘积就等于磁感应强度,即

$$\boldsymbol{B}=\mu\boldsymbol{H} \tag{8-2}$$

磁导率 μ 的单位是亨[利]每米(H/m),即

$$\mu=\frac{\mathrm{Wb/m^2}}{\mathrm{A/m}}=\frac{\mathrm{V\cdot s}}{\mathrm{A\cdot m}}=\frac{\Omega\cdot\mathrm{s}}{\mathrm{m}}=\frac{\mathrm{H}}{\mathrm{m}}$$

式中的欧秒(Ω·s)又称亨[利](H),是电感的单位。

由实验测出,真空的磁导率为

$$\mu_0=4\pi\times10^{-7}(\mathrm{H/m})$$

因为这是一个常数,所以将其他物质的磁导率和它去比较是很方便的。

任意一种物质的磁导率 μ 和真空的磁导率 μ_0 的比值,称为该物质的相对磁导率 μ_r,即

$$\mu_r=\frac{\mu}{\mu_0} \tag{8-3}$$

8.1.2 磁性材料的磁性能

分析磁路首先要了解磁性材料的磁性能。磁性材料主要是指铁、钴、镍及其合金,常用的几种列在表 8-1 中。它们具有下列磁性能。

1. 高导磁性

磁性材料的磁导率很高，$\mu_r \gg 1$，可达数百、数千乃至数万。这就使它们具有被强烈磁化（呈现磁性）的特性。

由于高导磁性，在具有铁心的线圈中通入不大的激励电流，便可产生足够大的磁通和磁感应强度。这就解决了既要磁通大，又要激励电流小的矛盾。利用优质的磁性材料可使同一种容量电机的重量和体积大大减轻和减小。

表 8-1 常用磁性材料的最大相对磁导率、剩磁及矫顽磁力

材料名称	μ_{max}	B_r/T	H_c/(A·m^{-1})
铸铁	200	0.475～0.500	800～1040
硅钢片	8000～10 000	0.800～1.200	32～64
坡莫合金(78.8%Ni)	20 000～200 000	1.100～1.400	4～24
碳钢(0.45%C)		0.800～1.100	2400～3200
铁镍铝钴合金		1.100～1.350	4000～52 000
稀土钴		0.600～1.000	320 000～690 000
稀土钕铁硼		1.100～1.300	600 000～900 000

2. 磁饱和性

将磁性材料放入磁场强度为 $\boldsymbol{H}$ 的磁场（常为线圈的励磁电流产生）内，会受到强烈的磁化，其磁化曲线（$\boldsymbol{B}$-$\boldsymbol{H}$ 曲线）如图 8-3 所示。开始时，$\boldsymbol{B}$ 与 $\boldsymbol{H}$ 近于成正比增加。而后，随着 $\boldsymbol{H}$ 的增加，$\boldsymbol{B}$ 的增加缓慢下来，最后趋于磁饱和。

磁性物质的磁导率 $\mu=\boldsymbol{B}/\boldsymbol{H}$，由于 $\boldsymbol{B}$ 与 $\boldsymbol{H}$ 不成正比，所以 μ 不是常数，而是随 $\boldsymbol{H}$ 而变（图 8-3）。

由于磁通 Φ 与 $\boldsymbol{B}$ 成正比，产生磁通的励磁电流 I 与 $\boldsymbol{H}$ 成正比，因此存在磁性物质的情况下，Φ 与 I 也不成正比。

3. 磁滞性

当铁心线圈中通有交流电时，铁心就会受到交变磁化。在电流变化时，磁感应强度 $\boldsymbol{B}$ 随磁场强度 $\boldsymbol{H}$ 而变化的关系如图 8-4 所示。有图可见，当 $\boldsymbol{H}$ 已减到零时，$\boldsymbol{B}$ 并未回到零值。这种磁感应强度滞后于磁场强度变化的性质称为磁性物质的磁滞性。图 8-4 所示的曲线也就是磁滞回线。

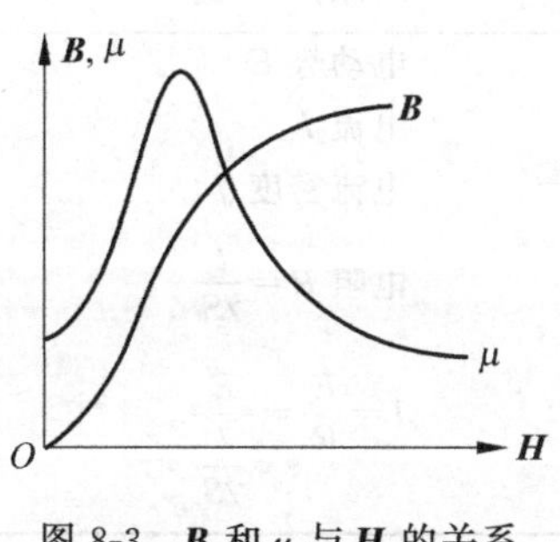

图 8-3 $\boldsymbol{B}$ 和 μ 与 $\boldsymbol{H}$ 的关系

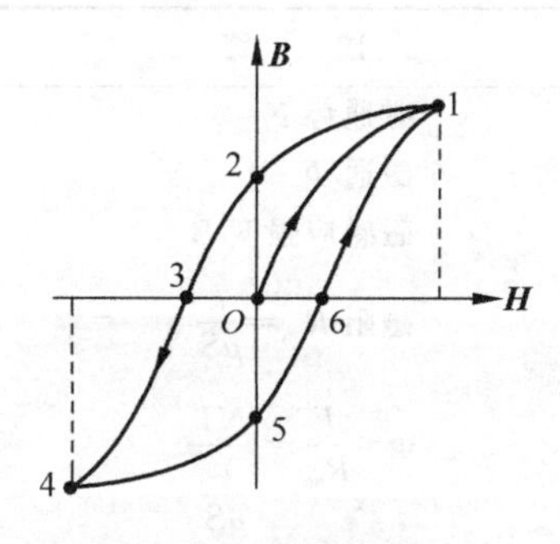

图 8-4 磁滞回线

当线圈中电流减到零值(即 $\boldsymbol{H}=0$)时,铁心在磁化时所获得的磁性还未完全消失。这时铁心中所保留的磁感应强度称为剩磁感应强度 B_r(剩磁),在图 8-4 中即为纵坐标 O-2 和 O-5,永久磁铁的磁性就是由剩磁产生的。但对剩磁也要一分为二,有时它是有害的。例如,当工件在平面磨床上加工完毕后,由于电磁吸盘有剩磁还会将工件吸住。为此,需要通入反向去磁电流,去掉剩磁,才能将工件取下。再如,有些工件(如轴承)在平面磨床上加工后得到的剩磁也必须去掉。

如果要使铁心的剩磁消失,通常改变线圈中的励磁电流的方向,也就是改变磁场强度 $\boldsymbol{H}$ 的方向进行反向磁化。使 $B=0$ 的 $\boldsymbol{H}$ 值,在图 8-3 中用 O-3 和 O-6 代表,称为矫顽磁力 H_c。

8.1.3 磁路的分析方法

以图 8-5 所示的磁路为例,根据安培环路定律

$$\oint H\,\mathrm{d}l=\sum I$$

可得出

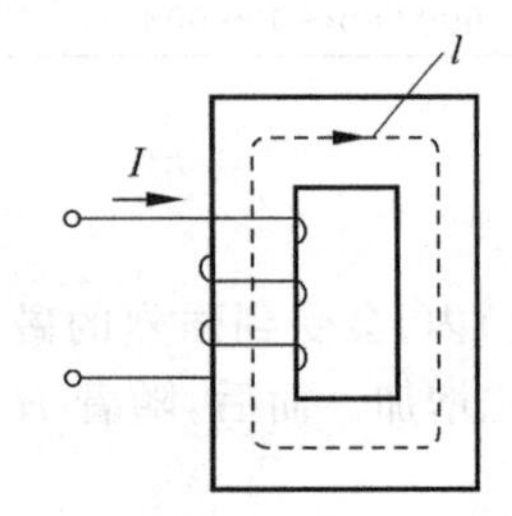

图 8-5 磁路

$$Hl=NI \tag{8-4}$$

式中,N 为线圈的匝数;l 为磁路(闭合回线)的平均长度;H 为磁路铁心的磁场强度。

式(8-4)中线圈匝数与电流的乘积 NI 称为磁通势,用字母 F 代表,即

$$F=NI \tag{8-5}$$

磁通就是由它产生的。它的单位是安[培](A)。

将 $H=B/\mu$ 和 $B=\Phi/S$ 代入式(8-4),得

$$\Phi=\frac{NI}{\dfrac{l}{\mu S}}=\frac{F}{R_m} \tag{8-6}$$

式中,R_m 称为磁路的磁阻;S 为磁路的截面积。

式(8-6)与电路的欧姆定律在形式上相似,所以称为磁路的欧姆定律。两者对照,见表 8-2。

表 8-2 磁路与电路对照

磁　路	电　路
磁通势 F	电动势 E
磁通 Φ	电流 I
磁感应强度 B	电流密度 J
磁阻 $R_m=\dfrac{l}{\mu S}$	电阻 $R=\dfrac{l}{\gamma S}$
$\Phi=\dfrac{F}{R_m}=\dfrac{NI}{\dfrac{l}{\mu S}}$	$I=\dfrac{E}{R}=\dfrac{E}{\dfrac{l}{\gamma S}}$

由于式(8-6)中的 μ 不是常数，所以该式只能用于定性分析，不能用于定量计算。计算均匀磁路可用式(8-4)。如果磁路是由不同的材料或不同长度和截面积的几段组成的，可利用式(8-7)计算，即

$$NI = H_1 l_1 + H_2 l_2 + \cdots + H_n l_n = \sum Hl \tag{8-7}$$

8.2 交流铁心线圈电路

加正弦交流电压的铁心线圈电路如图 8-6 所示。由于铁心的存在，线圈电路既要符合电路的规律，也要符合磁路的规律。

8.2.1 电磁关系

当铁心线圈加入交流电压 u 后，即有交流电流 i，线圈中便产生交变磁通。由于铁心的磁导率比空气大得多，故绝大部分磁通通过铁心闭合，这部分磁通称为主磁通，又称为工作磁通，记作 Φ。也有一小部分磁通通过空气闭合，这部分磁通称为漏磁通，记作 Φ_s。

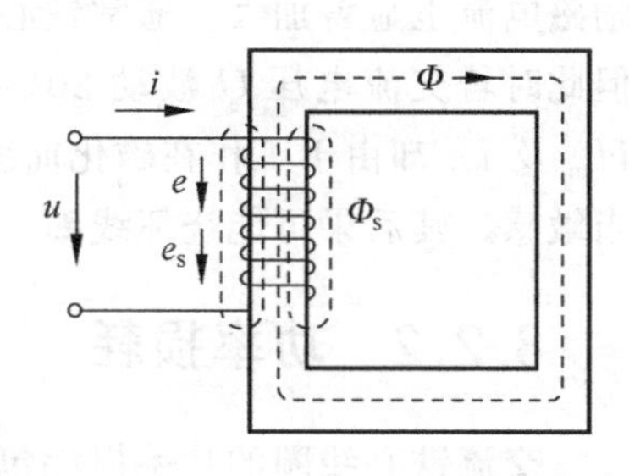

图 8-6 交流铁心线圈

依电磁感应定律，变化的主磁通 Φ 产生的主磁电动势 e 为

$$e = -N\frac{\mathrm{d}\Phi}{\mathrm{d}t} \tag{8-8}$$

而漏磁通 Φ_s 主要通过空气闭合，励磁电流 i 和漏磁通 Φ_s 之间是线性关系，可用漏磁电感 $L_s = N\Phi_s / i$ 来表示其关系，L_s 是一个常数。故漏磁电动势 e_s 可写为

$$e_s = -N\frac{\mathrm{d}\Phi_s}{\mathrm{d}t} = -L_s\frac{\mathrm{d}i}{\mathrm{d}t} \tag{8-9}$$

主磁通 Φ 是通过铁心的，由于铁心的磁导率 μ 不是常数，即励磁电流 i 和主磁通 Φ 之间不是线性，所以无法用一个电感常数 L 来表达，即主磁电动势 e 无法用式(8-9)的形式表示，只能用式(8-8)表示。

考虑到线圈导线存在很小的电阻 r，所以线圈电路有电压相量方程式，即

$$\dot{U} = r\dot{I} + (-\dot{E}_s) + (-\dot{E}) = r\dot{I} + \mathrm{j}X_s\dot{I} + (-\dot{E})$$

式中，$X_s = \omega L_s$，称为漏磁电抗。由于 Φ_s 很小，故 L_s、X_s 也很小，线圈的 r 也很小，故上式可简化为 $\dot{U} = (-\dot{E})$。数值上写为 $E \approx U$（有效值）。

设磁通 $\Phi = \Phi_m \sin\omega t$，产生的感应电动势为

$$e = -N\frac{\mathrm{d}\Phi}{\mathrm{d}t} = -N\frac{\mathrm{d}\Phi_m \sin\omega t}{\mathrm{d}t}$$

$$= -N\omega\Phi_m \cos\omega t = E_m \sin(\omega t - 90°)$$

式中 $E_m = \omega N\Phi_m$ 为最大值，其有效值则为

$$E = \frac{E_m}{\sqrt{2}} = \frac{\omega N\Phi_m}{\sqrt{2}} = \frac{2\pi f N\Phi_m}{\sqrt{2}}$$

当$U \approx E$时，有

$$U \approx E = 4.44 fN\Phi_m \tag{8-10}$$

式(8-10)建立了交流铁心线圈磁通Φ与端电压U的关系，这是很常用的公式。按式(8-10)求出Φ_m后，再按$B_m = \Phi_m / A$，求出B_m。由B_m值查磁化曲线图确定H_m。最后根据式$Hl = IN$、$I_m = H_m l / N$求出电流幅值I_m，其有效值$I = I_m / \sqrt{2}$。

当计算出来的B_m值不是处于磁化曲线的饱和区时，由于磁导率μ很大，故磁场强度很小，即励磁电流很小；反之，当B_m值处于磁化曲线饱和段时，μ值很小，此时H_m显著加大，励磁电流也显著加大。通常铁心线圈设计其值处于邻近饱和段前的拐弯点处，此时最经济。但此时若交流电压U波动20%，则按式(8-10)，Φ_m也波动20%，B_m波动20%而引起的H_m及I_m却由于工作在磁化曲线饱和段而增加几倍，即交流铁心线圈的电流对电压上波相当敏感。其后果可能烧坏线圈。

8.2.2 功率损耗

交流铁心线圈的功率损耗包括铜损和铁损两部分，其中铁损又包括磁滞损耗和涡流损耗两种。分述如下。

铜耗：它是电流流过线圈电阻r的损耗ΔP_{Cu}，有

$$\Delta P_{Cu} = rI^2$$

磁滞损耗：磁滞损耗是由于铁心交变磁化时的磁滞现象所产生的损耗。实验证明，单位体积磁滞损耗的大小与磁滞回线所包围的面积呈正比，所以，为减少磁滞损耗，应选用磁滞回线狭小的软磁材料做铁心。磁滞损耗ΔP_h为

$$\Delta P_h = K_h f B_m^n V$$

式中，K_h为磁滞损失系数，与材料有关，可查相关手册；f为频率，Hz；B_m为磁感应强度，T；V为铁心体积，m^3；n为与B_m值有关的指数，有

$$n = \begin{cases} 1.6 (B_m = 0.1 \sim 1.0\text{T}) \\ 2 (B_m < 0.1\text{T}, B_m > 1.0\text{T}) \end{cases}$$

涡流损耗：交变磁通穿过铁心内部，在铁心内部垂直磁通的横断面上产生感应电动势，铁心本身又是导电的，该电动势在铁心的横断面上形成的电流称为涡流。涡流流过铁心，铁心本身的电阻便会产生热损耗，为减小涡流损耗，所以采用片状磁性材料叠成铁心，片间彼此绝缘，使涡流在薄片的横断面内流动，由于涡流路径增长，电阻增大，电流变小，因而损耗减小。另外，在铁磁材料中加入少量的硅，可使其电阻率显著增加。铁心材料常采用硅钢片。涡流损耗ΔP_e为

$$\Delta P_e = K_e f^2 B_m^2 V$$

式中，K_e为与铁心导电系数及片厚有关的系数；f、B_m、V与前面介绍的含义相同。铁心总损耗为

$$\Delta P = \Delta P_{Cu} + \Delta P_{Fe} = \Delta P_{Cu} + \Delta P_h + \Delta P_e$$

铁心的损耗，工程上往往用实验方法测出，而用公式计算会很麻烦。

8.3 互感和变压器

8.3.1 概述

变压器(transformer)是利用电磁感应的原理来改变交流电压的装置，主要构件是初级线圈、次级线圈和铁心(磁心)。主要功能有电压变换、电流变换、阻抗变换、隔离、稳压(磁饱和变压器)等。按用途可以分为电力变压器和特殊变压器(电炉变压器、整流变压器、工频试验变压器、调整变压器、矿用变压器、音频变压器、中频变压器、高频变压器、冲击变压器、仪用变压器、电子变压器、电抗器、互感器等)。电路符号常用 T 当作编号的开头，如 T01、T201 等。

8.3.2 工作原理

工作原理：变压器由铁心(或磁心)和线圈组成，线圈有两个或两个以上的绕组，其中接电源的绕组叫初级线圈，其余的绕组叫次级线圈。它可以变换交流电压、电流和阻抗。最简单的铁心变压器由一个软磁材料做成的铁心及套在铁心上的两个匝数不等的线圈构成。

铁心的作用是加强两个线圈间的磁耦合。为了减少铁内涡流和磁滞损耗，铁心由涂漆的硅钢片叠压而成；两个线圈之间没有电的联系，线圈由绝缘铜线(或铝线)绕成。一个线圈接交流电源称为初级线圈(或原线圈)，另一个线圈接用电器称为次级线圈(或副线圈)。实际的变压器是很复杂的，不可避免地存在铜损(线圈电阻发热)、铁损(铁心发热)和漏磁(经空气闭合的磁感应线)等，为了简化讨论，这里只介绍理想变压器。理想变压器成立的条件是：忽略漏磁通，忽略原、副线圈的电阻，忽略铁心的损耗，忽略空载电流(副线圈开路原线圈中的电流)，如电力变压器在满载运行时(副线圈输出额定功率)即接近理想变压器情况。

变压器是利用电磁感应原理制成的静止用电器。当变压器的原线圈接在交流电源上时，铁心中便产生交变磁通，交变磁通用 ϕ 表示。原、副线圈中的 ϕ 是相同的，ϕ 也是简谐函数，表示为 $\phi=\phi_m\sin\omega t$。由法拉第电磁感应定律可知，原、副线圈中的感应电动势为 $e_1=-N_1\mathrm{d}\phi/\mathrm{d}t$、$e_2=-N_2\mathrm{d}\phi/\mathrm{d}t$。式中 N_1、N_2 为原、副线圈的匝数。可知 $U_1=-e_1$，$U_2=e_2$(原线圈物理量用下角标 1 表示，副线圈物理量用下角标 2 表示)，其复有效值为 $U_1=-E_1=\mathrm{j}N_1\omega\Phi$、$U_2=E_2=-N_2\omega\Phi$，令 $k=N_1/N_2$，称变压器的变比。由上式可得 $U_1/U_2=-N_1/N_2=-k$，即变压器原、副线圈电压有效值之比，等于其匝数比，而且原、副线圈电压的位相差为 π。

在空载电流可以忽略的情况下，有 $I_1/I_2=-N_2/N_1$，即原、副线圈电流有效值大小与其匝数成反比，且相位相差 π。

理想变压器原、副线圈的功率相等，即 $P_1=P_2$。说明理想变压器本身无功率损耗。实际变压器总存在损耗，其效率为 $\eta=P_1/P_2$。电力变压器的效率很高，可达 90%以上。

8.3.3 主要分类

一般常用变压器的分类可归纳如下。

1. 按相数分类

(1) 单相变压器：用于单相负荷和三相变压器组。

(2) 三相变压器：用于三相系统的升、降电压。

2. 按冷却方式分类

(1) 干式变压器：依靠空气对流进行自然冷却或增加风机冷却，多用于高层建筑、高速收费站点用电及局部照明、电子线路等小容量变压器。

(2) 油浸式变压器：依靠油作冷却介质，如油浸自冷、油浸风冷、油浸水冷、强迫油循环等。

3. 按用途分类

(1) 电力变压器：用于输配电系统的升、降电压。

(2) 仪用变压器：如电压互感器、电流互感器，用于测量仪表和继电保护装置。

(3) 试验变压器：能产生高压，对电气设备进行高压试验。

(4) 特种变压器：如电炉变压器、整流变压器、调整变压器、电容式变压器、移相变压器等。

4. 按绕组形式分类

(1) 双绕组变压器：用于连接电力系统中的两个电压等级。

(2) 三绕组变压器：一般用于电力系统区域变电站中，连接 3 个电压等级。

(3) 自耦变电器：用于连接不同电压的电力系统。也可作为普通的升压或降后变压器用。

5. 按铁心形式分类

(1) 心式变压器：用于高压的电力变压器。

(2) 非晶合金变压器：非晶合金铁心变压器是用新型导磁材料，空载电流下降约 80%，是节能效果较理想的配电变压器，特别适用于农村电网和发展中地区等负载率较低地方。

(3) 壳式变压器：用于大电流的特殊变压器，如电炉变压器、电焊变压器；或用于电子仪器及电视、收音机等的电源变压器。

8.3.4 特征参数

1. 工作频率

变压器铁心损耗与频率关系很大，故应根据使用频率设计和使用，这种频率称为工作频率。

2. 额定功率

在规定的频率和电压下，变压器能长期工作而不超过规定温升的输出功率。

3. 额定电压

额定电压指在变压器的线圈上所允许施加的电压，工作时不得大于规定值。

4. 电压比

电压比指变压器初级电压和次级电压的比值，有空载电压比和负载电压比的区别。

5. 空载电流

变压器次级开路时，初级仍有一定的电流，这部分电流称为空载电流。空载电流由磁化电流（产生磁通）和铁损电流（由铁心损耗引起）组成。对于50Hz电源变压器而言，空载电流基本上等于磁化电流。

6. 空载损耗

空载损耗指变压器次级开路时，在初级测得功率损耗。主要损耗是铁心损耗，其次是空载电流在初级线圈铜阻上产生的损耗（铜损），这部分损耗很小。

7. 效率

效率指次级功率 P_2 与初级功率 P_1 的比值。通常变压器的额定功率越大，效率就越高。

8. 绝缘电阻

绝缘电阻表示变压器各线圈之间、各线圈与铁心之间的绝缘性能。绝缘电阻的高低与所使用的绝缘材料的性能、温度高低和潮湿程度有关。

8.4 电磁铁

8.4.1 概述

电磁铁是通电产生电磁的一种装置。在铁心的外部缠绕与其功率相匹配的导电绕组，这种通有电流的线圈像磁铁一样具有磁性，也叫电磁铁（electromagnet）。通常把它制成条形或蹄形状，以使铁心更加容易磁化。另外，为了使电磁铁断电立即消磁，往往采用消磁较快的软铁或硅钢材料来制作。这样的电磁铁在通电时有磁性，断电后磁就随之消失。电磁铁在日常生活中有着极其广泛的应用，由于它的发明也使发电机的功率得到了很大的提高。

当在通电螺线管内部插入铁心后，铁心被通电螺线管的磁场磁化。磁化后的铁心也变成了一个磁体，这样由于两个磁场互相叠加，从而使螺线管的磁性大大增强。为了使电磁铁的磁性更强，通常将铁心制成蹄形。但要注意蹄形铁心上线圈的绕向相反，一边顺时针方向，另一边必须逆时针方向。如果绕向相同，两线圈对铁心的磁化作用将相互抵消，使铁心不显磁性。另外，电磁铁的铁心用软铁制作，而不能用钢制作；否则钢一旦被磁化后，将长期保持磁性而不能退磁，则其磁性的强弱就不能用电流的大小来控制，而失去电磁铁应有的优点。

电磁铁是可以通电流来产生磁力的器件，属非永久磁铁，可以很容易地将其磁性启动或是消除，如大型起重机利用电磁铁将废弃车辆抬起。

当电流通过导线时，会在导线的周围产生磁场。应用这一性质，将电流通过螺线管时，则会在螺线管之内制成均匀磁场。假设在螺线管的中心置入铁磁性物质，则此铁磁性物质会被磁化，而且会大大增强磁场。

一般而言，电磁铁所产生的磁场与电流大小、线圈圈数及中心的铁磁体有关。在设计电磁铁时，会注重线圈的分布和铁磁体的选择，并利用电流大小控制磁场。由于线圈的材料具有电阻，这限制了电磁铁所能产生的磁场大小，但随着超导体的发现与应用，将有机会超越现有的限制。

8.4.2 分类

1. 按电流分类

(1) 交流电磁铁。

(2) 直流电磁铁。

2. 按用途分类

(1) 制动电磁铁。在电气传动装置中用作电动机的机械制动，以达到准确、迅速停车的目的，常见的型号有 MZD1(单相)、MZS1(三相)系列。

(2) 起重电磁铁。用作起重装置吊运钢材、铁砂等导磁材料，或用作电磁机械手夹持钢铁等导磁材料。

(3) 阀用电磁铁。利用磁力推动磁阀，从而达到阀口开启、关闭或换向的目的。

(4) 牵引电磁铁。主要用牵引机械装置以执行自动控制任务。

8.4.3 电磁铁的使用

1. 方向判断

电磁铁的磁场方向可以用安培定则来判断。

安培定则是表示电流和电流激发磁场的磁感线方向间关系的定则，也叫右手螺旋定则。

(1) 通电直导线中的安培定则(安培定则一)：用右手握住通电直导线，让大拇指指向电流方向，四指指向通电直导线周围磁力线方向。

(2) 通电螺线管中的安培定则(安培定则二)：用右手握住通电螺线管，使四指弯曲与电流方向一致，那么大拇指所指的那一端是通电螺线管的 N 极。

2. 优点

电磁铁有许多优点：电磁铁的磁性有无可以用通、断电流控制；磁性的大小可以用电流的强弱或线圈的匝数多少来控制；也可通过改变电阻控制电流大小来控制磁性大小；它的磁极可以由改变电流的方向来控制等，即磁性的强弱可以改变、磁性的有无可以控制、磁极的方向可以改变，磁性可因电流的消失而消失。

电磁铁是电流磁效应（电生磁）的一个应用，与生活联系紧密，如电磁继电器、电磁起重机、磁悬浮列车、电子门锁、智能通道匝、电磁流量计等。

3. 注意

电磁铁：利用电流的磁效应，使软铁（电磁铁线圈内部芯轴，可快速充磁与消磁）具有磁性的装置。

(1) 将软铁棒插入一螺线形线圈内部，则当线圈通有电流时，线圈内部的磁场使软铁棒磁化成暂时磁铁，但电流切断时，则线圈及软铁棒的磁性随着消失。

(2) 软铁棒磁化后所生成的磁场，加上原有线圈内的磁场，使得总磁场强度大为增强，故电磁铁的磁力大于天然磁铁。

(3) 螺线形线圈的电流越大，线圈圈数越多，电磁铁的磁场越强。

4. 磁铁的选择

永久磁铁和电磁铁均能制造出产生不同形式的磁场。在选择磁路时，首先考虑的是你需要磁铁做的工作。在用电不方便、经常发生断电或没有必要调整磁力的场合，永久磁铁占优势。对于要求改变磁力或需要遥控的用途来说，电磁铁是有益的。磁铁只能以最初的预定方式加以使用，倘若把错误类型的磁铁应用到某个特殊用途，可能极其危险甚至是致命的。

许多加工操作在厚重的块形材料上进行，这些用途需要永久磁铁。许多机械工厂的用户认为，这些磁铁的最大优点是不需要电气连接。

永久磁铁以 330～10 000 磅(lb，1lb≈0.45kg)升举能力为特色，而且只须旋转一个手柄就能接通或断开磁路。磁铁一般装有安全锁，确保磁铁不会在提升时意外断开。磁铁组可以用于比较重，而且单个磁铁应付不了的长载荷。

还有，在很多时候准备加工的零件非常细(0.25in 或更细)，而且要从一堆相似的零件中提取出来。永久磁铁不适合于每次从一堆零件中只提一件的工作。永久磁铁尽管在正确使用的情况下极其可靠，但是不能改变磁力大小。在这个方面，电磁铁通过可变电压控制装置使操作者能够控制磁场强度，并且能够从堆码的零件中选出一件。自含式电磁铁是按单位升举能力最划算的磁铁，其升举能力可以延伸到 10 500lb。

由蓄电池供电的磁铁是有用的，它们采用自含式胶体蓄电池增大升举能力，而且可以处理扁形、圆形和构件形状的产品。由蓄电池供电的磁铁能重复完成提升的动作，在没有外接电源的情况下提供相当大的升举能力。

5. 简易的自制电磁铁

(1) 需要漆包线、铁钉作其本体；电池或电源供应器供以电流。

(2) 注意事项如下。

① 应刮除漆包线末端的漆，或用火烧。

② 应以相同的方向缠绕漆包线。

③ 应在漆包线的末端打结绑紧。

8.4.4 失磁危害

发电机失磁故障是指发电机的励磁突然全部消失或部分消失。引起失磁的原因有转子绕组故障、励磁机故障、自动灭磁开关误跳、半导体励磁系统中某些元件损坏或回路发生故障及误操作等。

由于异步运行，发电机的转子机械转速大于同步转速，由于出现转差，定子绕组电流增大，转子绕组产生感应电流，引起定子、转子绕组的附加发热。分析表明，发电机失磁后对电力系统及发电机本身都会造成不同程度的危害，归纳起来有以下几个方面。

1. 对发电机本身的危害

(1) 发电机失磁后，定子端部漏磁增强，使端部的部件和端部铁心过热。

(2) 异步运行后，发电机的等效电抗降低，因而从系统中吸收的无功增加，使定子绕组过热。

(3) 发电机转子绕组出现的差频电流在转子绕组中产生额外损耗，引起转子绕组发热。

(4) 对大型直接冷却式汽轮发电机，平均异步转矩的最大值较小，惯性常数也相对降低，转子在纵、横轴方面明显不对称。由于这些原因，在重负荷下失磁发电机的转矩和有功将发生剧烈摆动。这种影响对水轮发电机更为严重。

2. 对电力系统的危害

(1) 发电机失磁后，由于有功功率摆动及系统电压的降低，可能导致相邻正常运行的发电机与系统之间失去同步，引起系统振荡。

(2) 发电机失磁造成系统中大量无功缺少，当系统中无功储备不足时，将引起电压下降。严重时引起电压崩溃、系统瓦解。

(3) 一台发电机失磁造成电压下降，系统中的其他发电机在自动调节励磁装置作用下，将增加其无功输出。从而使某些发电机、变压器、输电线路过电流，后备保护可能因过流动作扩大了故障范围。

8.5 本章小结

(1) 磁场的基本物理量有如下几个。

① 磁感应强度。磁感应强度 $\boldsymbol{B}$ 是表示磁场内某点的磁场强弱和方向的物理量。

② 磁通。磁感应强度 $\boldsymbol{B}$(如果不是均匀磁场，则取 $\boldsymbol{B}$ 的平均值)与垂直于磁场方向的面积 S 的乘积，称为该面积的磁通 Φ。

③ 磁场强度。磁场强度 $\boldsymbol{H}$ 是计算磁场时所引用的一个物理量，也是矢量，通过它来确定磁场与电流之间的关系。

④ 磁导率。磁导率 μ 是用来表示磁场介质磁性的物理量，也就是衡量物质导磁能力的物理量。

(2) 交流铁心线圈的电磁关系：$E=E_{\mathrm{m}}/\sqrt{2}=\omega N\Phi_{\mathrm{m}}/\sqrt{2}=2\pi fN\Phi_{\mathrm{m}}/\sqrt{2}$。

(3) 交流铁心线圈的功率损耗：$\Delta P = \Delta P_{Cu} + \Delta P_{Fe} = \Delta P_{Cu} + \Delta P_h + \Delta P_e$

(4) 变压器的相关性质及参数。

(5) 电磁铁的相关性质及参数。

习题 8

8-1　要绕制一个铁心线圈，已知交流电压$U=220$V，$f=50$Hz。现有硅钢片铁心，截面积为30.2cm^2，磁路平均长度$l=60$cm，设叠片间隙系数为0.91（一般取0.9～0.93）。求：若取B_m为1.2T时，线圈该绕多少匝？此时励磁电流I是多少？

8-2　将一铁心线圈接在电压220V、50Hz的电源上，其电路I_1为2A，功率P_1为132W。将此线圈接在6V直流电压上，其电流I_2为2.18A。问此线圈工作在220V、50Hz时的铜损和铁损。

习题答案

习题 1

1-1

	(a)	(b)	(c)	(d)
(1)	吸收 10W	提供 10W	提供 10W	吸收 10W
(2)	提供 10W	吸收 10W	吸收 10W	提供 10W
(3)	提供 10W	吸收 10W	吸收 10W	提供 10W
(4)	吸收 10W	提供 10W	提供 10W	吸收 10W

1-2 5mA

1-3 1.5A,9.6V

1-4 2.6A

1-5 2V,1.5A,10Ω、1.33Ω、11V

1-6 −20W,吸收功率；−4W,吸收功率

1-7 $i_1=4A, i_2=5A, i_3=2A, u_1=4V, u_2=5/3V, u_3=1V, u_4=5V$

1-8 0.16W

1-9 $U_1=100V, U_2=50V$

1-10 0.5V

1-11 (a) 10Ω,(b) 1Ω

1-12 2kΩ

习题 2

2-1 $u_{ab}=7.5V$,$p_{S1}=7.5W$(非关联参考方向),$p_{S2}=-9W$(关联参考方向),$p_{S3}=13.5W$(非关联参考方向)

2-2 $i_1=-1A, i_2=5A, u=13V$

2-3 $i_1=3A, i_2=-1A, i_3=2A, i_4=1A, i_5=-3A, i_6=4A$

2-4 $i_1=\dfrac{u_{S1}+u_{S2}-R_2i_s}{R_1+R_2}, i_3=i_S, i_2=\dfrac{u_{S1}+u_{S2}+R_1i_s}{R_1+R_2}$

2-5 10V,3A

2-6 $i_1=1A, i_2=0.5A, i_3=2A, i_4=1.5A, i_5=0.3A, i_6=-0.2A$

习题 3

3-1 (1) $i=3A$ ；(2) $i=-1.02A$

3-2 $u_O/i_S=2/7$

3-3 (1) $i_1=2\text{A}$; $u_S=45\text{V}$; (2) $u_O=2.2\text{V}$

3-4 $u_S=8\text{V}$

3-5 $i=4\text{A}$

3-6 $i_x=1.4\text{A}$

3-7 $u=-1\text{V}$

3-8 $i=0\text{A}$

3-9 $i_{ab}=1.5\text{mA}$; $u_a=-70\text{V}$

3-10 电压源与电阻串联,$u_{OC}=-\frac{4}{15}\text{V}$; $R_0=-\frac{8}{15}\Omega$

3-11 电压源与电阻串联,$u_{OC}=10\text{V}$; $R_0=5\text{k}\Omega$

3-12 1.5A 的电流源与$\frac{1}{30}$S 电导并联

3-13 0.5A 电流源和$\frac{6-\alpha}{40}$S 电导并联

3-14 $u_{OC}=10\text{V}$; $R_0=1500\Omega$

3-15 $i=2.78\text{A}$

3-16 $u=2\text{V}$

3-17 $R=1\Omega$

习题 4

4-1 $-0.1\sin(1000t)\text{A}$; u_C 与 i_C 波形相同,但最大值、最小值并不同时发生。

4-2 $$u_C(t)=\begin{cases}20t\text{V} & 0\leqslant t\leqslant 1\text{s}\\ 20\text{V} & 1\text{s}\leqslant t\leqslant 2\text{s}\\ (10t^2-40t+60)\text{V} & 2\text{s}\leqslant t\leqslant 3\text{s}\\ (-10t^2+80t-120)\text{V} & 3\text{s}\leqslant t\leqslant 5\text{s}\\ (-20t+130)\text{V} & 5\text{s}\leqslant t\leqslant 6\text{s}\\ 10\text{V} & t\geqslant 6\text{s}\end{cases}$$

4-3 2.5A,5A,5A,3.75A

4-4 (1) $2\mu\text{F}$; (2) $4\mu\text{C}$; (3) 0; (4) $4\mu\text{J}$

4-5 (1) $i(t)=\begin{cases}2t^2\text{A} & 0\leqslant t\leqslant 2\text{s}\\ (-4t^2+24t-24)\text{A} & 2\text{s}\leqslant t\leqslant 3\text{s}\\ 12\text{A} & t\geqslant 3\text{s}\end{cases}$; (2) 32W; (3) 16J

4-6 (1) $-10e^{-10t}\text{A}$; (2) $(10+70e^{-10t})\text{V}$

4-7 (1) $2\mu\text{F}$,$(-3-3e^{-5t})\text{V}$; (2) $(-1-2e^{-5t})\text{V}$,$(-2-e^{-5t})\text{V}$

4-8 (1) $1.5\mu\text{H}$,$(-12+10e^{-t})\text{A}$; (2) $(-0.5+2.5e^{-t})\text{A}$,$(11.5-7.5e^{-t})\text{A}$

4-9 (1) 3H; (2) 3F

4-10 (1) $U_S,-\frac{U_S}{R_2}$; (2) $U_S,-\frac{R_2}{R_1}U_S,-\frac{U_S}{R_1},\frac{U_S}{R_1}$; (3) $0,R_1I_S,I_S,0$;

(4) $U_S,U_S,-\frac{U_S}{R_1},\frac{U_S}{R_1}$

4-11 3A，−7A，0

4-12 $(-6+12e^{-10t})$V

4-13 $(4-4e^{-7t})$A

4-14 $-0.45e^{-10t}$ mA，$-45e^{-10\,000t}$ V

4-15 $(4.8+13.2e^{-0.5t})$V，$(0.24+0.66e^{-0.5t})$A

4-16 $5e^{-\frac{1}{0.24}t}$V，$0.97e^{-\frac{1}{0.24}t}$V

4-17 (1) 20V；(2) $20\,e^{-0.1(t-1)}$V，$20\,e^{-0.2(t-1)}$ J；(3) $0.2e^{-0.1(t-1)}$A

4-18 $2e^{-5t}$A，$-10e^{-5t}$V

4-19 $-16e^{-2t}$V

4-20 $4(1-e^{-t})$V，$2e^{-t}$A

4-21 $2(1-e^{-2t})$A

4-22 $2(1-e^{-5t})$A，$10e^{-5t}$V

4-23 (1) $(20-25e^{-5\times10^5t})$mA；(2) $-5e^{-5\times10^5t}$mA，$20(1-e^{-5\times10^5t})$mA；

(3) $-25e^{-5\times10^5t}$ mA，20mA

4-24 (1) $(20-30e^{-t})$V，$60e^{-t}\mu$A；(2) $(10-20e^{-t})$V，$40e^{-t}\mu$A

4-25 $-1.5e^{-4t}$V，$(6+3e^{-4.5t})$V，$(6+1.5e^{-4.5t})$V

4-26 (1) $3(1-e^{-4t})$A；(2) e^{-4t}A；(3) $(3-4e^{-4t})$A

4-27 (1) $u_C(t)=\begin{cases}10(1-e^{-100t})\text{V} & 0\leqslant t\leqslant 2\text{s}\\ [20-10e^{-100(t-2)}]\text{V} & 2\text{s}\leqslant t\leqslant 3\text{s}\\ 20e^{-100(t-3)}\text{V} & 3\text{s}\leqslant t<\infty\end{cases}$

(2) $\{10(1-e^{-100t})\varepsilon(t)+10[1-e^{-100(t-2)}]\varepsilon(t-2)-20[1-e^{-100(t-3)}]\varepsilon(t-3)\}$V

4-28 $1.11e^{-0.01t}\mu$A，$3.33e^{-0.01t}$mV

习题 5

5-1 $u(t)=100\cos(2\pi\times10^3t\pm84.26°)$V

5-2 (1) $i=2\sqrt{2}\cos(314t-30°)$A，$u=36\sqrt{2}\cos(314t+45°)$V

(3) $I_m=2\sqrt{2}$A，$U_m=36$V，$\omega=314$rad/s，$\varphi=75$。

5-3 $A+B=13.66\underline{/1.43°}$，$A-B=11.89\underline{/78.65°}$，$A\cdot B=80\underline{/-8.13°}$

$\dfrac{A}{B}=1.25\underline{/81.87°}$，(5) $jA+B=2.36\underline{/98.27°}$，(6) $A+\dfrac{B}{j}=2.36\underline{/8.28°}$

5-4 $f=600$Hz，$i(2\text{ms})=-255.3$A

5-5 (1) 40°，电压超前电流；(2) $i(t)=10\sqrt{2}\cos(314t-40°)$A

5-6 $u(t)=8.9\sqrt{2}\cos(2t-2.96°)$V

5-7 (1) 电感元件，$L=12.5$mH；(2) 电容元件，$C=500\mu$F，(3) 电阻元件，$R=1.6\Omega$

5-8 (1) $R=6\Omega$，$X=8\Omega$，电感性，$\varphi=53.1°$

(2) $R=25\Omega$，$X=0$，纯电阻性，$\varphi=0°$

(3) $R=8.55\Omega$，$X=23.49\Omega$，电容性，$\varphi=-70°$

5-9 $R=20\Omega, L=1.19\text{mH}$

5-10 50Hz 时，$\dot{I}=44\angle 36.87^\circ\text{A}$，电容性；

100Hz 时，$\dot{I}=25.88\angle -61.93^\circ\text{A}$，电感性

5-11 $\dot{I}=24.6\angle -26.57^\circ\text{A}$

5-12 $25\angle 20^\circ\text{V}$、$50\angle 110^\circ\text{V}$、$55.9\angle 83.4^\circ\text{V}$

5-13 $5\times 10^{-3}\angle 20^\circ\text{A}$、$1.57\times 10^{-3}\angle 110^\circ\text{A}$、$5.24\times 10^{-3}\angle 37.4^\circ\text{A}$

5-14 5V

5-15 2.236A

5-16 $i(t)=92.7\sqrt{2}\cos(314t+128.7^\circ)\text{mA}$

$u_L(t)=2.91\sqrt{2}\cos(314t-141.3^\circ)\text{V}$

$u_C(t)=9.85\sqrt{2}\cos(314t+38.7^\circ)\text{V}$

5-17 $I_C=13\text{A}$，或者 $I_C=7\text{A}$

5-18 $31.6\angle 76.6^\circ\text{V}$

5-19 $11.6\angle -64.75^\circ\text{V}$

5-20 $\dot{I}_1=2.66\angle 70.2^\circ\text{A}$，$\dot{I}_2=4\angle 103^\circ\text{A}$

5-21 $6.32\angle 18.43^\circ\text{V}$

5-22 $1.908\angle -92^\circ\text{A}$

5-23 $2.683\cos(4\times 10^4 t+26.6^\circ)\text{mA}+1.163\cos(2\times 10^4 t+80.54^\circ)\text{mA}$

5-24 $P_{I_S}=7.556\text{mW}, P_{R(0.6)}=6.02\text{mW}, P_{R(1.8)}=1.533\text{mW}$

5-25 $P_{U_S}=6.4\text{W}, P_L=0, P_R=6.4\text{W}, P_{I_S}=-12.8\text{W}$

5-26 $P_{R1}=0.96\text{mW}, P_{R2}=0.32\text{mW}$

5-27 $P=4622.5\text{W}, Q=-924.5\text{var}, S=4714\text{V}\cdot\text{A}$

5-28 $P=806.67\text{W}, Q=605\text{var}, S=1008.34\text{V}\cdot\text{A}$

5-29 $P=1366\text{W}, Q=-366\text{var}, S=1414\text{V}\cdot\text{A}$

5-30 $I=8.86\text{A}, P=1.5\text{kW}, Q=1.25\text{kvar}, S=1.95\text{kV}\cdot\text{A}, \lambda=0.77$

习题 6

6-1～6-5 BBABC

6-6 $U_L=U_C$ 即 $X_L=X_C$，X_L/R，电压谐振

6-7 相等，最小，最大，R

6-8 1Ω，100W，$Q=0$，$S=100\text{VA}$

6-9 串联谐振，最小，最大，过电压

6-10 $i(t)=\cos 10^5 t\,\text{A}$；$u_R(t)=10\cos 10^5 t\,\text{V}$；$u_L(t)=100\cos(10^5 t+90^\circ)\text{V}$；

$u_C(t)=100\cos(10^5 t-90^\circ)\text{V}$

6-11 C 的变化范围为 30.9～261.7pF

6-12 $\omega_0=10^7\text{rad/s}$、$Q=50$、$\Delta\omega=2\times 10^5\text{rad/s}$

6-13 $R=10\Omega$、$L=1\text{mH}$、$C=1000\text{pF}$、$Q=100$

6-14 $u_R(t)=100\cos(10^5 t+30°)\text{V}$；$i_R(t)=10\cos(10^5 t+30°)\text{mA}$；

$i_L(t)=\cos(10^5 t+120°)\text{A}$、$i_C(t)=\cos(10^5 t-60°)\text{A}$

6-15 $\omega_0=10^4\text{rad/s}$；(1)$R=8000\Omega$ $Q=20$、$\Delta\omega=500\text{rad/s}$；

(2) $R=800\Omega$ $Q=2$、$\Delta\omega=5000\text{rad/s}$；(3) $R=80\Omega$ $Q=0.2$、$\Delta\omega=50\,000\text{rad/s}$

6-16 $R=10^3\Omega$,$L=0.1\text{H}$,$C=10\mu\text{F}$

6-17 $\omega_1=1.414\times10^5\text{rad/s}$,$\omega_2=10^5\text{rad/s}$

习题 7

7-1～7-10 CBCBACCBAA

7-11 星形,三角形

7-12 对称,相等

7-13 $\sqrt{3}$,超前,30°

7-14 $\dfrac{U_L}{\sqrt{3}\,|Z|}\angle(-30°-\varphi)$

7-15 $5.77\angle-30°\text{A}$

7-16 三角形

7-17 星

7-18 3.64

7-19 4.84

7-20 $380\angle-60°$

7-21 解：由题意得：

$$\dot{U}_A=\frac{\dot{U}_{AB}}{\sqrt{3}}\angle-30°=220\angle0°\text{V}$$

则

$$\dot{I}_A=\frac{\dot{U}_A}{Z}=\frac{200\angle0°}{10+\text{j}10}\text{A}=11\sqrt{2}\angle-45°\text{A}$$

$$\dot{I}_B=11\sqrt{2}\angle-165°\text{A}$$

$$\dot{I}_C=11\sqrt{2}\angle75°\text{A}$$

7-22 解：原电路可等效为下图所示电路,其中

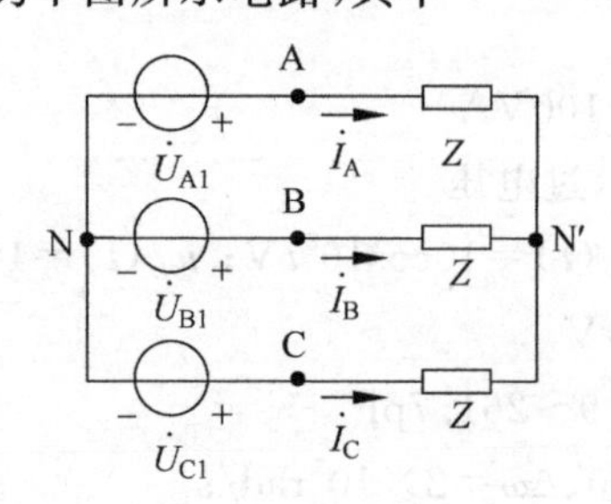

$$\dot{U}_{A1}=\frac{\dot{U}_A}{\sqrt{3}}\angle -30^\circ=220\angle -30^\circ \text{V}$$

则

$$\dot{I}_A=\frac{\dot{U}_{A1}}{Z}=\frac{220\angle -30^\circ}{4+\text{j}3}\text{A}=44\angle -66.87^\circ \text{A}$$

$$\dot{I}_B=\dot{I}_A\angle -120^\circ=44\angle -186.87^\circ \text{A}=44\angle 173.13^\circ \text{A}$$

$$\dot{I}_C=\dot{I}_A\angle 120^\circ=44\angle 53.13^\circ \text{A}$$

7-23 解：设 $\dot{U}_{AB}=380\angle 0^\circ \text{V}$，则

$$\dot{I}_A=\dot{I}_1-\dot{I}_3=\frac{\dot{U}_{AB}}{Z_1}-\frac{\dot{U}_{CA}}{Z_3}=\left(\frac{380\angle 0^\circ}{150+\text{j}75}-\frac{380\angle 120^\circ}{45+\text{j}45}\right)\text{A}=6.8\angle -85.95^\circ \text{A}$$

$$\dot{I}_B=\dot{I}_2-\dot{I}_1=\frac{\dot{U}_{BC}}{Z_2}-\frac{\dot{U}_{AB}}{Z_1}=\left(\frac{380\angle -120^\circ}{75}-\frac{380\angle 0^\circ}{150+\text{j}75}\right)\text{A}=5.67\angle -143.53^\circ \text{A}$$

$$\dot{I}_C=\dot{I}_A-\dot{I}_B=(-6.8\angle -85.95^\circ-5.67\angle -143.53^\circ)\text{A}=10.94\angle 68.1^\circ \text{A}$$

7-24 解：线电压为

$$\dot{U}_{AB}=\sqrt{3}\dot{U}_A\angle 30^\circ=100\sqrt{3}\angle (10^\circ+30^\circ)\text{V}=173.2\angle 40^\circ \text{V}$$

所以，相电流为

$$\dot{I}_{AB}=\frac{\dot{U}_{AB}}{Z}=\frac{173.2\angle 40^\circ}{8+\text{j}4}\text{A}=19.36\angle 13.43^\circ \text{A}$$

$$\dot{I}_{BC}=\dot{I}_{AB}\angle -120^\circ=19.36\angle -106.57^\circ \text{A}$$

$$\dot{I}_{CA}=\dot{I}_{AB}\angle 120^\circ=19.36\angle 133.43^\circ \text{A}$$

线电流为

$$\dot{I}_A=\sqrt{3}\dot{I}_{AB}\angle -30^\circ=33.53\angle -16.57^\circ \text{A}$$

$$\dot{I}_B=\dot{I}_A\angle -120^\circ=33.53\angle -136.57^\circ \text{A}$$

$$\dot{I}_C=\dot{I}_A\angle 120^\circ=33.53\angle -1103.43^\circ \text{A}$$

7-25 解：先将三相电路转化为星形-星形系统。相电压为220V，星形负载为

$$Z_Y=\frac{Z}{3}(5+\text{j}6)\Omega$$

抽出一相的等效电路见下图。

A Z_L $\dot{I}_A$ $\frac{Z}{3}$

C

令$\dot{U}_A = 220\angle 0°$V，则线电流为

$$\dot{I}_A = \frac{\dot{U}_A}{Z_L + Z_Y} = \frac{220\angle 0°}{1 + j2 + 5 + j6}A = 22\angle -53.1°A$$

有对称性可得

$$\dot{I}_B = \dot{I}_A\angle -120° = 22\angle -173.1°A$$

$$\dot{I}_C = \dot{I}_A\angle 120° = 22\angle 66.9°A$$

相电流即流过负载的电流为

$$\dot{I}_{A'B'} = \frac{\dot{I}_A}{\sqrt{3}}\angle 30° = 12.7\angle -23.1°A$$

$$\dot{I}_{B'C'} = 12.7\angle -143.1°A$$

$$\dot{I}_{C'A'} = 12.7\angle -96.9°A$$

负载的相电压为

$$\dot{U}_{A'B'} = Z\dot{I}_{A'B'} = (15 + j18) \times 12.7\angle -23.1°V = 297.56\angle 27.1°V$$

$$\dot{U}_{B'C'} = 297.56\angle -92.9°V$$

$$\dot{U}_{C'A'} = 297.56\angle 147.1°V$$

7-26 解：因为是对称三相电路，因此可以抽出一相计算。A相的等效电路如下图所示。已知线电压为380V，则相电压为220V，令$\dot{U}_A = 220\angle 0°$V。

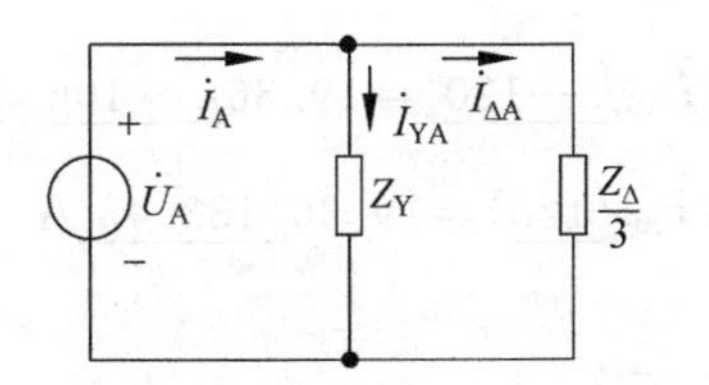

星形负载的相电流为

$$\dot{I}_{YA} = \frac{\dot{U}_A}{Z_Y} = \frac{220\angle 0°}{4 + j3}A = 44\angle -36.9°A$$

三角形负载的线电流为

$$\dot{I}_{\Delta A} = \frac{220\angle 0°}{\frac{10}{3}}A = 66\angle 0°A$$

所以，线电流为

$$\dot{I}_A = \dot{I}_{YA} + \dot{I}_{\Delta A} = 104.58\angle -14.63°A$$

习题8

8-1 0.92A

8-2 11W、121W

参 考 文 献

[1] 张永瑞. 电路分析基础[M]. 4 版. 西安：西安电子科技大学出版社，2012.

[2] 邢丽冬，潘双来. 电路理论基础[M]. 3 版. 北京：清华大学大学出版社，2015.

[3] 于歆杰，朱桂萍，陆文娟. 电路原理[M]. 北京：清华大学大学出版社，2007.

[4] 邱关源，罗先觉. 电路[M]. 5 版. 北京：高等教育出版社，2006.

[5] 李瀚荪. 简明电路分析基础[M]. 北京：高等教育出版社，2002.

[6] 秦曾煌，电工学[M]. 7 版. 北京：高等教育出版社，2009.

[7] 陈洪亮. 电路分析基础[M]. 北京：清华大学出版社，2009.

[8] 张永瑞. 电路分析基础[M]. 3 版. 西安：西安电子科技大学出版社，2009.

[9] 李瀚荪，吴锡龙. 简明电路分析基础教学指导书[M]. 北京：高等教育出版社，2003.

[10] 李玉玲. 电路原理学习指导与习题解析[M]. 北京：机械工业出版社，2004.

[11] 庄海涵. 电路分析基础全程导学及习题全解[M]. 4 版. 北京：中国时代经济出版社，2007.

[12] 李瀚荪. 简明电路分析基础[M]. 4 版. 北京：高等教育出版社，2006.

[13] 江缉光. 电路原理[M]. 2 版. 北京：清华大学出版社，1996.

[14] 聂孟，捷米尔强. 电工理论基础[M]. 4 版. 赵伟，肖曦，王玉详，等译. 北京：高等教育出版社，2011.

[15] Alexander C K, Sadiku M N O. Fundamentals of electric circuits[M]. 5th ed. New York: McGraw-Hill Companies, Inc, 2012.

图书资源支持

感谢您一直以来对清华版图书的支持和爱护。为了配合本书的使用，本书提供配套的资源，有需求的读者请扫描下方的“书圈”微信公众号二维码，在图书专区下载，也可以拨打电话或发送电子邮件咨询。

如果您在使用本书的过程中遇到了什么问题，或者有相关图书出版计划，也请您发邮件告诉我们，以便我们更好地为您服务。

我们的联系方式：

地　　址：北京市海淀区双清路学研大厦 A 座 701

邮　　编：100084

电　　话：010-83470236　010-83470237

资源下载：http://www.tup.com.cn

客服邮箱：tupjsj@vip.163.com

QQ：2301891038（请写明您的单位和姓名）

资源下载、样书申请

书圈

扫一扫，获取最新目录

课 程 直 播

用微信扫一扫右边的二维码，即可关注清华大学出版社公众号“书圈”。